무엇이든 가능한 [illegible] 제어철학

엔진 협조제어

느릿느릿한 경사길

엔진부하가 바뀌는 내리막길이나 오르막길은 일정한 속도를 유지하기 어렵다. 이것을 속도감시를 통해 제어하는 경우도 등장했다. 경사길에 관한 데이터는 대부분의 자동차가 가지고 있지만 일부 HEV나 CVT는 운전자의 의사를 속도에 반영하기 어려운 자동차도 있다.

비탈길에서 정지했을 때

내리막길에서는 운전자가 밟은 최대 브레이크 압력을 유지하는 제어가 작동하기 시작했다. 브레이크 시스템과의 협조이다. 오르막길에서 정지할 때 브레이크 페달에서 발을 떼도 자동차는 후진하지 않는다. 재출발할 때는 크리프에 맞춰 자동적으로 브레이크가 해제된다.

감속하면서 차선변경

만약 이때 전방에 장애물이 있다면? 파워트레인과 섀시 계통의 협조제어를 통해 차량이 발산(發散)모드에 들어가기 직전에 차선이탈과 자세급변을 억제한다. 근래의 협조제어에서 가장 진보된 부분이지만 아직 과제도 많다.

부드러운 극저속 출발과 후진

주차공간에서 나올 때의 「느린 출발」이나 주차할 때의 후진은 「걷는 정도의 속도」인데, 이것이 가속 페달 조작만으로 가능할까. 가속 페달에서 발을 떼었으면 속도도 최대한 제로로 떨어지는 것이 이상적이다.

GoldenBell
www.gbbook.co.kr

04 도해특집 엔진의 고효율화 기술

042 최신엔진 TOPICS ENGINE NEW WAVE!

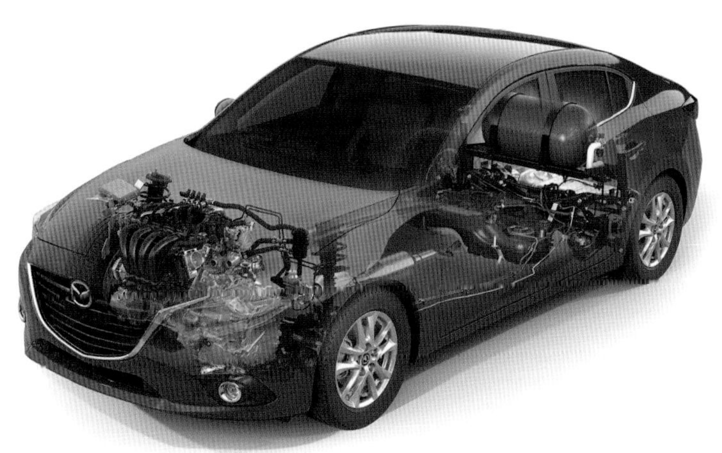

CONTENTS

068 2020년의 자동차 FUTURE OF MOBILITY

엔진의 고효율화 기술

도해특집

Cooperative

연비와 운전성능을 위해 엔진은 치밀하고 정밀하게 제어되고 있다.

자동차를 움직이게 하는 것은 운전자이다. 그리고 자동차가 움직이는 것은 엔진과 변속기의 작동에 의한다.
예전에는 운전자와 파워플랜트의 관계가 치밀하고 문자 그대로 직접적이었다.
「이렇게 달려야지」하는 의지에 있어서 운전자의 조종에 많고 적음이 있으면 그것은 바로 자동차의 움직임으로 나타나게 되고, 운전자는 추가 조종을 통해 원하는 운전상태로 근접시킬 필요가 있었다.
그래서 자동차 운전은 어렵고 연비절약을 실천하기 위해서는 테크닉이 요구되었다.
근래의 자동차는 많은 장치들에 의해 제어되고 있다. 모든 것이 엔진의 고효율화 때문이다.
장치들은 점점 고도화되어 가고 있지만 운전자의 조종방법은 예전과 차이가 없다.
그리고 누가 어떻게 운전하든지간에 자동차는 능숙하게 움직이게 되었다.
우리가 자동차를 움직이게 하는 것일까. 아니면 차에 타고만 있는 것일까.
복잡한 진화를 보이는 현대의 파워플랜트 제어에 대해 생각해 보자.

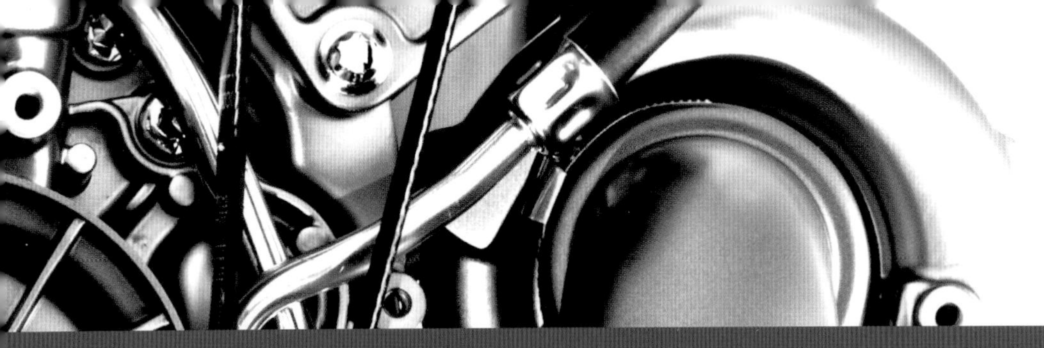

Control *for ENGINE*

엔진의 협조제어란?

제어기능 속으로 「운전자 생각의 추정」이 들어왔다.

주행 중 운전자가 자기 의지대로 관리하는 것은 「차량속도」와 「주행방향」이다.
운전자는 자동차에 『이런 속도로 달려야지』,『이쪽 방향으로 가야지』하는 지령을 전달한다.
지령을 받은 자동차는 상황에 맞게 「출력」이라는 행동을 하게 되는데, 운전자로부터 주어진 입력을 바탕으로 운전자의 생각을 추측하고 이를 바탕으로 출력을 유도하는 작업이 필수가 되었다.

「연비시대」의 파워트레인 제어

연비를 좌우하는 것은 「엔진 이외」의 부분이라는 것이 사실

엔진에 대한 운전자의 지시는 가속 페달을 통해 이루어진다. 지시를 받은 제어 컴퓨터는 다양한 차량정보와 대조해 가면서 변속기와 엔진을 협조제어하도록 한다. 이것이 현재의 자동차로서, 연비나 운전성능 모두 엔진이 연출하는 것은 아니다.

가솔린 엔진에서 기화기(Carburetor)가 연료분사방식으로 바뀌고 심지어는 실린더 안에 연료를 직접 분사(直噴)하는 방식도 일반화되었다. 이 과정에서 실제 연비도 좋아졌고 배출가스 내의 규제성분도 상당한 수준까지 낮아졌다. 연료투입량과 공기량, 연소속도 등을 치밀하게 제어하면 필수적 연료 실질분만 아니라 깨끗한 배기를 배출하는 엔진으로 바뀌어 간다. 우리는 이런 사실을 지금 눈앞에서 목격하고 있다. 또 ABS(Anti-Lock Brake System)가 인간의 조작에 의한 펌핑 브레이크를 대신하여 제동을 걸 때 차량자세를 안정시킨다. 이런 경향은 TCS(Traction Control System)가 개발되면서 더 보완되어 ESC나 VDC라고 하는 차량자세제어로 진화했다. 4륜의 회전속도, 차체 횡슬립 각도 등과 같은 정확한 데이터가 있기 때문에 가능한 자세제어 기술이다.

이번 특집에서는 엔진효율을 향상시키는 수단으로서의 「파워트레인 협조제어」를 다룬다. 엔진과 변속기를 이어주는 중개자로서의 제어이다. 전에는 우리가 전혀 신경을 쓰지 않는 부분이었지만 이제는 협조제어를 하지 않는 자동변속기(유단 AT / DCT / CVT / AMT)를 장착한 자동차는 생각하기 어렵다.

엔진 혼자서는 자동차를 달리게 할 수는 없다. 낮은 회전속도에서는 엔진토크가 낮기 때문에, 예를 들면 엔진이 5회전할 때마다 바퀴는 1회전 하는 식의 「감속」이 필요하다. 엔진 회전속도가 빨라지면 출력이 상승하기 때문에 이번에는 감속을 억제하고 엔진회전 1회전마다 바퀴도 1회전을 하는 식의 조정이 필요하다. 가속과 안정, 감속을 부드럽게 하기 위해서는 엔진과 변속기 사이의 「협조」가 필수적이다. 이 부분을 파헤쳐 보려고 한다.

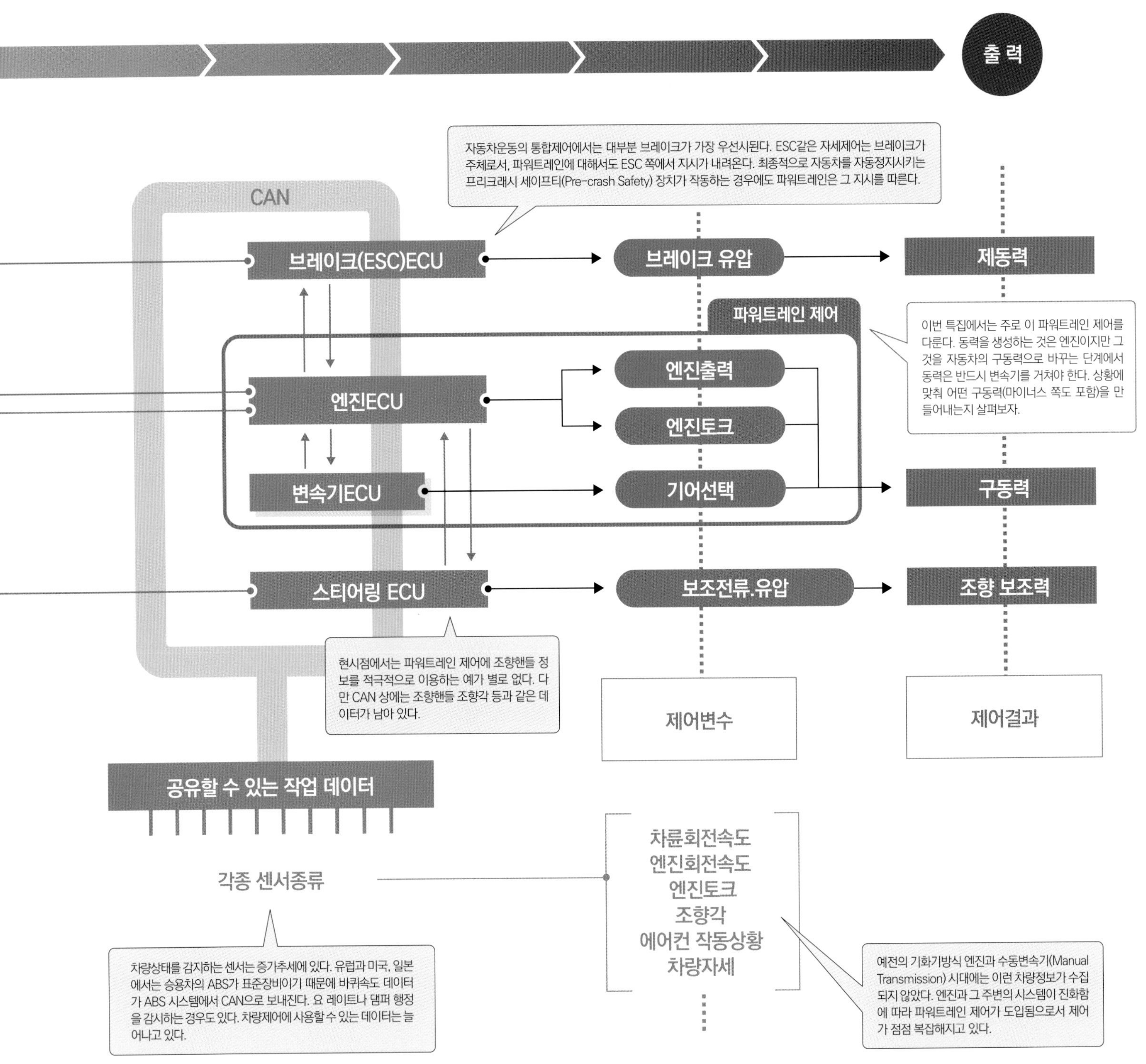

엔진 「단독」에서 「협조」로의 진화

배출가스 규제와 연비규제가 엔진의 단독행동을 허락하지 않는다.

엔진이 변속기 등과의 협조제어로 바뀐 배경에는 배출가스 규제강화와 연료가격의 추이, 마이크로프로세서의 진보와 같은 다양한 요소가 있다. 그리고 근래의 협조제어는 「연비」와 「배출가스」가 큰 비중을 차지한다.

본문 : 마키노 시게오 사진 : 만자와 고토

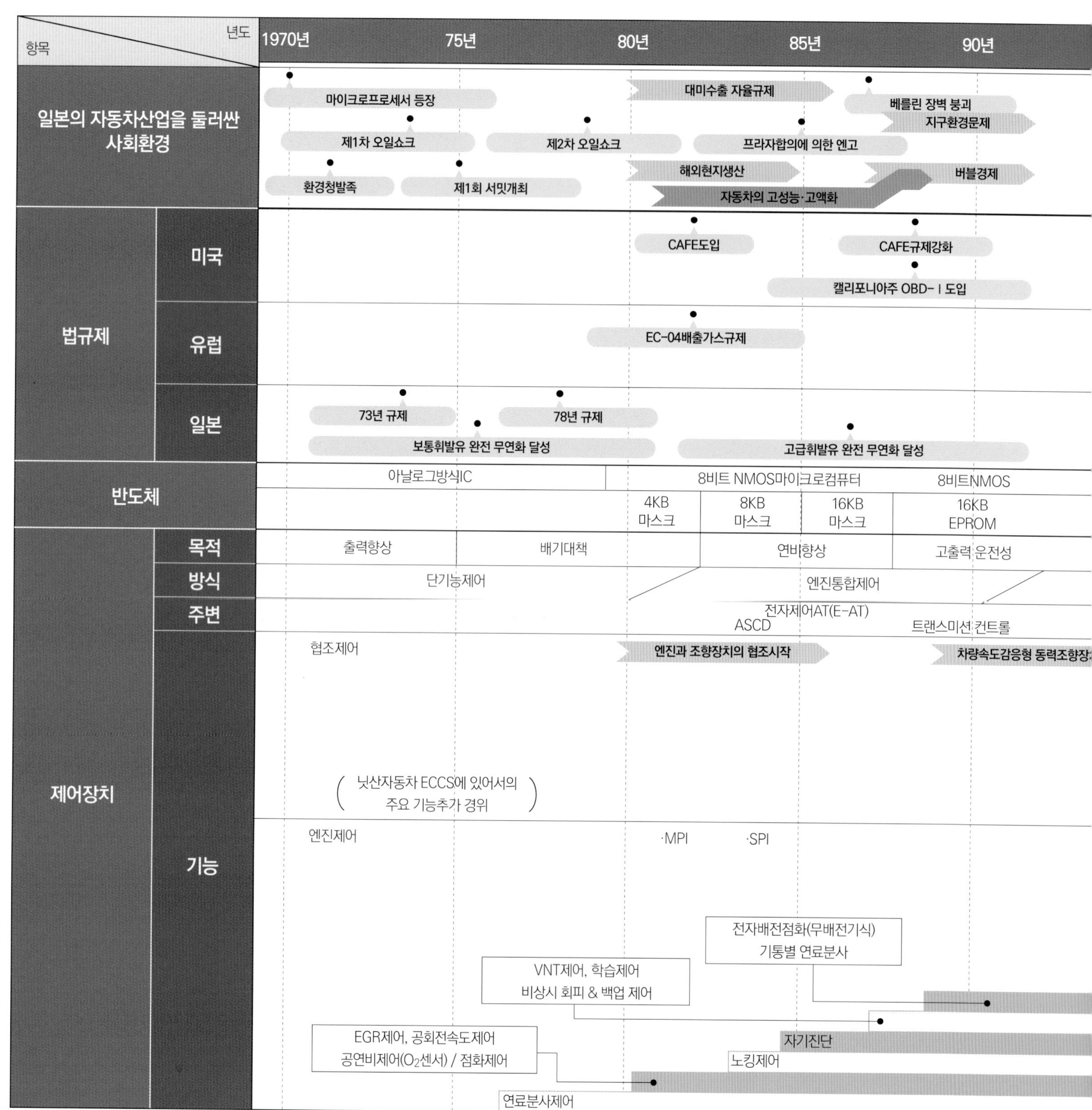

유럽, 미국, 일본에서 연비지향이 고조되고 있다.

30년 전 자동차에는 도어 미러를 전동으로 접거나 기계가 길 안내를 해 주는 등의 기능이 없었다. 30년 사이에 자동차는 많이 진화했다. 그 발자취를 엔진 및 협조제어 장치 중심으로 [illegible] 것이 [illegible]. 이제 [illegible] 제어의 진보에 가장 큰 영향을 준 것이 「배출가스규제」와 「연비향상 압력(혹은 규제)」라는 것을 알 수 있다. 이런 요구를 연산장치(마이크로프로세서)와 센서의 진보가 뒤를 받쳐주었다. 지금은 자동차에 총연장 수 km나 되는 긴 전선이 들어가 있고 많은 센서가 장착되어 있으며, ECU도 5개나 6개가 사용되고 있다. 80년대 후반 이후의 일본 자동차가 호평을 받는 것은 이러한 전기장치 부품을 일정한 고품질로 싸게 조달할 수 있기 때문이다. 또한 발상의 원점은 여러 엔지니어의 상상력과 꿈이라 할 수 있다. 일본에서는 프라자합의 이후의 엔고 상황을 뛰어넘으려는 경영노력과 왕성한 국내 소비에 대응하여 항상 새로운 것을 제공해온 연구개발 노력이 있었다. 그리고 현재는 그런 많은 노력이 연비향상을 향하고 있다. 배경은 세계적으로 연비향상에 대한 기대가 고조되고 있기 때문이다.

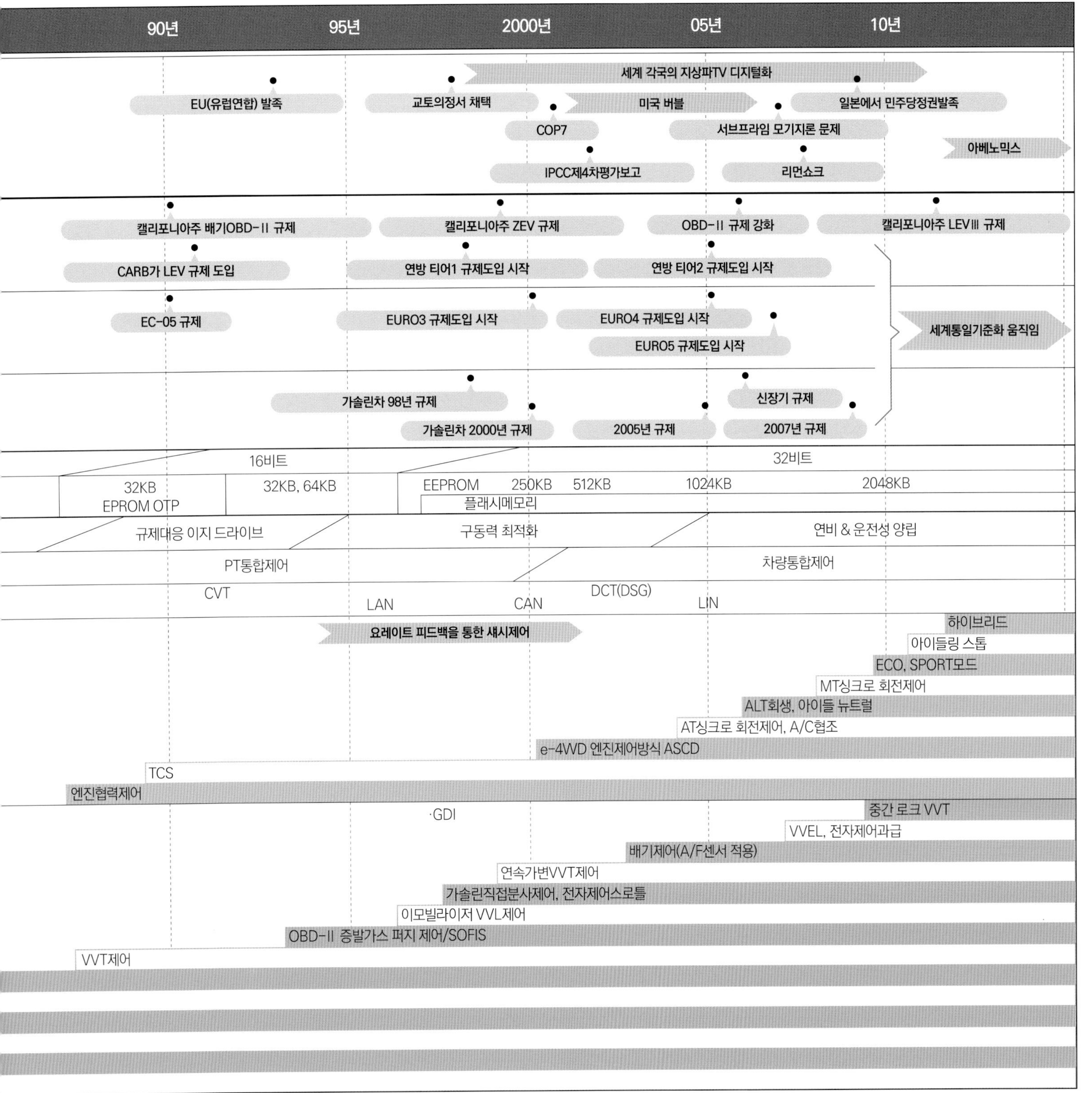

자동차는 어떻게 달리고 있나

상황에 따른 최적제어에 근접해 가고 있는 2페달 자동차의 운전성능

지금 일본에서 살 수 있는 유단(有段)AT와 CVT, DCT 같은 「2페달 자동차」에서는 거의 예외 없이 엔진과 변속기 사이의 협조제어가 이루어지는 한편, 조향 시스템과 브레이크 시스템과 협조하는 경우도 있다. 어떤 제어인지, 그 대표적 사례를 실제 도로상황에 맞춰 살펴보자.

본문 : 마키노 시게오　사진 : 구마가이 도시나오

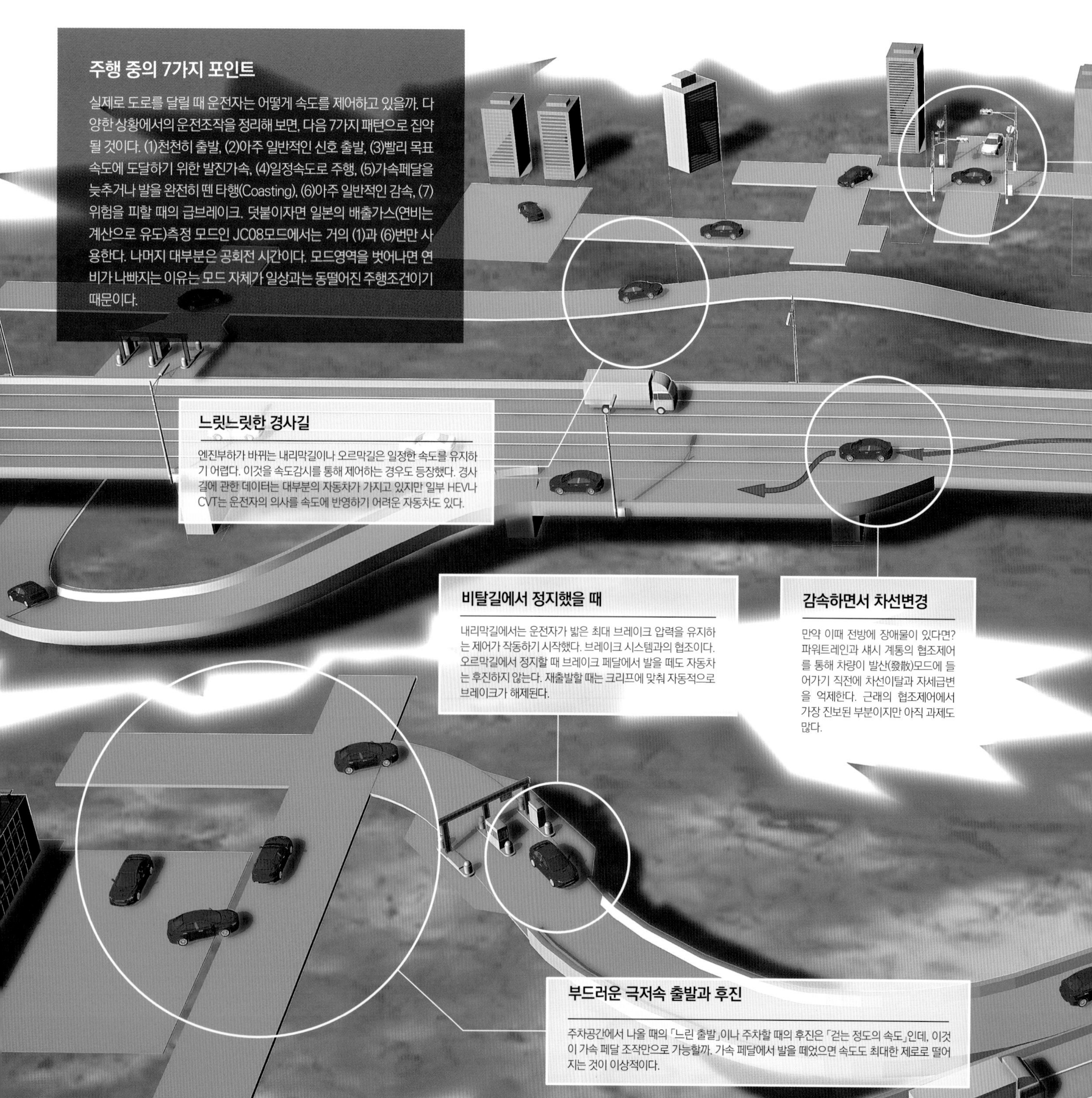

현재의 2페달방식 자동변속기(유단 AT/DCT/CVT)는 엔진과의 협조제어를 바탕으로 하고 있다. 서로 협조하면 상호간 결점을 보완할 수 있고, 그 결과 연비도 좋아진다. 다만 변속 프로그램을 어떻게 결합할 것인가에 대한 해답은 자동차 메이커마다, 지역마다 또는 차종마다 특징이 있다. 그 토대가 되는 데이터로는 예전에는 「이런 주행성능을 원한다」는 시장으로부터의 요구나 자동차 메이커 자신의 판단이 전부였다. 현재는 IHS 오토모티브 같은 세계적으로 활동하는 조사회사가 치밀한 데이터 수집과 분석을 하고 그 결과를 변속 프로그램에 활용하고 있다. 대표적인 데이터 수집방법은 「앞차 추월주행」이다. 도로상에서 임의로 「대상」을 정한 다음, 그 자동차와 일정한 차간거리를 유지하면서 일정 시간 동안 뒤에서 따라간다. 대상이 감속을 하면 후속차량도 감속하고, 가속하면 거기에 맞추는 식의 주행을 반복함으로서 대상의 주행상황을 후속차량의 운전조작에 「복사」해서 축적하는 방식이다. 많은 차종의 데이터를 수집해서 일정한 교정을 해주면 일반도로에서 어떤 주행이 이루어지고 있는지를 아주 높은 정밀도로 알 수 있다. 유럽과 미국, 중국, 일본 등 주요시장 별 경향은 변속 프로그램이나 엔진과 변속기와의 협조제어 방식에 반영된다. 특히 일본차는 법규 이상의 부분에서 시장 별 특성을 세심하게 수집하고 있다. 일본시장용 자동차에는 전용 특성이 있다. 아래 그림은 초저속에서 고속까지 넓은 속도영역에서 「어떻게 속도를 변화시키면 그나마 이상에 가까울까」에 관한 제시이다. 운전자의 조작을 충실하게 「속도」에 반영시키면 아마도 이렇게 될 것이다. 또는 이미 실현된 부분도 있을 것이다.

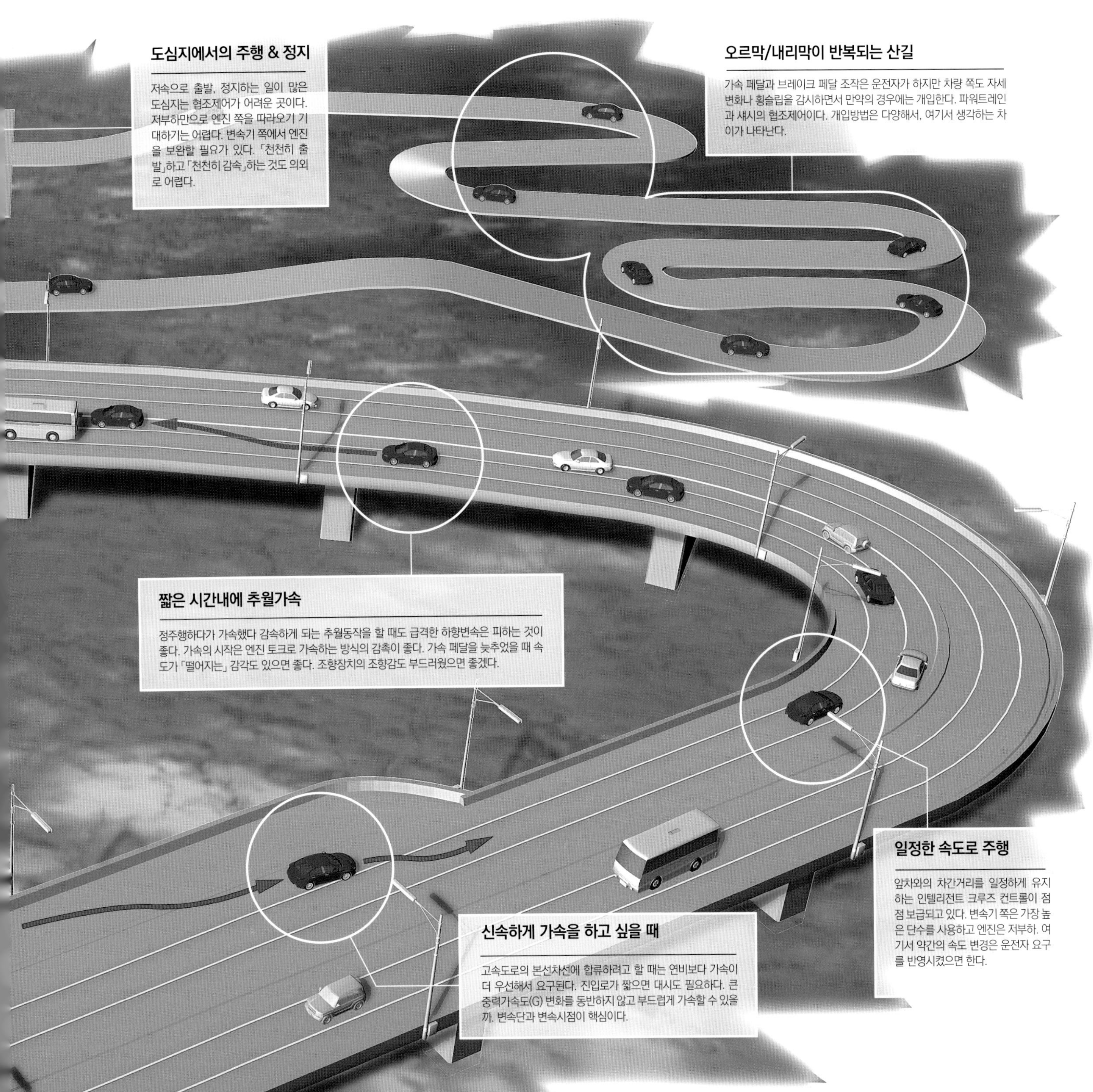

엔진에서 혼합기가 연소되어 크랭크축에서 회전에너지로 변화된 다음, 변속기로 토크가 전달되고, 최종적으로는 휠·타이어의 구동력이 된다. 선회하기 위해서는 운전자가 조향핸들을 돌려 조향바퀴를 움직여야 하고, 속도를 줄이려면 브레이크를 사용해야 한다. 또 차체를 안정시키려면 현가장치를 이용한다. 이런 구조는 내연기관을 동력으로 하는 자동차라면 크게 다를 것이 없다. 하지만 현대의 자동차는 센서와 부품, 시스템이 복잡하게 얽혀 있고 컴퓨터에 의해 아주 치밀하게 제어됨으로서 차량 전체로서는 최대효율을 발휘하도록 구성되어 있는 것이 특징이다.

자동차를 어떻게 움직일지 결정하는 것은 어디까지나 운전자이다. 자동차가 운전자의 의사를 크게 벗어나 움직이는 것은 (현재 상태에서는) 허락되지 않는다. 다만 이미 자동차의 구성 시스템은 운전자의 제어가능범위를 초월하고 있다. 비유하자면 인간의 장기가 인간의 행동이나 상태에 대응하여 자율적으로 작동함으로서 인간의 의사로는 자유롭게 움직이지 못하는 것과 비슷하다.

기술의 진화로 운전자의 운전솜씨 여부와 상관없이 연비효율과 운전성능 및 안전성은 자동차 쪽에서 높은 수준에서 유지해 준다. 피드포워드/백(Feedforward/Back) 제어 덕분에 운전자에게 요구되는 기능적 솜씨는 훨씬 낮아졌다. 하지만 그런 한편으로 과신에 따른 위험이나 무모한 운전 등의 문제도 있고, 자동차가 어디까지 운전자의 실수를 허용하고 수정해야 하는지에 대한 문제도 대두되고 있다.

운전자의 조작과 차량운동

현대의 자동차는 운전자의 의사를 정확하게 이해해 승화시키고 있다.

고도의 제어, 고도의 장치가 집약된 오늘날의 자동차. 하지만 어디까지나 운전의 주도권은 운전자가 가지고 있다.
각각의 시스템은 항상 서로 협조하여 운전자의 의도를 정확하게 추적함으로서 전체적으로 최고 효율을 발휘하도록 작동하고 있다.

본문 : MFi 사진 : 세아트 / 콘티넨탈 / 다임러 / 폭스바겐 / 닛산 / 볼보

협조제어는 운전자에 대한 보조일까

가속 페달을 너무 밟거나 조향핸들 조작을 실수하거나 또는 브레이크 타이밍을 잘못 잡으면, 눈길에서 선회할 때 자동차는 쉽게 운전자의 의도에 반해 진로를 이탈하면서 조작불능 영역에 빠진다. 때문에 예전에는 운전할 때 그에 상응하는 마음가짐과 세심한 조작이 요구되는 한편으로 기술까지 요구되었다. 하지만 현대의 자동차는 달리고, 돌고, 멈추는 모든 영역에 있어서 세세한 제어가 치밀하게 얽혀 있어서 돌발적인 운전조작을 하지 않는 한, 파탄이 나지 않도록 작동한다.

운전자의 입력장치

가속 페달

예전에는 스로틀과 기계적으로 접속되어 페달 조작과 동작이 직선적인 관계였다. 현대에는 전자제어 스로틀이 주류. 밟는 양과 속도를 통해 운전자의 의도를 파악함으로서 파워플랜트로 최적의 신호를 보낸다.

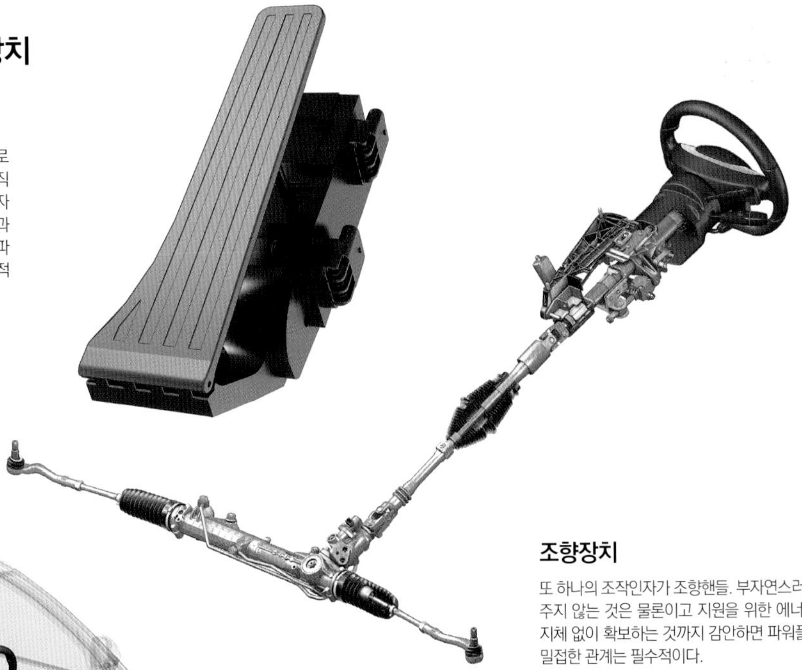

조향장치

또 하나의 조작인자가 조향핸들. 부자연스러운 느낌을 주지 않는 것은 물론이고 지원을 위한 에너지를 응답지체 없이 확보하는 것까지 감안하면 파워플랜트와의 밀접한 관계는 필수적이다.

Traction

예를 들면 토크 벡터링. 더 확실하고 효율적으로 차량을 구동시키고 나아가 선회시키고 싶다면 4륜 전부를 세세하게 제어하는 것이 이상적이다. 4륜구동은 앞뒤를 포함해, 구동력을 좌우바퀴에 배분하기 위해 토크를 세밀하게 제어한다. 엔진이 만들어 낸 한정된 토크를 남김없이 사용한다.

Powertrain

오해의 소지가 있을까 모르겠지만 운전자의 조작은 엔진에게는 불필요한 점이 많다. 어떻게 달리고 싶다는 요구를 얼마나 정확하게 파악해 불만을 갖지 않게 출력을 제어함으로서 변속기와 협조해 휠을 구동할까? 때로는 약간은 과장된 연출도 필요하다.

Brake

지금이야 모든 차량에 장착되고 있는 ABS 베이스의 감속제어는 운전자의 목숨을 지키기 위해서도 가장 중요하다. 나아가 휠 스핀이나 횡슬립을 방지하기 위해 감속장치를 효과적으로 이용하는 것도 이제는 상식이 되었다. TCS 등을 이용한 구동력의 최적화에도 기여한다.

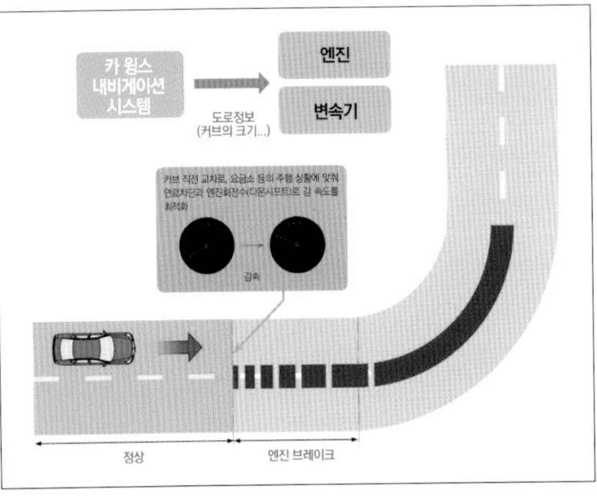

내비게이션 협조제어

운전자의 의사를 조금 앞서 자동차가 스스로 규제하는 한 사례. 내비게이션 시스템의 데이터와 자차의 움직임을 바탕으로 연산해 파워플랜트를 적극적으로 제어함으로서 운전자의 가감속 조작을 최소한으로 억제하는 것을 가능하게 한다.

긴급회피 브레이크

근래 급속히 주목을 받는 기술. 여러 가지 장치를 통해 전방을 감시하면서 자차의 속도를 자유롭게 제어. 운전자의 조작지체로 발생하는 사고를 미연에 방지하고, 혹여 충돌사고로 이어졌다 하더라도 피해를 줄일수 있다.

복잡해진 엔진의 「상태」

하지만 이제는 엔진이 「주(主)」이고 변속기가 「종(從)」인 관계는 아니다.

1960년대의 파워트레인은 대부분 기화기 엔진과 수동변속기를 조합한 것이었다. 전자제어가 파워트레인의 구석구석까지 들어간 것은 21세기 초반의 일이다. 불과 십몇 년 사이에 엔진 쪽 사정이 크게 변했다.

본문 : 마키노 시게오 사진 : 다임러 / MFi

EGR 냉각기의 장착은 필수가 되어 가고 있다. 산소가 거의 없는 연소가스인 배출가스를 혼합기 양을 늘리는 데 사용하는 것이 EGR로서, 재순환 가스를 냉각시키면 엔진 효율이 더 좋아진다.

최근에는 엔진 마운트도 제어하고 있다. 특히 기통휴지 엔진에서는 엔진 토크가 반으로 줄거나 배로 늘거나 하기 때문에 불쾌한 진동을 없애기 위한 장비가 되었다.

전자제어 유단 자동변속기의 프로그램은 단독적으로는 존재할 수 없게 되었다. 엔진 ECU와의 매칭이 필수로서, 이를 위한 개발공정은 점점 복잡해지고 있다.

이 엔진은 디젤이기 때문에 연료 시스템이 초고압분사 방식의 커먼레일 시스템이다. 1회 연소 때마다 연료를 3~7회로 나누어 분사하는, 전에는 생각할 수 없었던 제어방식이다.

예전의 가솔린엔진은 단순한 구조였다. 카브레터(기화기)로 연료를 무화시켜 피스톤의 하강에 의해 흡입된 공기의 흐름에 합류시키는 방식이다. 그 과정에서 무화된 연료와 공기가 섞여서 혼합기가 된다. 점화 플러그로의 전력은 엔진회전에 의해 구동되는 기어로부터의 동력을 전달받은 배전기가 공급한다. 기계적으로 항상 엔진 회전과 동기되어 있어서 회전속도가 빨라지면 배전속도도 빨라진다. 점화를 통해 연소가스가 피스톤을 내려 누르면서 다시 혼합기를 흡입한다. 이 정도로 모든 것이 완결되었다.

배출가스 규제가 심해지고 나서는 유해물질을 줄일 목적으로 공기와 연료의 혼합비율(공연비)을 배기출구에서 계측하기 위한 람다센서가 장착되었다. 또한 연료공급이 기화기방식에서 전기적으로 제어되는 분사방식으로 바뀌면서 연비가 훨씬 좋아지긴 했지만, 이때도 엔진이 필요로 했던 데이터는 배출가스 속의 산소(O_2)량과 수온, 스로틀 포지션(스로틀 개도=초기는 열리고 닫히는지의 여부만 감지) 정도였다.

변속기에서는 수동이 지배하던 시대가 끝나고 유단 자동변속기가 보급되기 시작했다. 미국은 기화기 시대에서 유단 자동변속기가 늘어나고 있었지만 일본은 연료분사 시대가 되고 나서야 보급되었다. 하지만 유단 자동변속기로 선행한 미국에서도 엔진은 엔진, 변속기는 변속기라는 식의 독립적 운행일 뿐 서로 협조하는 시스템은 아니었다.

협조제어가 반영되기 시작한 것은 유단 자동변속기의 변속 충격을 줄이려는 필요성이 대두되었을 때였다. 상향변속할 때 엔진토크를 약간 줄여 토크를 약간 낮추는 제어이다. 스로틀 밸브가 열려 있으면 혼합기는 「관성」에 의해 계속적으로 들어오기 때문에 혼합기량을 제어할 수 없다. 대신에 점화시기를 바꾼다. 마찬가지로 하향변속할 때는 유단 자동변속기 내의 클러치/브레이크 작동이 끝나는 시점에 점화시기를 약간 늦춘다. 이 방법은 현재도 건재하다.

약간 실례가 되는 표현일지 모르지만 자동차는 「엔진 상태」에 따라 모든 것이 좌우된다. 엔진이 「나는 지금 이 정도밖에 못 해. 그러니까 나머지는 다른 쪽에서 잘 해주길 바래」하고 할 일을 변속기나 섀시 컨트롤 계통으로 미룬다.

애초에 엔진은 공기 속의 산소와 연료를 반응시켜 연소시킴으로서 이때 만들어진 연소압력을 「힘」으로 사용하는 화학반응 기계이다. 공기를 흡입하는 것은 피스톤의 하강에 의존하고, 흡입량은 인간의 생활권에서 얻을 수 있는 「1기압」을 전제로 하고 있다. 때문에 공기가 희박한 고지대에서는 고지대 보정을 해 준다. 흡입 공기에 들어있는 산소는 지구상의 대기조성에서 유래한 것으로서, 모든 흡기량의 약 21%를 차지한다. 과급엔진은 강제로 대량의 공기를 실린더 안으로 집어넣지만 산소비율은 21%로서 변함이 없다. 즉 내연기관은 지구라는 혹성 성분의 은혜를 받고 성립된 동력기관이다. 바꿔 말하면 자연의 섭리 자체이다.

그렇기는 하지만 인간은 지혜를 짜내 엔진을 발전시켜 왔다. 엔진과 변속기를 하나로 묶은 「파워트레인(Powertrain)」차원에서 효율을 추구하려는 목표가 수립되고, 현재는 그 연장선상에서 다양한 협조가 이루어지고 있다.

8~9페이지의 그림과 해설을 다시 봐주기 바란다. 시시각각으로 변하는 주행환경 속에서 엔진과 변속기가 뛰어난 협조체계를 갖추고 있다는 것을 이해할 수 있을 것이다. 엔진 단독, 변속기 단독으로는 불가능했던 「주행」이 협조제어를 가능하게 했다.

예를 들면 유단 자동변속기에서 7단→5단 식으로 기어를 내리는 급속변속 제어는 엔진 쪽의 협력이 없으면 안 된다. 동력성능과 연비를 양립시키기 위해 유단 자동변속기는 다단화되어 있다. 초기의 유단 자동변속기는 2단에서 시작했지만 현재는 7단, 8단까지 나왔을 뿐만 아니라 조만간 독일 ZF제품의 9단이 시장에 등장한다. 다단화는 장점이 크긴 하지만, 예를 들면 고속순항을 하다가 추월가속하거나 급감속을 할 때는 8단에서 7단→6단 식의 하향변속을 하게 되고 그 때마다 자동변속기 내부에서는 브레이크/클러치를 변경할 필요가 생긴다. 하지만 전자제어 스로틀을 갖춘 응답성이 좋은 엔진이 협력해 주면 8단에서 6단 또는 5단으로 급속변속을 해도 변속충격에 따른 중력가속도(G) 변화 같은 차량거동이 크지 않도록 줄일 수 있다.

엔진이 주이고 변속기가 종인 관계가 아니라 운전자가 지금 어떻게 하고 싶어 하는지를 추정한 다음, 파워트레인으로서의 목표를 설정함으로서 거기에 신속하고 부드럽게 도달하기 위한 수단을 때로는 엔진상태에서, 때로는 변속기 상태에서 잘 협조하도록 해준다는 개념이다. 이 「추정」에는 정확한 정보가 필요한데 그런 정보취합을 위해서 각종 센서를 사용한다. 추정은 컴퓨터가 한다. 이런 주변기술의 진보를 바탕으로 한 협조제어이다.

센싱→추정→결정→실행명령 순서의 작업은 마이크로프로세서 내에 제어 맵과 각종 차량제원을 입력한 다음 현실 상태와 조합하면서 그 맵을 불러내 모델과 조합하고 연산을 통한 보정을 그 때마다 추가하는 폐회로(Closed-loop)로서, 기본은 피드백 제어이다. 예측불가능할 뿐만 아니라 맵화(Map化)가 안 되는 「운전자」라는 요소가 거기에 추가되면 갑자기 개회로(Open-loop)가 되면서 AI(인공지능) 같은 지원이 필요해진다. 아직 완전한 수준까지는 도달하지 못했지만 협조제어는 상당한 수준까지 AI화되고 있다.

조향장치 설계 전문가가 이렇게 말했다. 「개회로 제어도 일부에서 실현되고 있다. VW(폭스바겐)이 골프 등의 PQ35계통 플랫폼에 사용하는 EPS는 운전자라는 요소를 일부러 제어시스템에 반영하고 있다. 사실은 실제 노면의 반발력과 운전자가 손으로 느끼는 "감촉"은 아주 별개로서, 모든 감촉이 인공적으로 부가된 것이다. EPS에서 최선의 조향감을 얻으려면 여기에 발을 들여놓지 않을 수 없다고 판단했을 것이다. 그래서 무엇을 했느냐면 하드웨어 쪽의 정밀도를 향상시켰다. 스티어링 기구나 스티어링 랙이 장착되어 있는 서스 프레임, 서브 프레임을 뒷받침하는 엔진 룸, 나아가서는 프랫폼 전체를 높은 정밀도로 조립한 것이다. 흔들리는 요소는 줄였다. 기계 쪽과 제어 쪽의 협조라는 점에 주목해야 한다.」

엔진과 변속기 관계도 하드웨어와 소프트웨어 모두가 진화함으로서 향상되어 왔다. 제어만능이 아니라 치밀한 제어를 실행하는 하드웨어 성능도 뒤돌아보는 것이다. 다수의 기술자가 「내연기관의 연비는 앞으로도 30%는 향상시킬 수 있다」고 말하는 근거도 여기에 있다.

60년대의 닛산 A12형 엔진

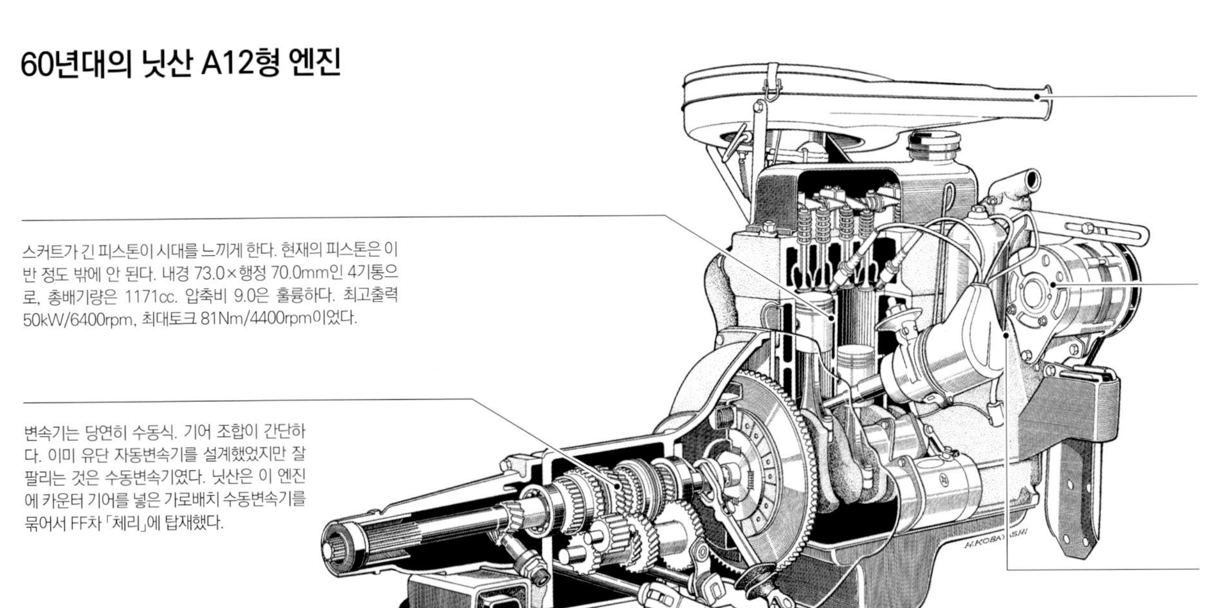

원형부분에 에어클리너를 내장해 긴 흡입구를 통해 공기를 흡입한다. 이 바로 밑에 기화기가 있는데, 고성능 형식에는 2기통마다 기화기를 장착했다. 연소실은 역류식(Reverse-flow Cylinder Head)인 2밸브이다.

스커트가 긴 피스톤이 시대를 느끼게 한다. 현재의 피스톤은 이 반 정도 밖에 안 된다. 내경 73.0×행정 70.0mm인 4기통으로, 총배기량은 1171cc. 압축비 9.0은 훌륭하다. 최고출력 50kW/6400rpm, 최대토크 81Nm/4400rpm이었다.

올터네이터 형상은 현재와 별로 차이가 없지만 이 당시에는 상시 발전방식이었다. 벨트와 풀리를 통해 엔진으로부터 동력을 나누어 받는 점도 현재와 똑같다. 엔진의 기본형은 이미 이 시대에 완성되었다.

변속기는 당연히 수동식. 기어 조합이 간단하다. 이미 유단 자동변속기를 설계했었지만 잘 팔리는 것은 수동변속기였다. 닛산은 이 엔진에 카운터 기어를 넣은 가로배치 수동변속기를 묶어서 FF차 「체리」에 탑재했다.

4기통 각각의 점화 플러그에 전력을 공급하는 배전기. 원통형의 내부는 외주에 4개의 접점이 있어서 중앙축이 크랭크축과 동기회전함으로서 접촉한 접점에 전력이 흐르는 식의 간단한 구조였다.

자동차의 기능을 4가지 블록으로 구분

카 내비게이션이나 프리 크래시 세이프티(Pre-crash Safety)용 카메라, 레이더 등이 이 블록으로 분류된다. 각기 고유의 ECU를 가지고 있지만 센싱→연산→지시만 한다. 실제 차량운동은 파워트레인과 섀시 계통에 맡긴다.

이 사이의 협조제어는 어댑티브 크루즈 컨트롤이 대표적 예이다. 차량속도를 설정해 놓으면 사이에 끼어들어오는 것이 있어도 속도가 자동으로 제어된다. 여기에 카 내비게이션 정보나 외부에서의 도로정보를 추가하면 기능은 더 다양해진다.

엔진과 변속기는 이미 불가분의 관계로, 파워트레인으로서 자동차 제어시스템의 중심에 위치하고 있다. 구동력을 담당하는 블록인 만큼 여기서 먼저 필요한 구동력을 최대 효율로 발휘할 것이 요구된다.

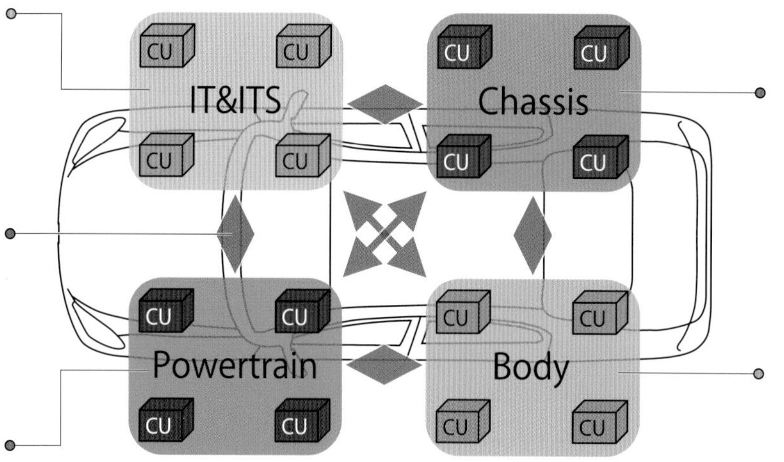

ABS(Anti-lock Brake System)나 TCS(Traction Control System), ESC(Electric Stability Control=VSC/VDC 등으로도 불린다) 등, 자세안정화를 관리하는 블록.

헤드라이트나 도어 미러 및 대시 보드 내의 계기종류 같은 차체의 전반적인 전장시스템이다. 전장품들도 독자적인 ECU를 가지고 있는 경우가 많아서 CAN 상의 데이터와 접속이 가능하다. 앞으로는 협조제어가 증가할 것이다.

변속할 때의 토크 다운 제어

엔진과 변속기(자동)가 처음으로 협조제어를 했을 때는 변속 충격을 줄이는 것이 목적이었다. 현재는 그 수준을 훨씬 뛰어넘어 토크 감소량과 그 시점에 맞춰서 운전자의 의도에 알맞게 제어한다.

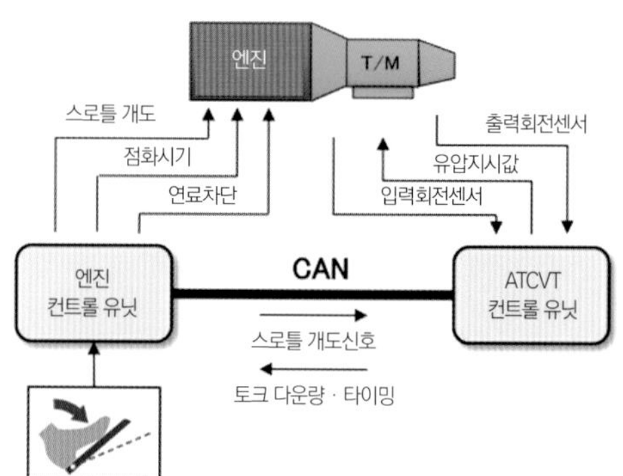

자동변속기의 수동 모드 제어

매뉴얼 모드가 있는 유단 자동변속기를 운전자 자신이 자유롭게 조종할 때도 하향변속할 때는 순간적으로 엔진회전속도를 높여 변속기어와 맞춰준다. 수동변속기를 운전하는 감촉을 운전자에게 주며, 물론 변속실패는 하지 않는다.

수동변속기와 엔진의 협조제어

수동변속기에서도 스로틀을 완전히 닫을 때 연료를 차단하는 경우가 늘었지만, 닛산은 운전자가 하향변속 조작 시에 좋은 타이밍에서 엔진회전속도를 자동적으로 약간만 높이는 블리핑(Blipping)제어를 수동변속기 차에 적용했다.

파워트레인 블록 안에서만도 최근 몇 년 동안 여러 가지 협조제어가 새롭게 개발되거나 갱신되었다. 이것은 협조제어가 진화하는 단계임을 증명하는 것으로서, 그 하나하나가 엔지니어의 「꿈」이기도 하다.

협조제어의 실제 사례 | 01

닛산의 「4블록」 협조제어

다수의 센서가 주행 중의 차량 상태를 감시하면서 새로운 정보를 차례차례 CAN 상으로 전송한다.
그 정보 중 여러 가지를 조합함으로써 기존에는 없었던 새로운 제어가 가능해진다.
닛산자동차가 실용화한 여러 가지 협조제어를 살펴보자.

본문 : 마키노 시게오 사진 : 닛산

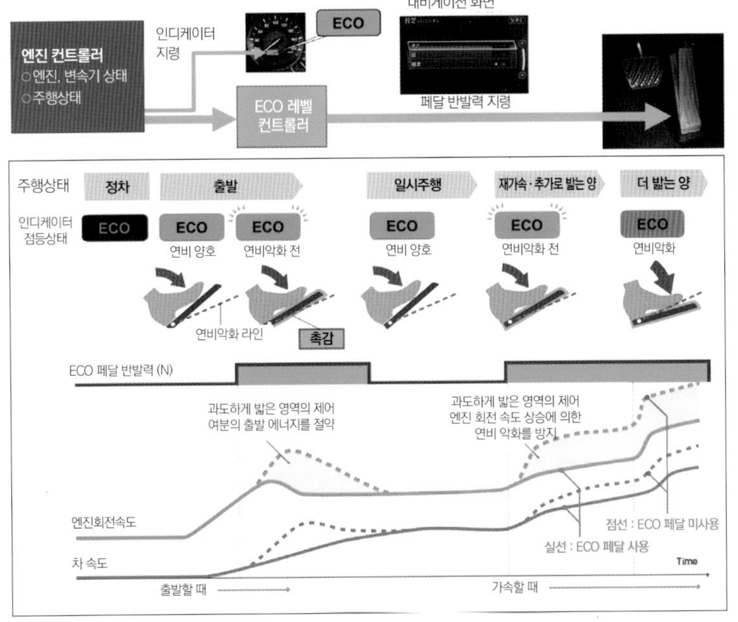

가속페달의 「밟는 방법」을 제어

보디 블록과 파워트레인 블록의 협조제어를 통해 실현된 에코 페달. 차량 주행상태를 감지하는 센서의 정밀도 향상과 뛰어난 프로그램의 조화 속에 고속연산을 개재시켜 「연료공급 최적화」를 끌어낸다.

운전자가 제어를 선택

이상적인 제어는 하나만 있을까. 제어 프로그램 현장에서 반드시 직면하게 되는 과제이다. 사용자가 다양해지면 「기호」도 다양해지면서 주행환경에 따라 이상적인 것도 바뀐다. 애매한 상태가 아니라 적극적인 선택을 제공하는 것이 이 장치이다.

제어내용의 「가시화」

컴퓨터로 제어되는 자동차에 「태워져 있다」는 느낌이 강한 현재의 자동차를, 그러면 좀 적극적으로 나아가 제어하는 것을 보여주자는 발상 하에서 이런 인텔리전트 컨트롤 디스플레이가 등장했다.

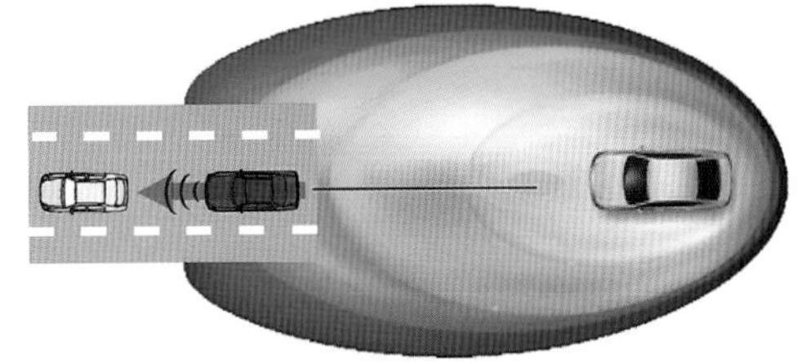

크루즈 컨트롤의 진화

인텔리전트 크루즈 컨트롤의 개념은 옆 그림과 같다. 닛산이 표방하는 「세이프티 실드」의 개념은 파워트레인 및 IT시스템이 결합된 결과이다. 어느 쪽이든 섀시계통 제어도 크루즈 컨트롤과 조합될 것이다.

페달을 잘못 밟는 것을 방지

차고에 차를 넣을 때 외에도, 저속 시에 운전자의 「깜빡 실수」로 일어나는 것이 가속 페달과 브레이크 페달을 잘못 밟는데서 유래하는 사고이다. 어라운드 뷰 모니터를 개발한 닛산답게 사회의 암묵적인 필요에 편승한 장비이다.

닛산 차에 적용되고 있는 협조제어는 좌측 그림에 있는 「4가지 블록」이 기본이다. 각각에 속한 장치 및 기능은 대부분 고유의 ECU를 가지고 있으며, 스스로의 블록이 다른 세 가지 블록과 서로 연관되어 있다고 보면 된다.

현재의 경향은 이 4블록을 전부 정리해 조정하는 역할의 ECU를 두고, ECU를 기본으로 각 블록 내의 장비와 제어를 계층화하는 것이다. 그 이유는 다음과 같다.

「자동의 주행상태는 시시각각 변한다. 현재 하고 있는 제어는 "어떤 블록이 주역인지"를 확실하게 하지 않으면 기능이 서로 중복되는 경우가 있다. 상황에 따라서는 4블록 사이에 충돌도 있어난다. 각 블록의 상위에 위치하는 "대표자"의 필요성이 대두되었다. 대표자가 각 블록 사이의 협조를 조정하는 방식으로 지금 현재의 우선권을 결정할 필요가 있다.」

제어의 개념에는 어떤 일이 있어도 대표자의 결정을 우선해, 각 ECU(로컬)에는 결정권을 갖지 않게 하는 중앙통합제어 방식과 현재의 닛산같이 로컬 사이에서 원활하게 교환하는 방식 두 가지가 있다. 닛산은 전지전능한 대표자가 아니라 조정자 역할로서의 대표자를 생각하고 있는 것 같다. 지금 실제로 각 자동차 메이커의 제어시스템 설계현장에서 일어나고 있는 「CAN의 포화」「중앙통합제어의 한계」같은 현상을 감안하면 대표자의 존재방식도 재검토가 필요하다고 여겨진다. 닛산은 「케이스 바이 케이스로 네 가지 블록 사이에서 역할을 분담하는 쪽이 좋은지, 대표자를 둘 때의 권한을 어떻게 할 것인지에 따라 앞으로의 제어개발을 효율화하는 포인트는 이 전체적인 설계도에 있다」고 말한다.

나아가서는 자동차라고 하는 전체를 어떻게 구축할 것이냐는 문제가 있다. 지금 현장에서는 기존의 개별적 협조제어가 얽히는 것이 문제가 되고 있다. 「얽히는 것을 풀지 못하기 때문에 앞으로 나아가지 못한다」는 것이다. 그렇게까지 말하지 않더라도 「한 가지 새로운 기능을 추가할 때 프로그램을 확인하는 방법이 무척 어렵다. 세세한 데까지 주의하지 않으면 생각지도 않았던 부분에서 버그가 생긴다」는 이야기를 여기저기서 듣는다.

마지막으로 제어를 구축할 때의 상황을 닛산에 물었더니 다음과 같은 대답이 돌아왔다. 「이 상황에서는 이런 요구가 있을 것이라는 예상을 모두 뽑은 다음 운전편이성과 응답성 양쪽에서 규칙화한다. 사용하는 곳에 따라 지역적 차이는 있지만 논리적인 면에서는 세계공통으로 한다. 이때 테스트 코스 안에서만 확인해서는 안 된다. 테스트 코스에서는 재현할 수 없는 상황이 많기 때문에 어쨌든 다양한 도로에서 확인한다.」

다시 말하면 제어는 인간이 만들어서 집어넣는 것이다.

[초고속회전 터빈/컴프레서 휠을 어떻게 제어할 것인가]

터보차저의 「경우」

전에는 터보를 제어한다고 했을 때 과급에 의해 생성된 압력을 이용한 압축공기방식의 액추에이터였지만 근래에는 전자제어방식의 서보모터가 두각을 나타내고 있다. 양쪽의 차이를 중심으로 터보의 제어를 살펴보자.

본문 : 다카하시 이페이   사진 : 하니웰 / 다임러 / 말레 / 폭스바겐 / 고마츠 / 고바야시 야스오 / 만자와 고토미

웨이스트 게이트를 어떻게 사용할 것인가

웨이스트 게이트(Waste Gate)에 부과된 가장 중요한 역할 중 하나가 과급압 제어이다. 과급압이 목표값에 도달하면 웨이스트 게이트가 열리면서 터빈 휠로 향하던 가스의 흐름을 터빈 하류로 빠져나가게 한다. 구동력의 원천인 가스 흐름이 줄어들면서 터빈 휠과 연동되어 회전하는 컴프레서 휠로 전달되는 구동력도 작아져 과급압 상승이 멈춘다는 것이 기본적인 작동원리이다. 다만 웨이스트 게이트가 제어하는 것은 배출가스의 흐름일 뿐, 과급압 자체는 아니기 때문에 거기에는 반응지체가 있다. 열효율을 높이기 위해 가능한 한 광범위하게 과급을 하면 좋겠지만 설정압력을 초과하는 것은 엔진이나 터빈에 부담을 준다. 이 부분에 대한 대처가 웨이스트 게이트 제어의 관건이다.

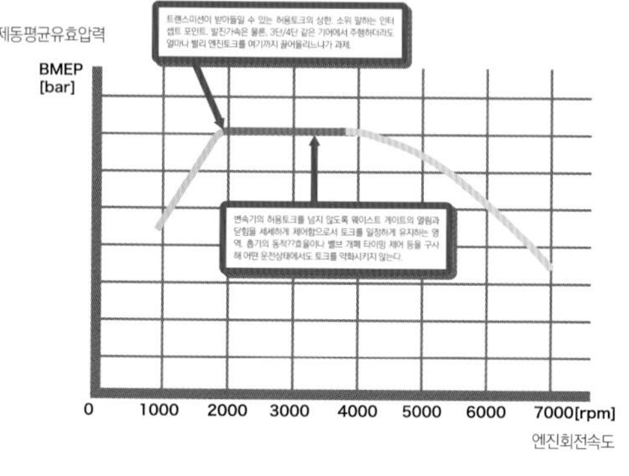

과급압이 목표값에 도달해 웨이스트 게이트의 제어가 반영되는 인터셉트 포인트까지 얼마나 빨리 올라가느냐가 웨이스트 게이트에 의한 과급압 제어의 중요점이다. 과급압을 일정하게 유지하기 위해서도 세세한 제어가 필요하다.

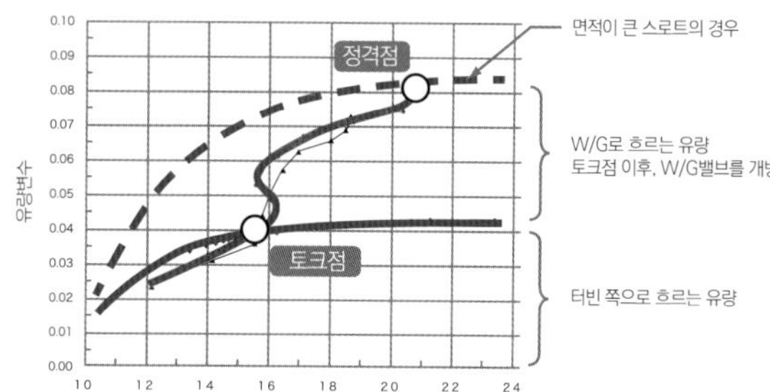

과급압 제어에서는 공기라는 점성유체를 이용하기 때문에 제어에 있어서 지체라는 요소가 따라다닌다. 정확한 제어를 위해서는 지체를 고려한 예측제어가 필요. 그 때문에 액추에이터의 고도화가 중요시된다.

터보가 자동차에 적용되고 얼마 지나지 않은 1980년대까지는 웨이스트 게이트 제어라고 했을 때, 과급압에 의해 작동하는 다이어프램 방식 액추에이터를 이용하는 방법 말고는 선택의 여지가 없었다. 제어대상인 과급압을 이용한다는 방법이 합리적이었는데, 압력에 의해 다이아프램이 서서히 작동하다가 과급압이 목표압력에 도달하기 전부터 웨이스트 게이트가 열리기 시작해 배출가스의 흐름을 옆으로 빠져나가게 한다. 그 결과 과급압 상승이 완만해지면서 터보 랙(Turbo-Lag)의 한 원인이 되기도 했다.

1990년대에 들어와서도 다이어프램 방식은 계속되었지만 다이어프램으로 유도되는 과급압을 제어하게 된다. 과급압을 유도하는 통로에 솔레노이드 밸브를 설치하고 PWM 제어로 제어하였다. 내경 수 ㎜인짜리 파이프로 유도한 압력을 이용했기 때문에 반응속도는 그냥저냥 했지만, 기어 위치에 맞춰 최대 과급압을 구분해서 사용하는 제어가 가능해져 과급압 상승도 나름 개선되기에 이르렀다.

2000년 무렵 전자제어방식의 서보모터를 이용하는 전동 웨이스트 게이트가 등장하면서 반응시간도 대폭 고속화된다. 거의 끝까지 웨이스트 게이트를 닫은 상태로 "유지"함으로서 과급압도 빨리 올라가게 되었다. 그런 활용도를 살려 디젤용 VG터보에서는 배기압력제어라는 새로운 제어도 생겨난다. 과급압에 의존하지 않고 완전히 자유로운 타이밍에서 제어가 가능한 전동 웨이스트 게이트는 지금은 터보엔진을 제어하는데 있어서 필수불가결한 존재이다.

전동 웨이스트 게이트

웨이스트 게이트의 제어에 있어서 가장 기본적이고 일반적인 방식이 과급압을 이용하는 다이어프램식 액추에이터를 이용하는 것이다. 기본작동은 과급압이 높아지면 그 압력으로 액추에이터를 작동시켜 웨이스트 게이트를 여는 간단한 원리이다. 이에 대해 근래 증가 추세에 있는 전자제어방식 서보모터를 이용하는 전동 웨이스트 게이트는 과급압력에 의존하지 않고 작동하기 때문에 활용도가 높은 제어가 가능. 다이어프램 방식이 높아지는 과급압에 의해 목표압력에 도달하기 전부터 서서히 웨이스트 게이트를 여는데 반해, 전동식은 목표압력에 도달하기 직전까지 닫아두는 것이 가능하고 (다이어프램 방식에 비해) 반응속도도 압도적으로 빠르다.

다이어프램식 액추에이터를 사용한 모습. 이 형식도 90년대 이후에는 전자적으로 제어되고 있다. 다이어프램으로 유도되는 과급압을 PWM제어의 솔레노이드 밸브로 제어한다.

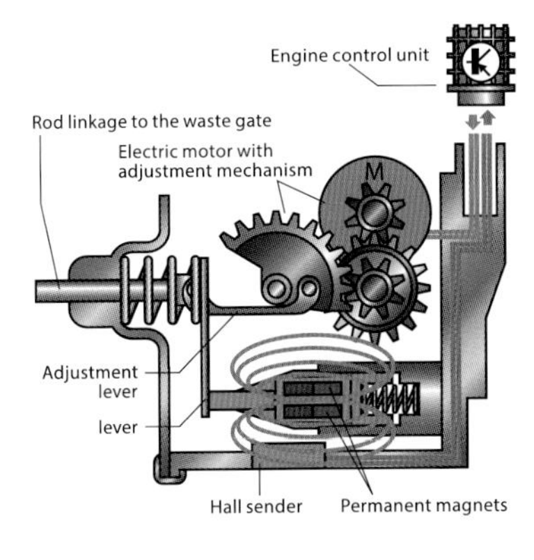

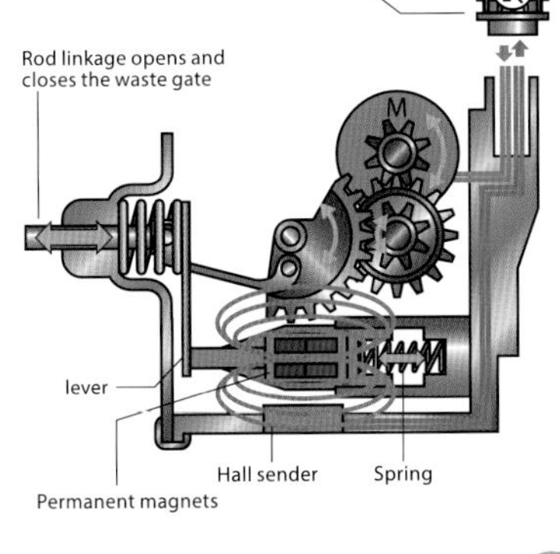

전동 웨이스트 게이트에 이용하는 서보모터로는 열 등과 같은 영향을 고려해 단순한 DC모터를 사용하는 경우가 많다. 센서를 이용해 열림상태를 검출하면서 구동전류를 제어한다. 위쪽 그림은 열림상태 검출에 홀 센서를 이용한 예.

보쉬 말레 터보시스템즈가 생산한, 전동 웨이스트 게이트를 적용한 터보차저. 터빈 하우징은 배기 매니폴드와 일체형 구조. 웨이스트 게이트는 효율적인 가스 흐름을 의식한 배치이다.

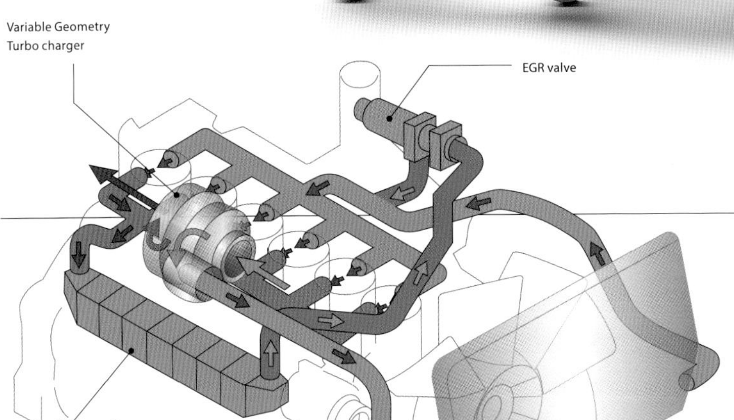

배출가스를 냉각한 상태에서 흡입다기관으로 유도하는 EGR 시스템. 연소실의 산소농도를 낮춤으로서 디젤엔진의 NOx를 줄일 수 있지만, 흡기 쪽 압력이 배기 쪽보다 높으면 배출가스가 순환하질 않는다.

미쓰비시의 디젤용 VG터보. 터빈 휠 주변에 배치된 가변식 노즐 베인을 통해 과급압 제어뿐만 아니라 배기압력 제어도 가능. 이를 통해 EGR도입 영역확대를 위한 제어도 이루어지고 있다.

VG터보와 EGR

터빈 휠 주변에 배치한 가변식 노즐 베인(Nozzle Vane)을 통해 배출가스 통로면적을 가변화함으로서 터빈의 구동력을 좌우하는 배출가스의 유속을 제어해 저속회전 영역부터 고속회전 영역까지 모든 영역에서 효율적인 과급과 응답성을 기대할 수 있는 VG터보. 또한 여기에는 또 하나의 숨겨진 효능이 있다. 그것은 배출가스 통로면적에 따라 변화하는 배기압력을 제어함으로서 EGR 도입영역을 확대할 수 있다는 점이다. 기본적으로 EGR은 배기 쪽과 흡기 쪽 매니폴드의 압력차에 의존해 도입되기 때문에 압력차가 없는 경우나 흡기 쪽 압력이 높을 경우에는 도입할 수 없는데, 근래에 이 문제를 해결하는 효과적인 수단으로 사용되고 있다.

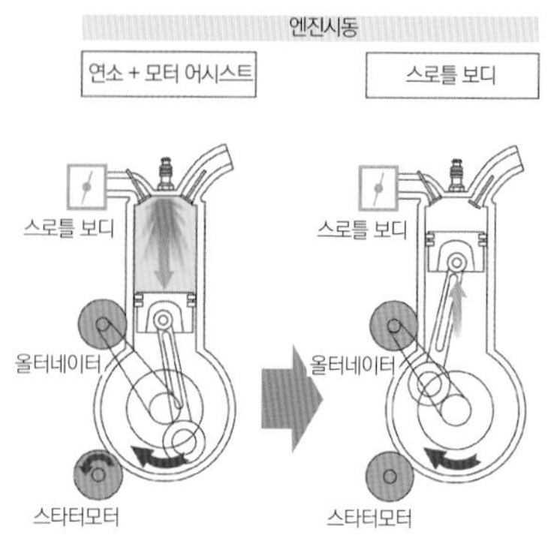

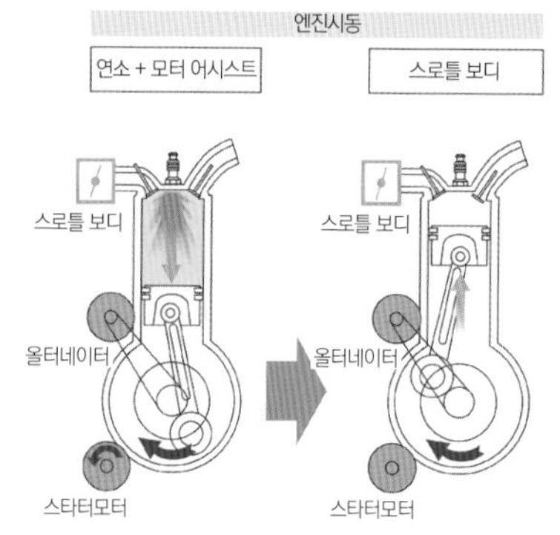

i-stop의 특징은 연소시동이라는 점이다. 휴지 때 4기통 각각의 피스톤 위치를 최적위치에서 휴지시켜 재시동을 걸 때 팽창행정에 있는 기통에 연료를 분사함으로서 확실하고 빠르게 재시동을 가능하게 한다. 직접분사가 필수이다. 어디까지나 스타터는 보조 동력이다.

Idle Stop [마쯔다 : i-stop]

처음에는 「스마트 아이들링 스톱 시스템」으로 발표됨. 엔진 휴지 때 피스톤 위치를 같은 높이로 오게 한다. 위치조정에는 올터네이터를 이용한다. 재시동을 걸 때는 압축행정 실린더에 연료를 소량 분사한 다음 점화시켜 크랭크축을 역회전. 그러면 팽창행정 실린더는 압축을 시작하게 되기 때문에 거기에 연료를 분사해 점화시킴으로서 통상적인 재시동처럼 만들어 주는 시스템. 스타터모터를 사용하지 않고 통상적인 재시동 소요시간의 약 반인 0.35초 만에 공전속도를 회복하도록 했다. 시판형 i-stop에서는 스타터 모터를 이용하지만 기본 개념은 똑같다.

엔진 시동을 한 번 걸고 나면 목적지에 도착할 때까지 절대로 꺼지지 않게 하는 것이 예전의 사용방식이었다. 하지만 현재는 「적극적으로 엔진을 멈추게 하는」 방향으로 바뀌었다. 첫 번째는 신호대기 등과 같이 정차 중에 엔진을 꺼지게 하는 아이들 스톱이다. 간단하게 생각되지만 중요한 점은 엔진 정지 중의 전력 확보이다. 엔진은 정지해 있더라도 자동차 기능은 살아있기 때문에, 전력이 없어서는 곤란한 장비에 대한 대책이 필요해졌다. 일반적으로 아이들 스톱을 해제하는 기능은 가속 페달과 동력조향장치로, 전자제어 스로틀(즉 엔진 ECU)과 조향장치 ECU 내에는 일정한 전력을 모아두는 콘덴서(커패시터)가 내장되었다. 하지만 정지상태에서의 조향핸들 조작처럼 100A(암페어)에 가까운 대전류가 순간적으로 필요한 경우는 전력공급이 원활하게 이루어지지 않아 카내비게이션이 꺼지거나 하기 때문에, 다른 계통의 백업 전원을 갖추는 경우도 있다.

한편 기통휴지는 변속기와 엔진 사이의 협조제어이다. 특히 기통휴지를 멈추고 모든 실린더가 다시 정상작동할 때는 변속기에 큰 부하가 걸리기 때문에, 엔진 재시동시 변속기 쪽이 토크 컨버터의 록 업 해제→슬립 등을 제어한다. 엔진 쪽도 재시동을 걸 때 점화제어 등으로 큰 토크변동을 일으키지 않도록 제어한다. 그야말로 협조제어이다.

[실린더를 휴지시키다]

아이들 스톱과 기통휴지(氣筒休止)

일상적인 주행을 하는 한 엔진은 자신의 성능을 모두 사용하지 않는다.
이런 낭비를 줄이기 위해 기통을 휴지시킨다. 어떤 협조제어를 바탕으로 하는지 살펴보자.

본문 : 마키노 시게오 / MFi 사진 : 마쯔다 / 혼다 / 폭스바겐 / 아우디 / 세야 마사히로

Cylinder Deactivation [혼다·VCM]

혼다 인스파이어의 J35A형 엔진에 탑재되었던 VCM(Variable Cylinder Management)는 요구 토크에 따라 6기통 전부나 한 쪽 뱅크의 3기통 그리고 양쪽 뱅크 1기통씩 휴지시키는 4기통으로 전환해 운전한다(현재는 6/3기통 운전). 기통휴지 방법은 혼다의 자랑인 VTEC에서 밸브 리프트를 정지시킨다. 펌프 손실을 크게 저감(휴지기통은 물론이고 작동기통도 스로틀을 연 듯한 상태에서 사용하기 때문에 고효율)시켰다. 기통휴지운전 시, 특히 4기통일 때는 불균등 간격 연소가 되어 진동이 증가하기 때문에 액티브 엔진 마운트를 채용했다.

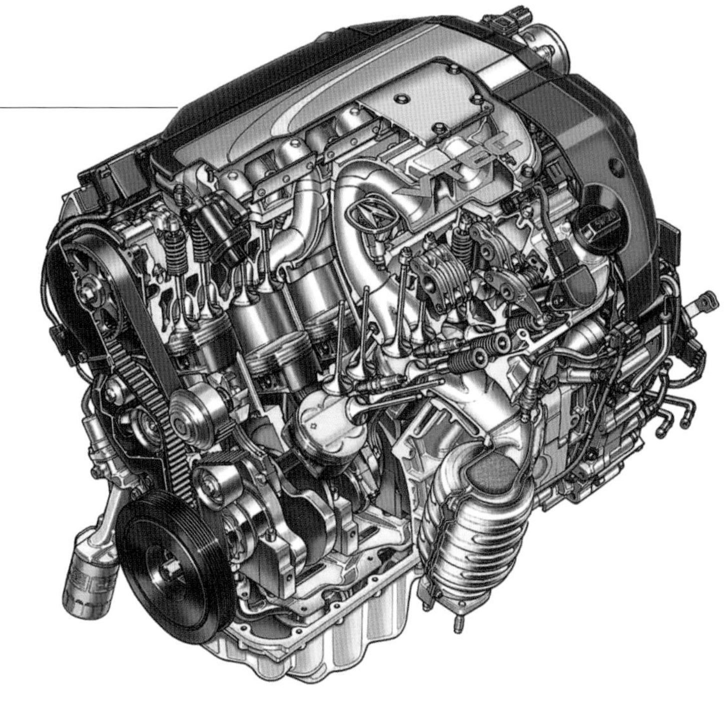

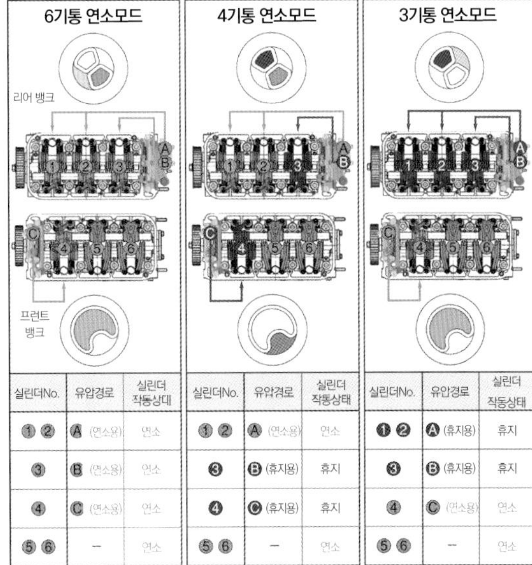
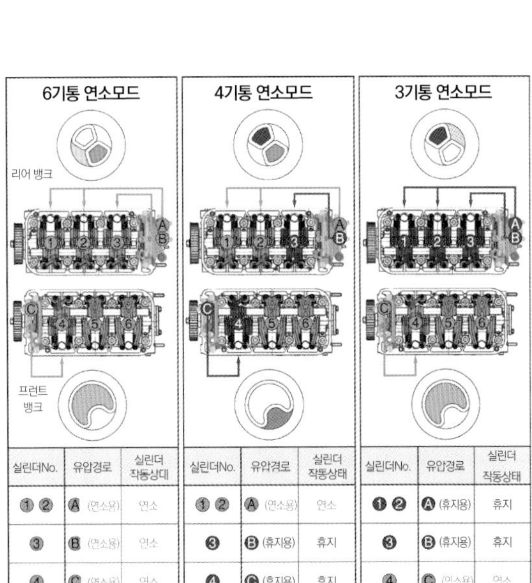

실린더No.	유압경로	실린더 작동상대	실린더No.	유압경로	실린더 작동상태	실린더No.	유압경로	실린더 작동상태
①②	Ⓐ (연소용)	연소	①②	Ⓐ (연소용)	연소	❶❷	Ⓐ (휴지용)	휴지
③	Ⓑ (연소용)	연소	❸	Ⓑ (휴지용)	휴지	❸	Ⓑ (휴지용)	휴지
④	Ⓒ (연소용)	연소	❹	Ⓒ (휴지용)	휴지	④	Ⓒ (연소용)	연소
⑤⑥	–	연소	⑤⑥	–	연소	⑤⑥	–	연소

3모드 각각의 작동상태. VTEC을 전환하는 유압제어에 있어서 응답성이 뛰어난 3방향 밸브 방식과 가격적으로 우수한 2방향 밸브 방식의 솔레노이드 밸브를 최적으로 배치. 복잡한 기통휴지 전환을 저가로 실현하는데 성공했다.

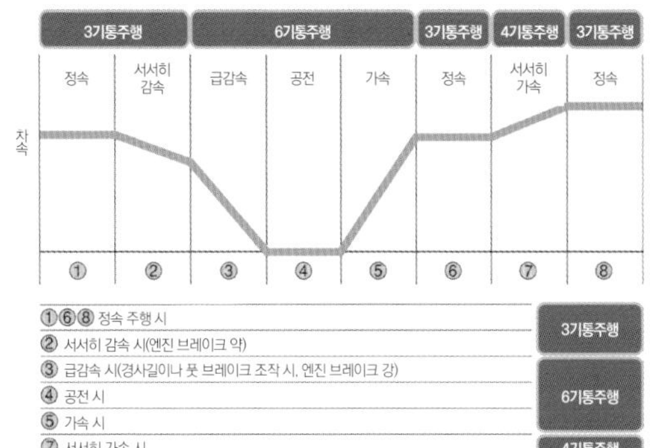

주행 상황에 따라 적절하게 또는 기통휴지를 전환해 가며 운전한다. 감속할 때는 즉각 연료분사를 중단. 급감속에서 엔진 브레이크를 강하게 요구할 때는 6기통 운전으로 하고 펌핑 손실을 역으로 이용한다. 4기통 운전은 저부하 고회전속도 영역에서 사용한다.

Cylinder Deactivation 「폭스바겐 : ACT」

폭스바겐의 새로운 4기통 시리즈 EA211에 적용된 기통휴지 시스템인 ACT(Active Cylinder Management). 1.4TSI에 탑재되어 데뷔한 바 있다. 엔진이 1250부터 4000rpm 사이, 또 발생토크가 25에서 100Nm 사이의 저중부하 영역에서 2번 및 3번 기통의 흡배기 밸브 양정을 제로로 한다. 이로 인해 1번과 4번 기통은 저회전 고부하의 연비율이 양호한 영역에 들어감으로서 효율이 좋아진다. NEDC로 0.4ℓ/100km의 연비향상이 가능한데, 이것은 8g/km에 상당하는 숫자. ACT에 의한 기통전환이 상당히 부드러워서 계기 패널 상의 작동표시를 보지 않으면 알아차리지 못할 정도이다.

ACT의 메커니즘은 AVS(Audi Valvelift System)에 이용되었던 것. 캠 샤프트 상에 설치된 액추에이터 핀이 튀어나오면 설치된 홈을 따라 캠 로브 전체가 옆으로 미끄러지면서 밸브양정의 크기를 바꾼다.

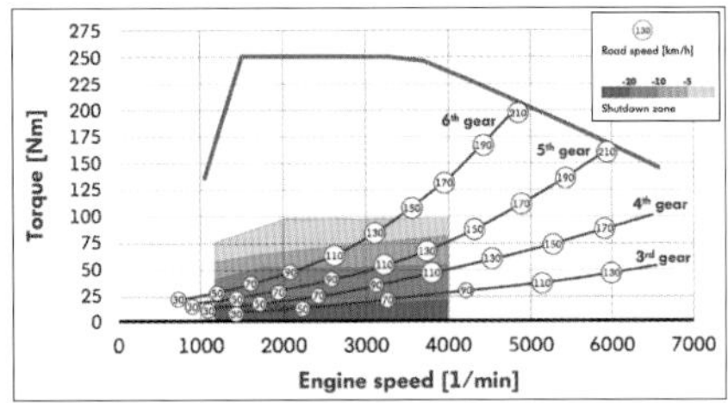

6단 기어에 있어서 3단~6단의 구동토크 선과 ACT작동영역을 나타낸 그래프. 원 안의 숫자는 시속. 일반적인 주행상황 중 약70%가 ACT 영역이다. 4기통으로 복귀하기 위해서는 크랭크축 1.5회전 분량, 소요시간은 13~36ms라고 한다.

독특한 기통휴지 시스템 사례. 통상적인 기통휴지는 흡배기 캠의 양정을 제로로 하는데 반해, 엔지니어링 회사인 IAV의 I2+2 콘셉트 엔진은 직렬2기통을 두 개 나란히 연결한 구조. 크랭크축 중간의 클러치 단속을 통해 한 쪽의 2기통을 문자 그대로 정지시키는 구조이다. 크랭크 핀 배치는 좌우 모두 360°

[낭비 없이 전기를 생산하고, 저장]

올터네이터와 축전장치

전장품을 많이 장착하고 있는 오늘날의 자동차. 그런 장치들에 전력을 공급하기 위해서는 뛰어난 발전성능이 요구된다. 반면에 불필요한 충전상태는 엔진의 견인 저항을 증대시킨다. 아슬아슬한 저공비행 상태를 계속하는 것이 작금의 충전 및 축전 시스템이다.

본문 : 마키노 히게오 / MFi 사진 : 덴소 / 파나소닉 스토리지 축전지 / 마쯔다 / 스즈키 / 세야 마사히로

충전제어와 납축전지

자전거 전조등용 발전기를 작동시키면 페달이 무거워지는 것을 기억하는 사람도 많을 것이다. 발전기는 자성체 안에서 코일을 회전시켜 전기를 발생시킨다는 원리이다. 자력을 타고 넘을 때 저항이 생긴다. 자전거용은 직류발전기, 올터네이터는 교류발전기라는 차이가 있기는 하지만, 로터(회전자)의 구동에 저항이 작용하는 것은 똑같다. 축전지 전압이 낮을 때라면 허용할 수 있지만 발전한 전기를 버리는 상태에서는 문자 그대로 낭비가 된다. 그래서 고정자(Stator)에 전기 공급을 억제해 자력을 발휘시키지 않음으로서 회전토크를 줄이는, 충전제어라고 하는 시스템이 생겨났다.

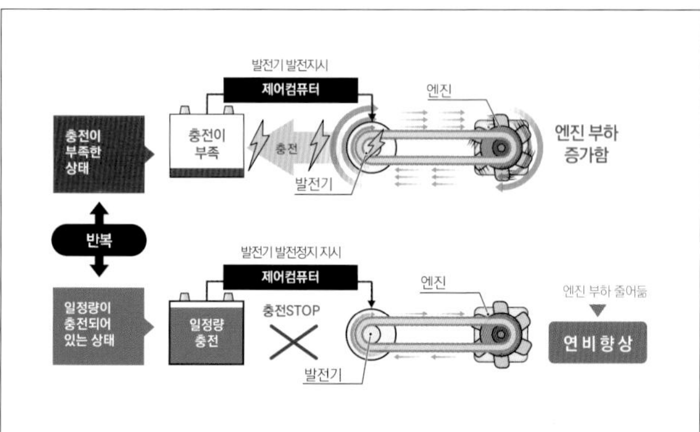

올터네이터의 풀리를 손으로 돌려보면 그 무게에 놀라게 된다. 엔진은 항상 이 무게를 돌리게 되므로 그만큼 동력손실이 생긴다. 충전제어는 축전지 충전상태를 치밀하게 관리해 올터네이터 동작을 최소한으로 함으로서 엔진 부하를 최저한으로 줄인다.

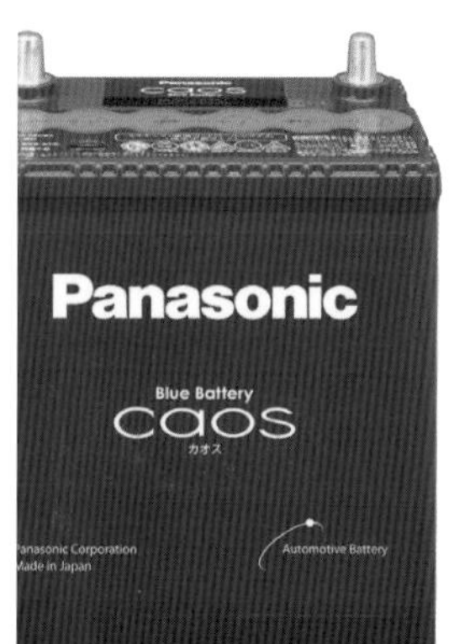

납축전지는 전기장치라 주장해도 무리가 없는 현대의 자동차 전원으로서, 중요한 역할을 담당하고 있다. 반면에 충전은 제어를 통해 최소한으로 하고 소형경량화도 요구된다. 뛰어난 충방전 효율, 용량의 크기 등이 무엇보다 중요하다.

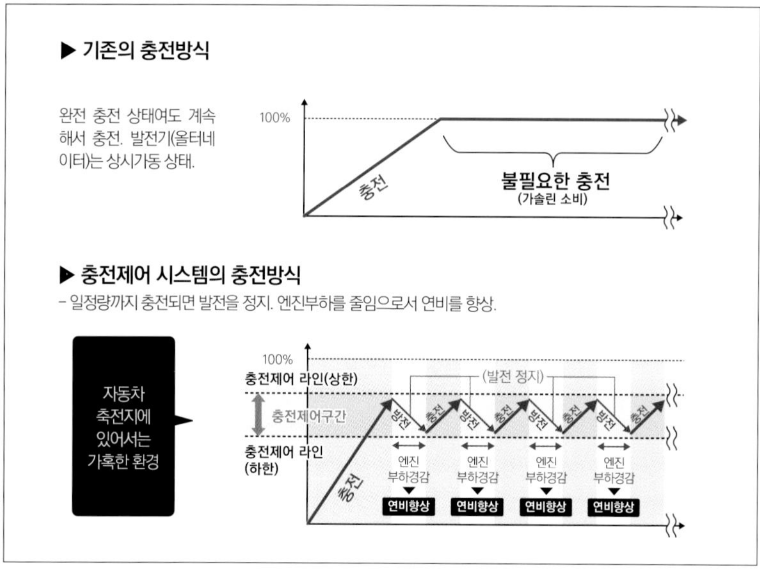

기존의 올터네이터는 엔진의 크랭크 풀리와 벨트에 의해 구동되어 운전할 때는 항상 회전, 발전한다. 충전제어방식에서는 충전제어 라인의 축전지 전압 범위 내에서 충전과 방전을 반복하면서 최소한으로 발전을 한다.

▶ 커패시터를 이용한 사례

마쯔다는 에너지회생에 커패시터를 이용. i-ELOOP(아이 이루프)라 부르는 시스템을 아텐자부터 탑재하기 시작했다. 감속할 때 올터네이터에서 발전한 양은 모으고, 축전 분량은 올터네이터의 발전대체나 아이들 스톱 때 전원으로 이용한다.

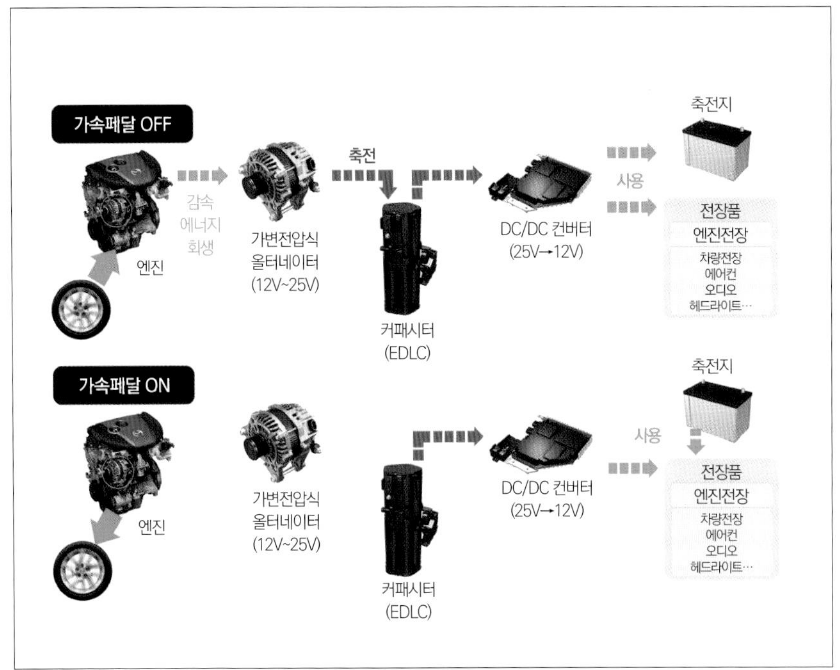

자동차는 감속할 때 에너지를 열로 버리고 있다. 마쯔다에 따르면 기존의 납축전지는 폴리에틸렌 탱크 같은 것으로서, 출입구는 작지만 용량은 크다. 한편 커패시터는 작은 양동이 같아서 빈번한 출입에는 어울리지만 저장할 수 있는 양이 적다. 그래서 에너지 회수는 커패시터로 하고, 납축전지와 병행해 축전성능도 만족시켰다. 코마츠 유틸리티 회사의 포크리프트(Forklift)에도 커패시터가 이용된다. 빈번하게 작동, 정지 등을 반복하는 포크리프트는 납축전지로 에너지회생을 다 하지 못하고 열로 대부분을 버리고 있었다. 커패시터를 사용함으로서 회생전류의 회수율이 97%까지 상승했다고 한다.

▶ 리튬이온 축전지를 이용한 사례

스즈키의 에너지회생 시스템인 에너차지는 리튬이온 축전지(LiB)를 사용. 감속할 때나 공주(空走)할 때 올터네이터를 이용해 LiB에 충전한다. 일반적인 납축전지도 장착하지만 보조적인 대용량 축전지 같은 용도.

도시바가 축전지 셀의 공급자로서, SCiB의 고회생(高回生)성능 형식인 3Ah 셀을 탑재한다. LiB이면서 SCiB는 2.4V의 전압을 가지며, 5개를 직렬로 배열해 12V로 만들었다. 모듈 용량은 2.4V×3Ah×5개에서 36Wh.

커패시터는 충전상황에 따라 축전 전압이 바뀌는 특징이 있다. 그래서 발전기는 가변용량을, 심지어는 축전된 전기 에너지를 이용할 때는 12V로 바꿀 필요가 있어서 DC-DC컨버터를 장착하지 않으면 안 된다. 그 때문에 마쯔다의 i-ELOOP는 12~25V짜리 가변전압 올터네이터를 이용하고 있다. 리튬이온 축전지에는 그런 성질이 없어서 시스템 전압을 12V로 하면 기존의 충전장치를 사용할 수 있다. 에너지 밀도가 뛰어나 용량 당 축전지 유닛을 소형경량화할 수 있다는 것도 큰 장점이다. 한편 사용온도범위가 비교적 낮아 과충전되면 발열을 동반하기 때문에 냉각장치와 정밀도가 뛰어난 충전제어를 필요로 한다.

일본에서 승용차에 에어컨이 기본옵션이 된 시기였던 80년대, 올터네이터에 변화가 찾아왔다. 에어컨이 작동하면 거기에 필요한 동력을 공급하기 위해 엔진회전속도가 올라간다. 이때 발전량도 동시에 증가한다. 이 발전부하변동을 가급적 억제하기 위해 발전량 가변식 올터네이터가 등장하였다. 엔진과 올터네이터 사이의 협조제어는 여기서부터 시작되었다.

현재의 올터네이터는 필요한 전력만 발전하는 방식이다. 발전량에 맞춰 전자석에 작용하는 자력을 변화시킨다. 항상 발전하고 있으면 올터네이터 내의 전자석에 의한 저항이 커져 구동력을 제공하는 엔진에 부담을 주게 되고, 결과적으로 연비에 악영향을 끼친다. 이것을 피하기 위해 필요한 자력만 발생시키는 형식이 사용되고 있다.

동시에 축전지도 바뀌었다. 예전에는 축전지가 엔진시동을 걸 때 시동모터를 돌리기 위한 예비전원이었고, 다른 장비에 필요한 전력은 주행 중의 발전에 맡겼었다. 그러나 차량에 탑재하는 전자장치가 늘어남으로서 축전지에 저장한 전력을 사용하지 않을 수 없게 되었다. 그 때문에 축전지를 SOC(State Of Charge=충전상태)로 보면 용량의 30% 혹은 40% 정도까지 사용하는 경우도 있었다. 고성능 축전지가 요구된 배경이 여기에 있다. 또한 스즈키의 에너차지 같이 주행 중에 부하가 작은 상태에서 적극적으로 충전하는 시스템도 등장했다. 이미 자동차는 마이크로 하이브리드화되고 있다.

변속기와 엔진의 협조제어

내연기관 자동차는 엔진이 생성한 동력만으로는 주행할 수 없다.
엔진과 변속기를 합쳐서 파워트레인이라고 하는 습관은 그런 상황을 단적으로 표현한 것이다.
그리고 지금 이들의 관계는 긴밀한 연대를 통한「협조제어」가 필수이다.

본문 : 마키노 시게오 사진 : BMW / 만자와 고토미

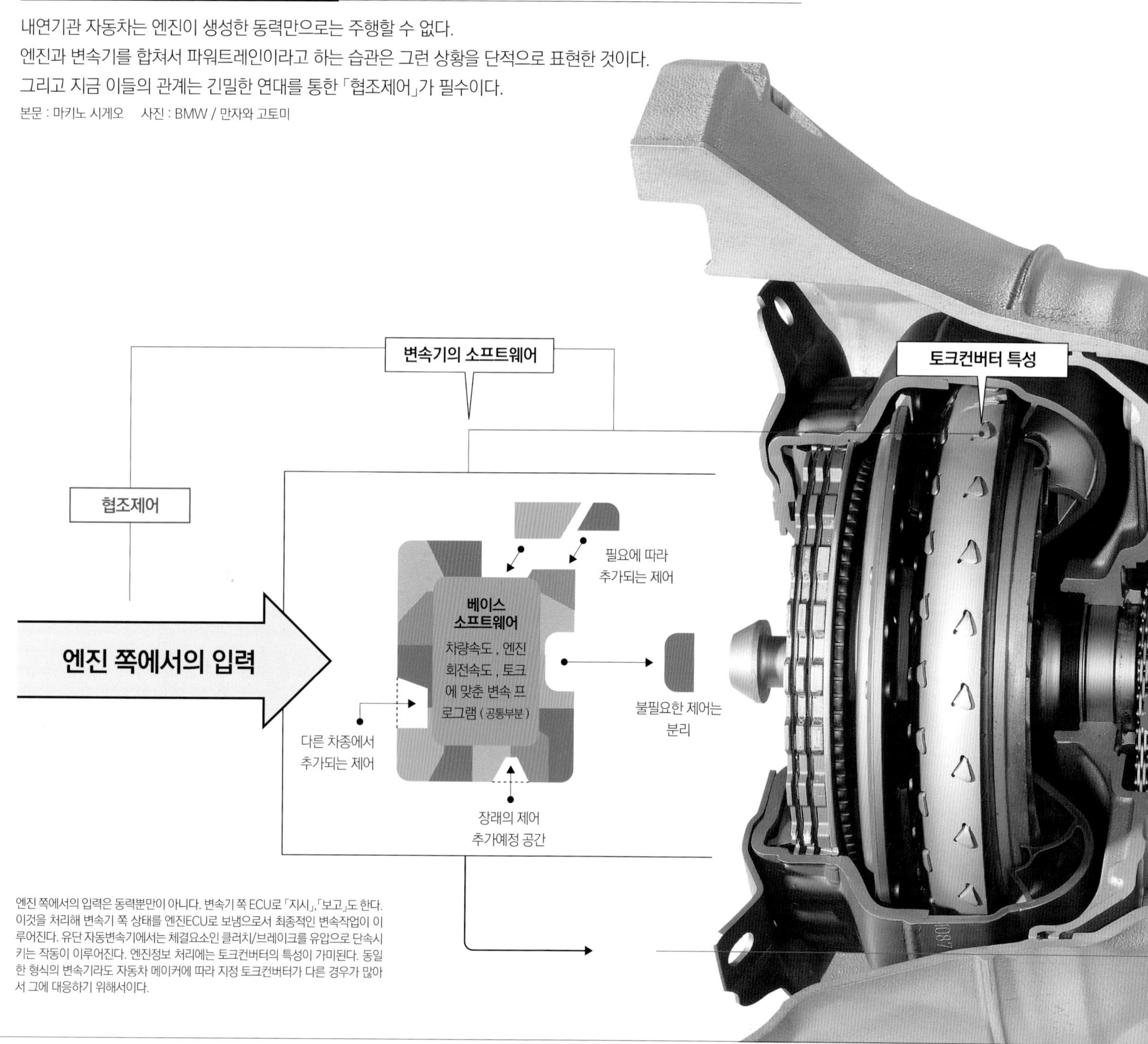

엔진 쪽에서의 입력은 동력분만이 아니다. 변속기 쪽 ECU로「지시」,「보고」도 한다. 이것을 처리해 변속기 쪽 상태를 엔진ECU로 보냄으로서 최종적인 변속작업이 이루어진다. 유단 자동변속기에서는 체결요소인 클러치/브레이크를 유압으로 단속시키는 작동이 이루어진다. 엔진정보 처리에는 토크컨버터의 특성이 가미된다. 동일한 형식의 변속기라도 자동차 메이커에 따라 지정 토크컨버터가 다른 경우가 많아서 그에 대응하기 위해서이다.

유단 자동변속기와 엔진 사이에서 협조제어가 이루어지게 된 계기는「변속을 더 부드럽게」하기 위한 필요성 때문이었다. 이것은 승용차의 경우로서, 변속할 때 엔진 토크를 조금 줄이는 제어 하에서 대응이 이루어졌고 현재도 계속되고 있다. 한편 상용차 같이 입력이 큰 변속기의 대응에 있어서는 전혀 다른 사례가 있다. 독일의 ZF사가 처음으로 협조제어를 도입한 것은 90년대 초반의 AS트로닉으로서, 2페달 방식의 AMT(Automated MT)였다. 도그클러치를 사용하는 논싱크로 수동변속기가 기본으로, 클러치를 끊어 엔진회전속도를 맞추지 않으면 변속 조작을 할 수 없기 때문에 엔진회전속도를 자동으로 맞추는 협조제어가 도입되었다.

상용차용 수동변속기에 액추에이터를 넣어 AMT화하면 변속기 자신이 커질 뿐만 아니라 각 기어 단의 개별 액추에이터 고장률이 곱셈으로 영향을 미친다. 이것을 피하기 위해 도그클러치를 적용하였다. AS트로닉은 처음으로 엔진에 회전요구를 반영한 ZF제 변속기로, 엔진 쪽 ECU와의 통신은 CAN을 경유하게 했다. 그 후 승용차용 유단 자동변속기인 6HP 시리즈에 협조제어가 들어가면서 ZF사도 본격적인 협조제어 시대에 돌입했다.

파워트레인 협조제어에 필요한 엔진 쪽 정보는「실제

토크값」과 「회전속도」 이다. 양쪽 모두 정보가 정밀해지면 질수록 상태가 좋아진다. 예전의 엔진은 회전속도만 알았지 실제 토크는 몰랐지만, 변속기와의 협조제어에 필요하기 때문에 현재의 엔진ECU는 실제 토크의 계산값을 CAN에 제공하고 그것을 보증하고 있다. 변속기 엔지니어들은 「예전에는 엔진이 왕이었지만 실제 토크값 정보가 처음으로 데이터 외부로 알려졌다.」고 말한다. 실제 순간 토크는 엔진으로부터 동력을 나누어 받는 보조장치들의 작동상태로 인해 시시각각 변하기 때문에 「데이터 보증이 필요」하다고 한다. 하지만 일반적인 SAE규격의 프로토콜을 사용해도 실제 토크 데이터는 「100% 정확하지 와 회전속도를 올리고 내리는 사전준비를 해줄 필요가 있다. 그 때문에 운전자가 가속 페달을 밟은 다음 순간에는 먼저 엔진이 준비를 해 「변속가능」신호를 변속기로 보내는 동시에 「어떤 제어를 했는지」에 대해서도 전달한다. 그것을 받아 변속기 쪽은 비로소 변속을 위한 동작을 시작한다.

또한 이때 ABS나 ESC/VDC가 작동하고 있을 때는 우선순위가 바뀌는 경우가 많다. 현재 상태에서는 브레이크(섀시) 시스템과 변속기가 직접 통신하는 경우는 별로 없지만, 변속기 쪽은 브레이크 시스템의 작동상황을 거의 반드시 파악하고 있다. 동시에 엔진은 삼원촉매기를 과열 특히 기통휴지에서 복귀할 때는 변속기에게는 토크가 급격히 증가되는 것이기 때문에 피크 토크를 잘 소화하기 위한 연구가 각 메이커마다 이루어지고 있다. ZF의 경우, 변속기제어 프로그램은 중앙연구소가 작성하고 있는데 자동차 메이커별 다른 제어로직에 대한 대응은 그때마다 실시한다. 베이스 소프트웨어는 공통이어서 주변적인 적합을 위한 프로그램 가감이 이루어진다. 이것은 변속기의 기계설계를 시리즈 내 혹은 시리즈 사이에서 공유하기 위해서이다.

그 베이스 소프트웨어는 변속기 시리즈 혹은 세대별로 설정되어 있다. 갱신은 ECU 변경 때나 혹은 변속기 시리즈

유단 자동변속기는 유성기어 세트를 복수로 조합한다. 1세트로 전진 2단/후진 1단을 얻을 수 있고, 2세트라면 전진은 4단, 3세트는 8단이 된다. 이 사진의 8HP 시스템은 일반적인 유성기어 세트와 레필라티에 기어 세트를 사용해 8단을 이끌어낸다. 곧 시판차량에도 적용될 FF용 9단에는 2세트의 도그클러치가 사용되는데, AS트로닉 이후 축적해 온 노하우를 이용한 것이다.

않다」고 변속기 엔지니어는 말한다. 그 때문에 변속기 메이커가 독자적인 어플리케이션을 이용해 실제 토크를 감시한다.

실제 변속은 운전자가 가속 페달 / 브레이크 페달 / 시프트 레버(팁 스위치)에 입력하는 지시를 토대로 엔진의 「변속 가부」 지시를 기다렸다가 이루어지는데, 토크 및 엔진회전속도 변동을 최대한 작게 하려면 엔진 쪽에 토크 시키지 않도록 감시하고 있어서, 촉매기 쪽 상태를 우선시하지 않으면 배출가스가 위태로워질 것이라 판단하면 변속요구를 중지시키는 경우도 있다. 무엇보다 이런 부분의 제어는 자동차 메이커가 주도권을 가지고 있고, 변속기 메이커는 그런 방침에 따르는 모양새이다.

근래에는 협조제어가 점점 복잡해지고 있다고 한다. 그런 일례가 기통휴지와 아이들링 스톱에 대한 대응이다. 를 쇄신하는 타이밍에서 이루어진다. 물론 기본이 같은 소프트웨어라도 예를 들면 버전 1.10이나 버전 1.12가 있고, 다음으로 버전 2.0으로 넘어가는 식의 순차적 갱신은 컴퓨터 OS처럼 이루어진다. 이 개발도 변속기 메이커 쪽의 작업이다.

CVT의 협조변속제어 사례

주행 중인 차량의 속도가 일정한 시간이 짧은 운전이 주류인 시장에서는 CVT의 연비 장점이 부각된다고 한다.
그 때문에 일본시장은 「CVT에 적합한 교통환경」이라고들 한다.
과연 주행 중에 CVT는 어떻게 엔진과 협조제어를 하고 있을까.

본문 : 마키노 시게오　사진 : JATCO / 닛산 / 마키노 시게오

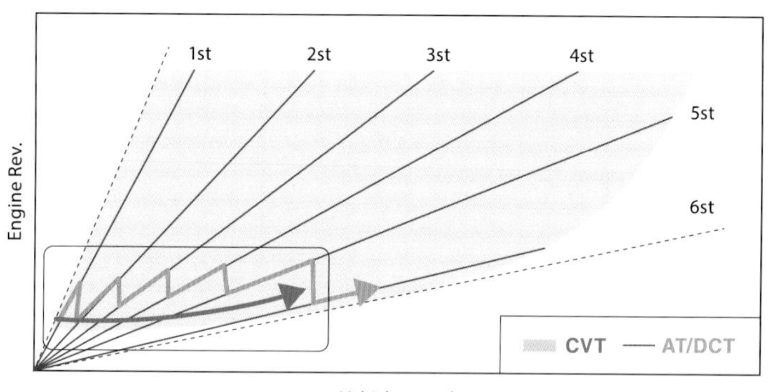

유단 AT / DCT의 변속과 CVT의 변속

기어 단(段)이 한정되어 있는 변속기에서는 변속을 할 때마다 엔진회전속도가 일단 낮아진 다음에 변속이 된다. 한편 CVT는 엔진회전속도를 떨어뜨리지 않고 「바로 가속이 가능하다」고 말한다. 그 대비가 이 그래프이다. 상담해준 엔지니어들은 가속 중에 엔진회전속도가 떨어지지 않는다는 점에서 엔진과 CVT의 협조제어는 「하기가 쉽다」고들 한다.

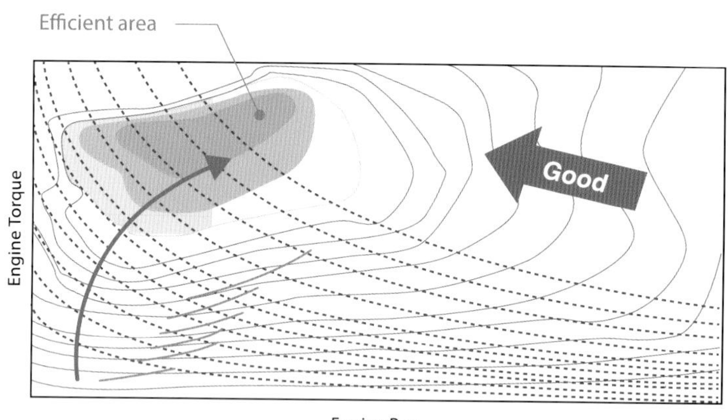

CVT의 변속과 연비의 「중심영역」

지금의 엔진은, 예를 들면 최신 연료분사시스템이나 밸브 타이밍 가변 시스템을 사용해도 연비가 가장 좋은 운전 영역은 좁다. CVT를 사용하는 가장 큰 이유는 이 「중심영역」을 가능한 오랫동안 계속 사용할 수 있다는 점이다. 이것을 「탁상공론」이라고만 치부하면 어쩔 수 없지만….

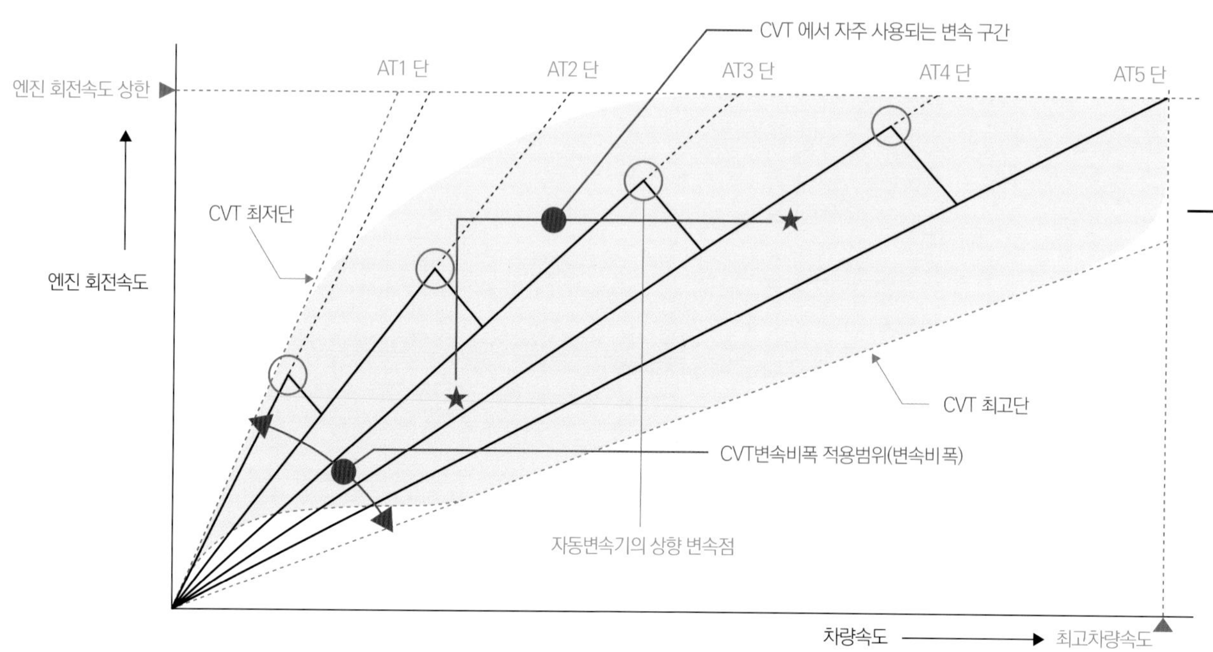

CVT의 변속 패턴은 「자유자재」

수동변속기는 엔진회전속도 상승과 차량속도 상승의 관계가 직선적이다. 일정한 중력가속도(G)에서의 가속 때문에 수동변속기 차가 많은 유럽에서는 「일정한 스로틀 개도」 시간이 길다. 이것은 추종(追從)주행 조사 데이터에도 나타나 있다. 한편 CVT는 그래프 상의 착색된 영역 전체에서 변속이 가능하다. 그래프 내의 ★로 표시한 속도변화는 가속페달을 밟음과 동시에 엔진회전속도를 「중심영역」까지 올리고 나서 풀리 비율을 바꿔 변속시키는 CVT 방식의 변속 사례이다. 「차량속도가 뒤처져 상승하는」 점이 소위 말하는 고무밴드 느낌(고무벨트가 늘어나는 것 같은 감촉)이라고 하는 이유이다. 다만 2점의 ★을 연결하는 변속패턴이 하나만 있는 것은 아니다. 어떤 변속을 할지는 설계자의 자유이다. JATCO제품 CVT에서는 이때의 상황을 살펴가면서 운전자 입력과 차량속도의 관계를 「적정」하게 제어하는 방식이다. 예를 들면 완만한 언덕길에서 운전자가 가속페달을 별로 많이 밟지 않는 경우에는 변속 스케줄을 약간 하향변속 쪽으로 치우치게 하는 제어도 이루어진다. 현재 상태에서는 직접분사 가솔린엔진과의 조합에서도 연소제어보다 CVT를 쫓는 쪽이 빠르다.

JATCO CVT의 시스템 구성도

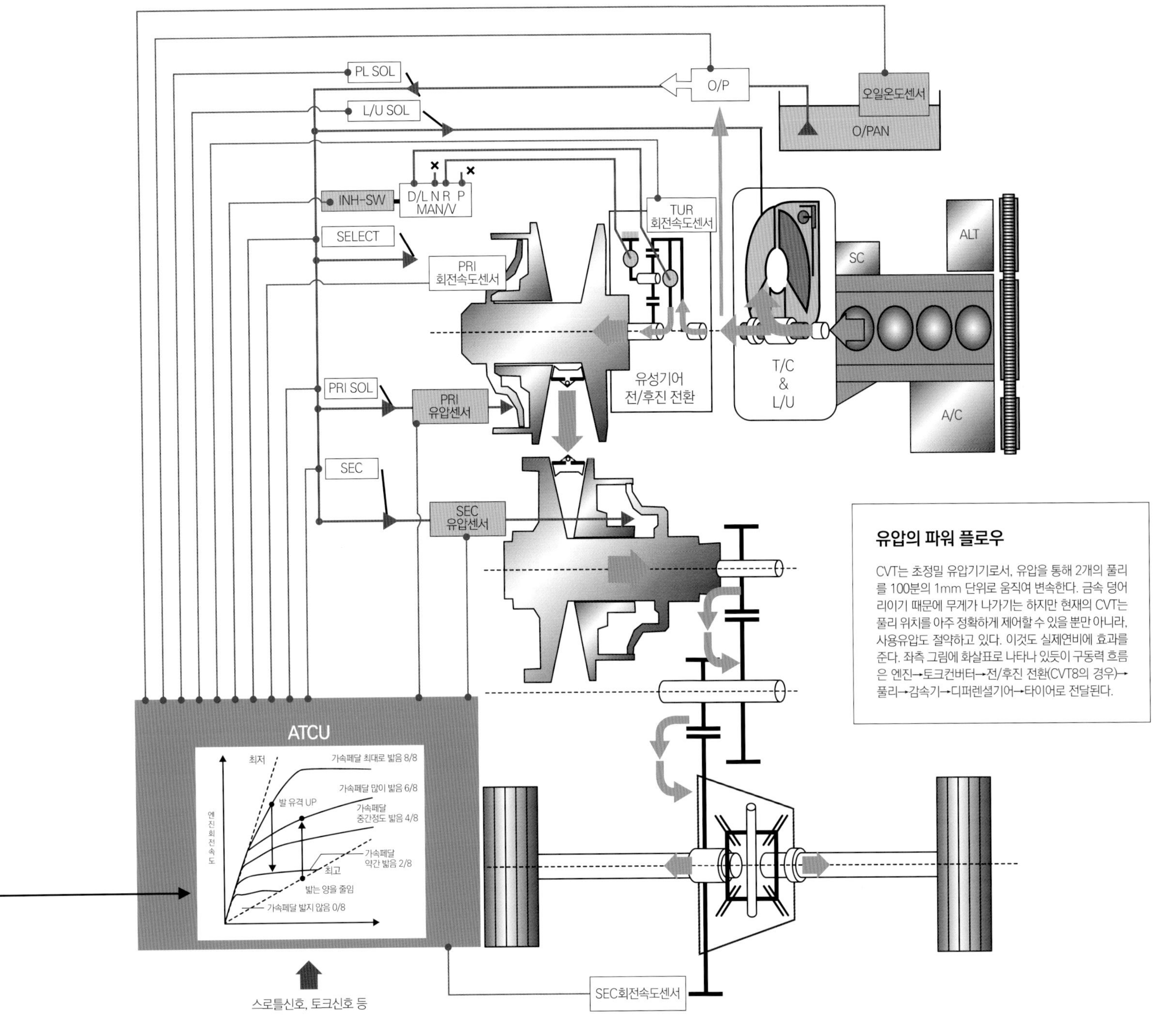

유압의 파워 플로우

CVT는 초정밀 유압기기로서, 유압을 통해 2개의 풀리를 100분의 1mm 단위로 움직여 변속한다. 금속 덩어리이기 때문에 무게가 나가기는 하지만 현재의 CVT는 풀리 위치를 아주 정확하게 제어할 수 있을 뿐만 아니라, 사용유압도 절약하고 있다. 이것도 실제연비에 효과를 준다. 좌측 그림에 화살표로 나타나 있듯이 구동력 흐름은 엔진→토크컨버터→전/후진 전환(CVT8의 경우)→풀리→감속기→디퍼렌셜기어→타이어로 전달된다.

무단계(Continuously Variable)로 기어비를 선택할 수 있는 CVT가 지금은 경자동차부터 2ℓ급까지의 일본차 변속기의 주류를 이루고 있다. 통상적인 유단 자동변속기는 6단인 경우는 6단 분의, 7단은 7단 분의 기어비밖에 갖지 못하지만 CVT는 「지금 이 순간의 주행상태에 가장 적합한 기어비를 선택할 수 있다」는 점이 강점이다.

하지만 실제로는 완전 무단계 기어비는 아니다. 기어비가 가장 낮은(유단 자동변속기나 수동변속기의 1단에 해당) 「최저(最Low)」부터 기어비가 가장 높은(6단 수동변속기의 6단에 해당) 「최고(最High)」까지의 사이를, 예를 들면 「100 이상의 작은 단계」로 나누어 변속을 하는 사례가 많다. 완전한 무단계 변속은 IVT(Infinite Variable Transmission)라 하는데, 자동차용으로는 풀 토로이달(Full Toroidal)방식이 시작품으로 만들어져 있을 분 실용된 사례는 없다.

일반적으로 CVT의 기계설계는 「엔진에 붙어 작동한다」고 이야기된다. 예상되는 엔진토크에 대응하여 CVT 쪽 토크용량이 정해지고, 차량중량이나 엔진특성 같은 차량제원으로부터 변속비 폭(Ratio Coverage)이 결정된다. 입력(1차) 쪽 풀리와 출력(2차) 쪽 풀리의 회전속도 차이가 변속비가 되기 때문에, 이 「비율」을 어떻게 준비하느냐가 변속 프로그램을 결정하는데 있어서 중요한 요소가 된다.

통상적으로 변속 프로그램은 스로틀 개도(開度)별로 결정한다고 한다. 좌측 페이지 아래 그래프는 5단 자동변속기와 CVT의 변속을 단순화한 것이다. 존재하는 변속기는 아니지만 5단 자동변속기는 정해진 기어비만 사용해 한 단 위로 올리거나 아래로 내리는데 반해, CVT는 가장 낮은 변속비부터 가장 높은 변속비까지의 범위와 엔진회전속도 상한(스로틀 개도 전폐)과의 선으로 둘러 쌓인 넓

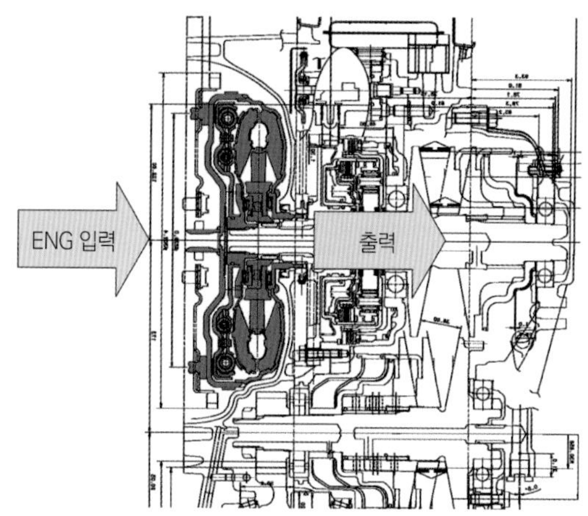

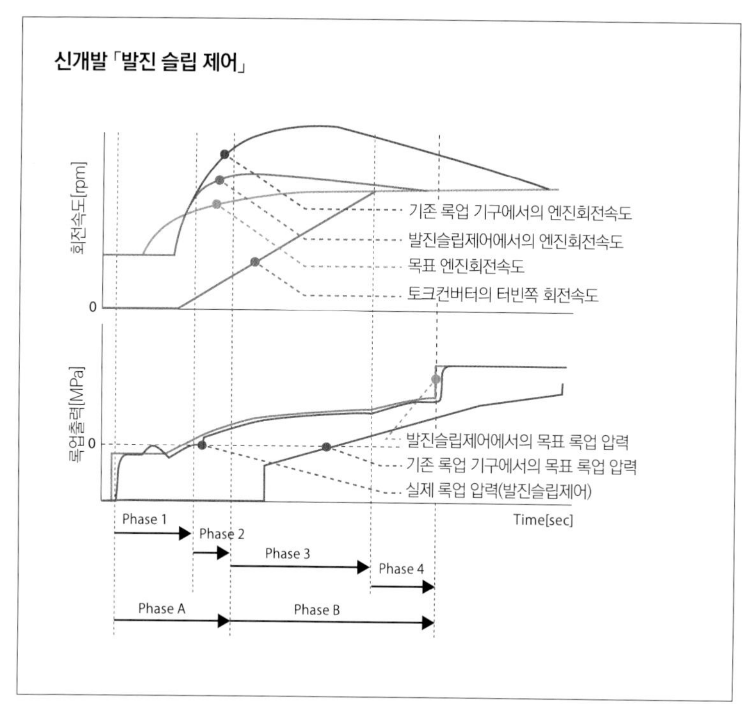

토크 컨버터 사용 시의 장점

출발할 때의 연비절약 가속에 대해서는 JATCO가「발진 슬립 록업 제어」라는 방법을 고안했다. 우측 그래프는 그 제어로서, 엔진과 CVT를 잇는 스타팅 디바이스(발진요소)에 토크 컨버터를 사용하고 있는 장점을 살려 LU(Lock Up)클러치를 원활하게 이어주는 단계A, 엔진회전속도가 과잉되지 않도록 록업 토크를 발생시키는 단계B, 2단계 제어를 세밀하게 한다. 이로서 발진할 때 연비가 좋아졌다.

저회전속도에서의 정속주행을 뒷받침하는 CVT

저속 정속주행은 엔진이 견딜 수 있는 한계부근까지 회전속도를 낮추는데 그것을 CVT 쪽이 보좌하고 있다. 시속 50km에서 1500rpm 이하이다.

JATCO제 CVT의 기본 4변속

오토 업	Low 쪽에서 High 쪽으로 일정 스로틀 개도로 주행
업 시프트	가속종반에서의 가속 페달 복귀(완전 복귀 ~ 반 복귀)
하향변속	로드/로드주행에서의 가속 페달 밟기
코스트 다운	가속 페달에서 발을 떼었을 때의 타행Coasting)

JATCO CVT8

부변속기 장착 JATCO CVT7

변속비(변속비 범위)를 확대하게 되면 풀리 지름을 크게 할 수 밖에 없다. 하지만 엔진 룸의 용적은 한정되어 있다. 그래서 JATCO는 부변속기를 사용해 기존과 거의 똑같은 풀리 지름으로 변속비 범위를 7 이상으로 넓혔다. 예전의 CVT에서는 생각할 수 없던 넓은 범위로서, 이 형식은 경자동차나 리터 카 등급에서 요긴하다.

일본의 JC08모드

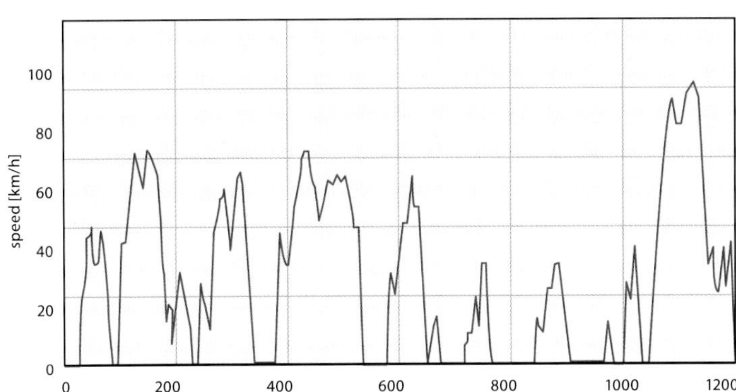

미국 EPA의 시티모드

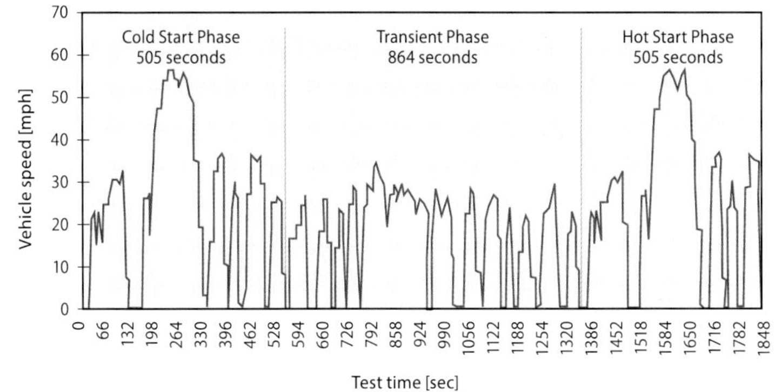

미국 EPA의 고속도로 모드

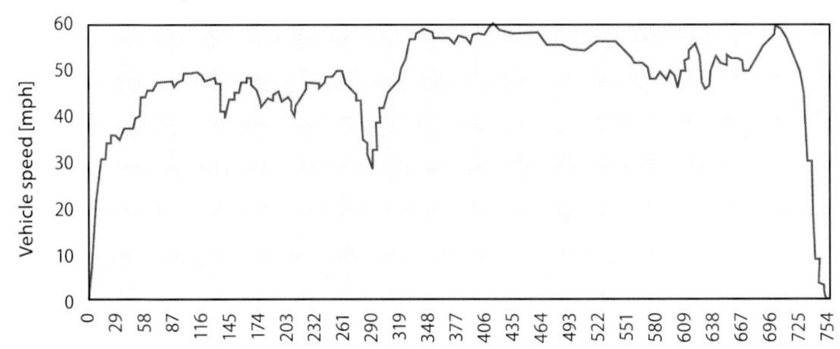

이 페이지의 세 가지 그래프는 전부 법규 상의 배출가스 측정모드이다. 이 그래프에 나타난 차량속도와 가속/속도유지/감속/아이들링(차량속도 제로) 시간을 지킨 운전을 실제로 해보고, 그때의 배출가스를 모두 모아 배출가스 규제치를 만족시키는지 아닌지를 검사한다. 인간의 운전으로 벤치 테스트 상에서 실험하기 때문에 차량속도와 시간에 있어서 약간의 편차는 용인되고 있다. 또한 연비는 배출가스 속의 탄소량으로 역산한다. 일반적으로 「연비시험 모드」라고 하지만 실제로는 배출가스 시험이다. 이와 같이 차량속도 변화가 큰 주행에서는 CVT가 유리하다고 한다. 가속 페달의 「밟기」「떼기」가 자주 이루어지는, 소위 말하는 「페달 톡톡치기」 운전이 일본 도로교통의 특징이다. 그래서 CVT는 「일본시장에 최적」이라고 말한다. 실제로 여러 연비악화조건을 고려하더라도 모드영역 내로만 한정해서 말하면 CVT의 연비는 양호하다.

은 영역을 종횡무진으로 사용하는 변속을 한다는 점을 알아두기 바란다.

스로틀 개도별 변속선(變速線)을 어떻게 설정하느냐 하는 변속 프로그램 상의 기본은 조합하는 엔진이 연료효율이 가장 뛰어난 운전영역, 소위 말하는 연비의 「중심영역」 크기와 위치에 좌우된다. 스로틀 개도별로 어느 정도의 토크를 얻을 수 있느냐는 차량중량 등과 같은 제원으로 정해지며 어떤 가속이 되느냐는 것도 이것으로 결정되지만 변속선 설정방법에 따라 운전 감각, 소위 주행능력(Drivability)에 대한 맛이 생긴다.

엔진과 CVT의 협조는 먼저 연비의 「중심영역」을 적극적으로 이용하도록 이루어진다. 변속의 기본은 오토 업 / 업 시프트 / 하향변속 / 코스트 다운 4가지 패턴으로서, 그 때마다 엔진에서의 토크신호를 보면서 풀리 비(즉 기어비)를 결정해 ATCU 내에 준비된 맵을 불러낸다. 다만 맵 수가 무한대는 아니다. 예를 들면 풀리의 직경방향 5mm마다, 스로틀 개도 8분의 1마다 맵이 있다고 치면, 그 중간에 위치하는 부분은 변속 프로그램의 지시가 없어져 버린다. 그 때문에 가장 가까운 맵을 불러내 현재의 데이터를 토대로 연산하여 선형(線形)을 보완한다.

이때 운전자가 어떤 의도를 가지고 있는지(가속인지, 감속인지, 속도유지인지)를 차량속도, 스로틀 개도 등으로부터 파악하는 동시에 경사로인지 평탄로인지 같은 환경을 파악한다. JATVO/닛산은 차량속도와 스로틀 개도 변화로부터 경사도를 파악한다. 덧붙이자면, 언덕길에서 정차할 때 운전자가 브레이크 페달에서 발을 떼도 정지상태가 유지되는 제어는 섀시 쪽(ABS 장치) 관할이다.

실제 변속은, 예를 들어 발진가속은 먼저 엔진 회전속도를 「중심영역」위치까지 상승시킨 다음 그 영역을 사용해 연비절약 가속을 시키는 제어가 자주 사용된다. 토크증가 신호를 CVT가 받으면 풀리는 가속준비를 위해 유압을 걸어 벨트를 클램프한다. 풀리 경사면에서 벨트를 미끄러지게 함으로서 변속하는 것이 CVT로서, 그러기 위해서는 벨트를 단단히 잡아줘야 한다. 클램프하면서 풀리비율을 바꿔 변속시킨다.

하지만 클램프 힘이 커지면 동력전달효율이 떨어진다. 가장 높은 변속비로 정속주행할 때와 고부하로 가속할 때는 풀리에 작용시키는 유압이 10배 정도나 커지기 때문에, 가속 페달을 많이 밟아 가속할 때는 동력전달효율이 극단적으로 나빠진다. 그렇기 때문에 이 상태는 가능한 한 단시간에 끝내는 것이 좋다. 그래서 예를 들면 가속은 가능한 낮은 변속비 쪽에서 차량을 움직인 다음, 차량속도가 나오고 나서 변속시키고, 감속에서는 차량속도가 떨어지고 나서 변속시키는 식의 고안이 이루어진다. 벨트의 특성을 가미한 제어로서, 벨트효율이 되도록 떨어지지 않는 회전영역속도를 사용한다. 동시에 엔진의 동력을 받아 구동시키는 유압펌프가 엔진의 토크증가를 가능한 한 방해하지 않도록 제어가 이루어진다.

완만한 가속에서는 충격을 작게, 하지만 최초의 응답을 확보해 「착 달라붙어서 토크가 나오도록」한다. 급가속을 할 때는 부변속기가 장착된 CVT 같은 경우, High쪽에서 Low쪽으로 부변속기를 전환하기 위해 「어떻게 가속 페달을 밟아도 바퀴가 공전하지 않도록 제어한다」고 한다. 동시에 엔진회전속도만 미리 올라가고 차량속도 상승이 늦어지는 「고무밴드 감각」을 가능한 피하도록 목표속도 도달까지의 시간을 우선한다. 이것은 「가속 페달을 밟는 양에 대한 요구구동력 맵과 연산을 사용한다」고 한다. 감속 쪽에서는 「하향변속을 빨리 해 엔진 브레이크를 거는」 제어도 있어서 패닉 브레이크와 같은 경우는 「필요에 따라 섀시 컨트롤 쪽 제어와 연대」한다. 이러한 제어가 항상 CVT와 엔진 쪽에서 이루어지고 있다.

엔진과 모터는 어떻게 화합할까

하이브리드의 협조제어

내연기관과 전기모터를 탑재하는 하이브리드 자동차, 그 시스템은 복잡하지만 조작계통은 통상적인 자동차와 차이가 없다. 운전자는 하나의 가속 페달로 두 가지 동력원을 제어할 수 있다. 이것이야 말로 협조제어가 할 수 있는 기술이다.

본문 : 다카하시 잇페이　사진 : 닛산 / 도요타 / 스바루 / 미즈카와 마사요시 / MFi

Intelligent Dual Clutch Control [Nissan]

엔진과 모터 사이, 변속기 출력부분 2군데에 클러치를 설치한 1모터, 2클러치 시스템. 변속기는 7단 자동변속기이지만, 토크컨버터가 모터로 바뀐 형태를 취하고 있어서 시동장치로 모터를 이용한다. 따라서 모터를 추가하기 위해 새로운 공간을 확보할 필요가 없어진 동시에, 바로 동력이 전달되는 느낌의 주행을 실현. 고도의 클러치 제어를 통해 고속주행 중인 엔진시동·정지도 가능하다. 구동 축전지는 356V/1.4kWh의 리튬이온.

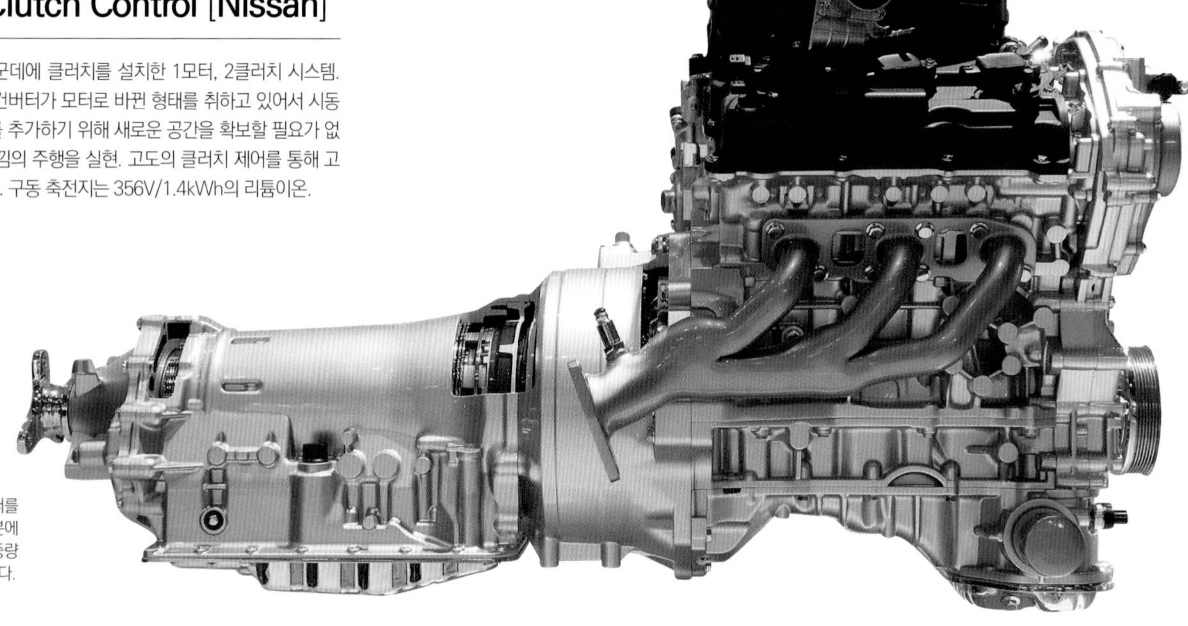

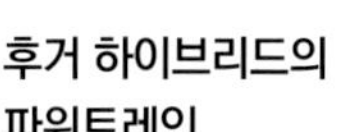

후거 하이브리드의 파워트레인

3.5ℓ·V형 6기통 엔진에 최대출력 50kW 모터를 조합. 원래는 토크컨버터가 들어가야 할 부분에 모터를 장착하고 있기 때문에 외견 상 치수·중량 모두 일반적인 V6 엔진+AT와 거의 차이가 없다.

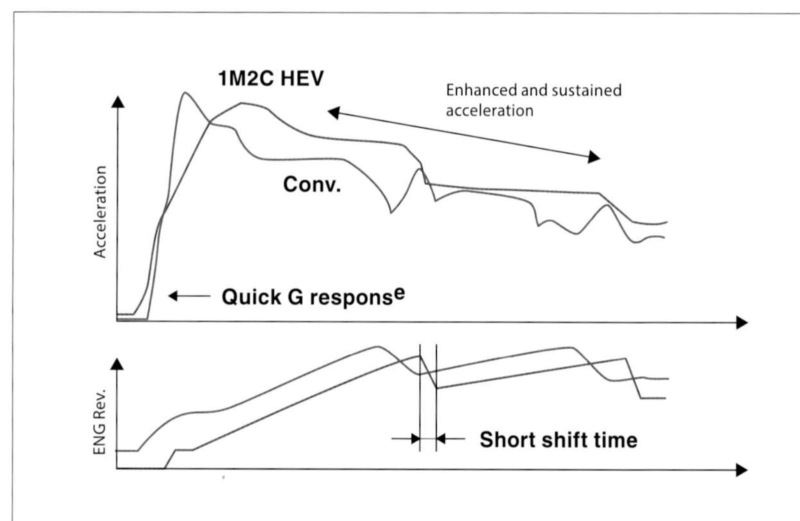

EV주행에서 추월가속에 들어갈 때의 가속도와 엔진회전속도 변화

점선은 전통적인 엔진 차량. HEV에서는 가속도가 순식간에 올라가 엔진+모터의 가속이 지속. 아래 그래프에서는 변속의 신속함과 토크의 불균일을 모터로 억제하면서 엔진 시동을 거는 모습을 엿볼 수 있다.

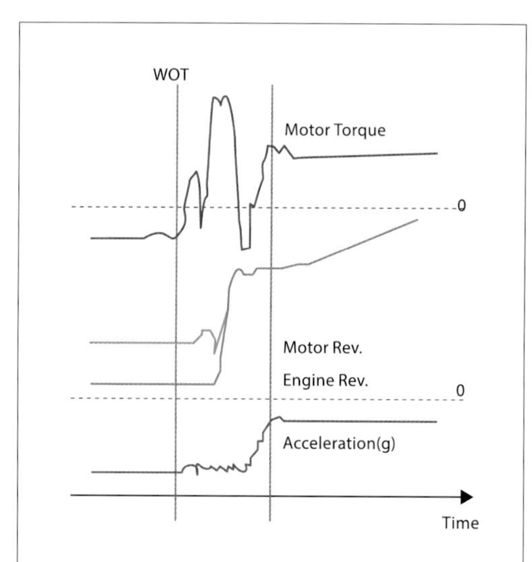

엔진시동을 동반한 하향변속 시의 제어

EV로 주행하다가 가속 페달을 많이 밟아 하향변속하면서 가속할 때의 모습. 시동이 걸린 엔진에 협조하는 형태로 모터의 토크가 신속한 변화를 반복하고 있음을 알 수 있다.

• THS-II [도요타]

상황에 따라 직렬방식과 병렬방식 누 가지를 구분해서 사용하는, 독자성이 가득한 하이브리드 시스템. 일반적인 변속기구 없이 유성 기어의 작용을 교묘하게 이용함으로서 다양한 동작모드를 만들어낸다. 직렬방식으로 동작할 때는 엔진으로 MG1(모터발전기)을 구동시켜 발전하고 그 전력으로 MG2를 주행용으로 사용. 병렬방식으로 동작할 때는 엔진과 MG2의 구동력을 혼합한다. 다른 많은 시스템과 마찬가지로 엔진을 정지시키고 축전지 전류를 이용하여 모터로만 주행하는 EV주행도 가능하다.

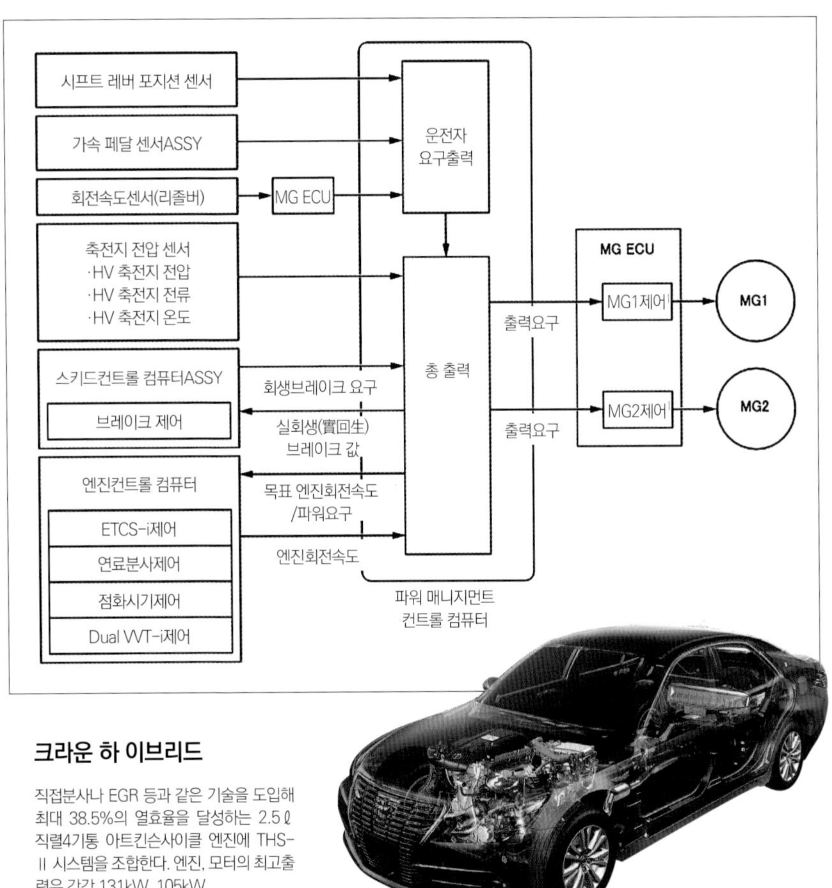

FR용 2모터 하이브리드 시스템

크라운 하이브리드에 탑재되는 FR용 하이브리드 시스템. 프리우스에 탑재되는 THS-II 시스템을 세로위치로 배치한 것으로, 동작도 거의 동일하다. 사진 좌측에 엔진이 탑재되는 형태를 취한다.

크라운 하 이브리드

직접분사나 EGR 등과 같은 기술을 도입해 최대 38.5%의 열효율을 달성하는 2.5ℓ 직렬4기통 아트킨슨사이클 엔진에 THS-II 시스템을 조합한다. 엔진, 모터의 최고출력은 각각 131kW, 105kW.

• Lineartronic HV [스바루]

스바루가 복서엔진용으로 독자 개발한 CVT 리니어트로닉을 기반으로 모터를 추가한 하이브리드 시스템. 주행용으로 이용하는 모터의 출력은 10kW로서, 모터의 지원을 통해 복서다운 강력한 가속감을 연출하는 식의, 주행감각을 중시한 제어가 이루어진다. 기존의 메커니즘과 배치를 최대한으로 이용함으로서 하이브리드화를 위한 추가요소를 최소한으로 줄인 합리적 설계는 동일 시스템을 특징 짓는 요소 중 하나이다. 전통적인 모델과 마찬가지로 좌우 대칭적인(Symmetrical) 4WD도 장착하고 있다.

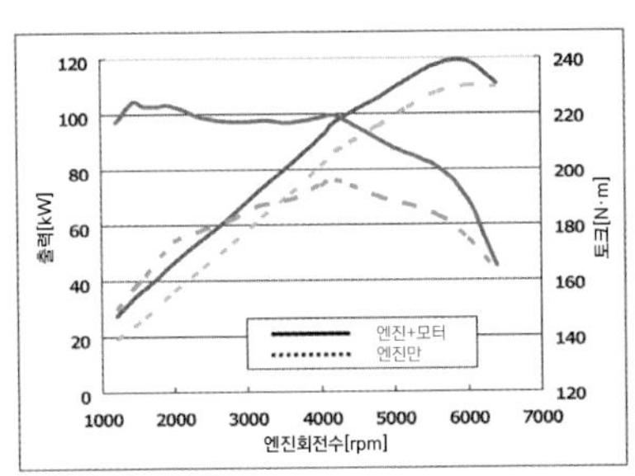

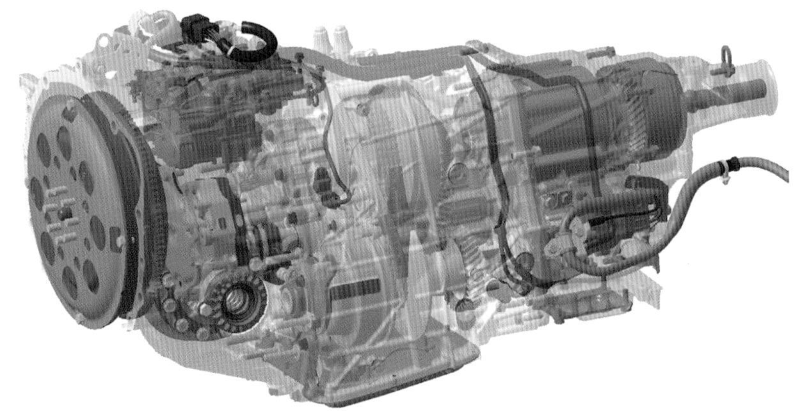

XV하이브리드에 탑재되는 리니어트로닉HV

리니어트로닉의 특징적 배치구조는 그대로 두고, 1차 풀리 후방에 모터(모터발전기)를 배치. CVT보다 하류의 구동계통을 차단하는 주행용 클러치를 추가함으로서 정지 시 엔진을 이용한 발전도 가능하다.

엔진과 전기모터 두 가지 동력이 혼재하는 하이브리드 시스템은 협조제어 없이는 성립하지 않는다. 운전자가 감시하면서 제어하는 것이 불가능할 만큼 많은 제어요소가 존재한다. 그래서 전자제어를 이용하고는 있지만 하이브리드 시스템에서는 모든 장치에 「~하는 동시에」 같은 식의 복수요소 제어가 필요하다.

예를 들면 가속할 때는 스로틀을 조작하는 동시에 모터 전류를 제어하고, 제동을 걸 때는 회생발전을 하는 동시에 발전기의 발전저항에 의해 발생하는 제동력으로 브레이크가 과도하게 작용하지 않도록 운전자가 밟고 있는 유압식 브레이크의 유압을 조작, 심지어는 주행속도에 맞춘 변속기 제어도 이루어진다.

이와 같은 「~하는 동시에」같은 요소를 성립시키는데 있어서 필수 요소가 바로 협조제어이다.

가령 엔진주행 중에 갑자기 모터의 구동력이 가해졌을 때 운전자에게 허용하기 어려운 위화감을 주는 것은 틀림없다. 이런 일이 일어나지 않도록 전자제어 스로틀을 닫아주는 동시에 모터로 전류를 가해주는 제어를 한다.

엔진은 조향을 방해하지 않는다

조향이라는 영역에서는 조향장치와 파워트레인 사이의 협조제어가 별로 이루어지지 않는다. 일반적인 운전상태에서의「주행방향」관리는 어디까지나 운전자가 주체이다. 대부분의 경우 엔진 쪽이 조향계통의 요구에 따르고 있다.

본문 : 마키노 시게오　사진 : BMW / 구마가이 도시나오

이 상태에서 조향핸들을 조향하기 시작하면…

조향각도가 EPS에 들어가면 토션 바가 비틀림 양을 감지하고 이 양에 맞는 보조 조향력을 모터로 지시한다. 조향각도가 크면 모든 전자장비 중 최대 50A 정도의 전류값을 순간적으로 필요로 하게 된다. 다만 모터가 회전을 시작하면 전류가 과다해지기 때문에 이어서 순간적으로 역방향 토크로 제동을 거는 식의 제어가 이루어진다.

예전에 조향 계통은 파워트레인과는 완전히 분리,독립해 있었다. 오일펌프를 사용해 유압을 발생시키고 그 힘으로 운전자의 운전을 돕는 유압 동력조향장치(하이드로릭 파워 스티어링=HPS)가 미국에서 보급된 것은 1960년대의 일이었다. 그런데 오일펌프의 작동은 엔진의 크랭크축에서 벨트로 동력을 나누어 받기 때문에(여기서 연비가 2~3% 악화된다) 엔진회전속도가 높아지면 유압이 과잉되면서「고속영역에서 핸들이 가벼워지는(조향 보조력 과잉)」결점이 있었다. 그래서 유압이 일정 이상이 되면 릴리프 밸브를 열어 유압을 낮추는 방법이 개발되어 70년대에 보급되었다.

HPS가 엔진과의 협조제어를 시작한 것은 엔진 쪽에 전자제어방식의 연료분사장치가 사용되기 시작한 80년대부터이다. 엔진회전속도신호를 전기적으로 감지하여 그 회전속도에 맞게 솔레노이드 밸브를 열고 닫는 방식으로서, 엔진회전속도 감응형 HPS는 많은 모델에 채택되었다. 그 다음으로 실용화된 것이 전기펄스방식의 속도계에서 속도정보를 받아 조향보조력을 조정하는 속도감응형 HPS이다. 특히 최초의 전자제어 브레이크인 ABS(Anti-lock Brake System)를 갖춘 모델이 등장하고부터는 속도정보가 정확해져 조향 보조력을 세밀하게 가변화하는 길이 열렸다.

1988년, 일본의 고요정공(현 JTEKT)이 세계최초로 전동모터를 이용한 조향력 보조 기구로 EPS(Electric Power Steering)를 제품화한 이후에는 단숨에 조향장치의 제어가 다종다양해졌다. ESC/VDC 같은 차량자세 제어장치의 실용화와 맞물리면서 핸들조작에 엔진회전

이 사진은 랙과 평행하게 전동모터를 배치한 형식. 벨트 드라이브로 랙에 동력을 공급한다. 통상적인 EPS는 다이렉트 드라이브이지만 벨트를 매개로 약간의 「지체」를 통해 HPS다운 조향감각을 준다.

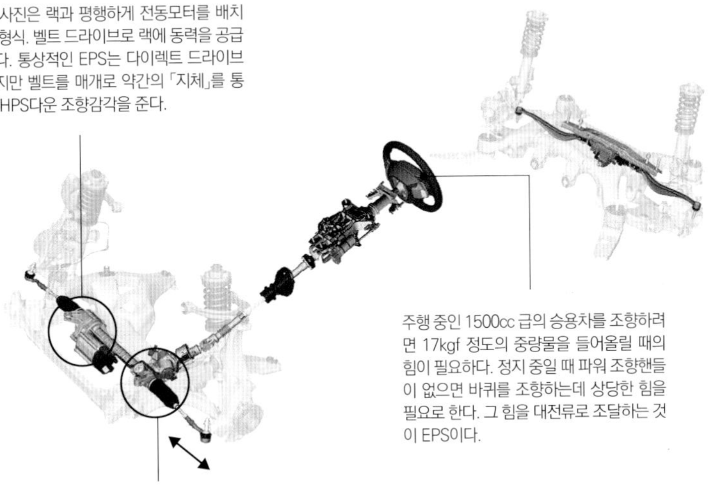

이 부분이 모터 축으로, 우측 원통부분에 모터가 들어간다. 근래에는 브러시리스 DC모터가 주류를 이루고 있는데, 그 이유는 회전 각속도의 검출이 쉽고 정확하기 때문이다.

모터의 회전속도를 낮춰 조향핸들 조작과 1대1 회전률로 변환하는 감속(리덕션) 기어. 일반적으로는 수지제품으로, 금속의 모터 축과 맞물려 있다. 내마모성이 아주 뛰어나다고 한다.

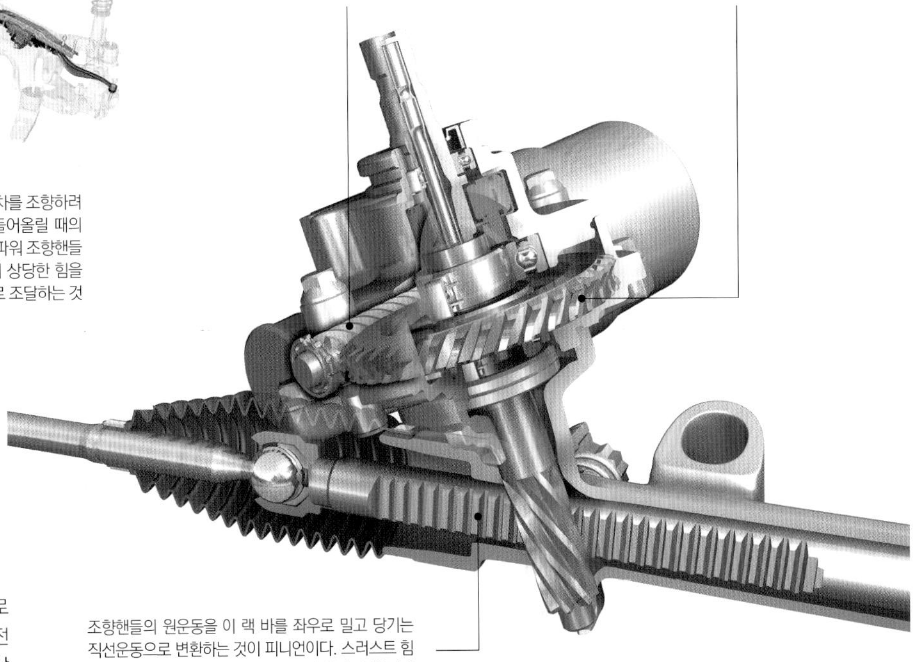

주행 중인 1500cc 급의 승용차를 조향하려면 17kgf 정도의 중량물을 들어올릴 때의 힘이 필요하다. 정지 중일 때 파워 조향핸들이 없으면 바퀴를 조향하는데 상당한 힘을 필요로 한다. 그 힘을 대전류로 조달하는 것이 EPS이다.

최종적으로 어시스트 양은 랙 바의 추진력으로 출력되는데, 운전자는 좌우로 자유롭게 조향핸들을 조작하기 때문에 모터는 순간적으로 역회전을 하기도 한다. 그러기 위한 전류 제어는 상당히 복잡해진다.

조향핸들의 원운동을 이 랙 바를 좌우로 밀고 당기는 직선운동으로 변환하는 것이 피니언이다. 스러스트 힘이 1만Nm를 능가하는 EPS도 드물지 않다. 엄청나게 큰 힘이 작용하고 있다.

EPS의 연비효과는 최대 2% 정도일까

EPS가 보급된 배경에는 유압계통이 필요 없기 때문에 부품수 절감과 비용절감으로 이어진다는 사정이 있었다. 또한 모드 시험 때는 조향핸들을 조작하지 않기 때문에 전동모터가 회전하지 않아 시험연비가 2% 정도 향상된다. 다만 실제 도로 상에서는 상당한 비율로 모터를 작동하기 때문에 연비는 HPS와 거의 비슷하다고 한다.

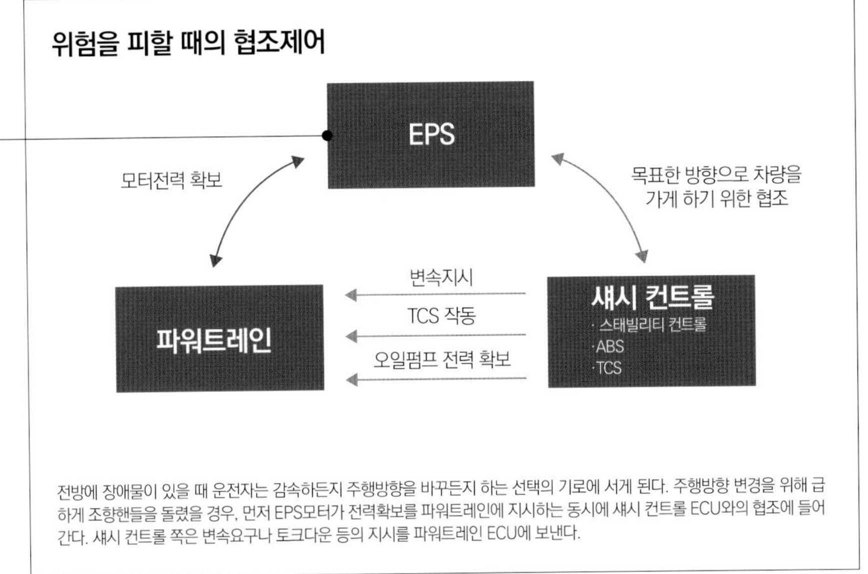

전방에 장애물이 있을 때 운전자는 감속하든지 주행방향을 바꾸든지 하는 선택의 기로에 서게 된다. 주행방향 변경을 위해 급하게 조향핸들을 돌렸을 경우, 먼저 EPS모터가 전력확보를 파워트레인에 지시하는 동시에 섀시 컨트롤 ECU와의 협조에 들어간다. 섀시 컨트롤 쪽은 변속요구나 토크다운 등의 지시를 파워트레인 ECU에 보낸다.

자동운전은 실용화될까?

자동운전에서는 카메라 등으로 차선을 인식하고 거기에 맞춰 조향목표를 정하고 조향각도나 요 레이트를 보면서 자동조향을 하는 제어가 요구된다. 이동궤적량, 차량속도, 조향 각도는 정확하게 파악할 필요가 있다. 현재의 기술로도 「전후추종은 가능」하다고 하지만 아직 인간의 경험치 조작에는 미치지 못한다. 중량급 트럭을 전용노선에서 운전하는 정도라면 가능하겠지만….

속도, 변속정보, 차량속도, 요 레이트 등의 정보가 추가되었다. 스티어링 ECU에 제어맵을 넣고 마이크로프로세서를 통한 연산보완을 함으로서 전동모터의 보조력을 마이크로 초 단위로 제어하는 스타일이 정착했다. 이것이 21세기형 파워 스티어링의 모습이다.

EPS 제어는 섀시계통(ABS나 ESC)의 CAN에 흐르는 차량 데이터를 토대로 이루어진다. 운전자에 의한 자동차의 「주행방향」 관리야말로 최우선되어야 한다는 개념 때문이다. 주행방향을 담당하는 것은 조향장치로서 차선 이탈을 방지하는 섀시계통 제어와 조향장치의 제휴도 이미 이루어지고 있다. 엔진이 조향장치 제어에 관여하는 경우는 아직 없다. EPS에 대한 엔진의 역할은 조향에 필요한 전력을 순간적으로 공급하는 발전기이다. 다만 섀시제어 쪽은 엔진과 조향장치 양쪽의 ECU와 항상 제휴하고 있다.

EPS는 필요한 랙 추진력(타이로드를 밀고 당겨 조향핸들 랙을 직선운동시킬 때 필요한 힘)을 얻기 위한 전류값을 ECU에서 바로 계산해 모터를 구동시킨다. 운전자의 조향에 대해 언제라도 작동을 시작해야 하므로 그 때는 올터네이터/축전지에 최우선으로 전력공급을 요구한다. 정지상태에서 조향핸들을 조작할 때는 100A 이상의 전력이 필요하기 때문이다. 일부에서 실용화된 오토파킹은 후진할 때 브레이크를 늦추는 양으로 바퀴속도를 감시하면서 그 적분값인 「이동량」을 계산해 내 자동으로 조향한다. 조향각도는 스티어링 ECU가 관리하는데, 궤적계산→피드백 순으로 한다. 그런 의미에서는 협조제어이다.

샤시 컨트롤

운전자의 의사를 뛰어넘어

자동차를 안전하게 정차시키고 싶다. 예측 불가능한 사태에 빠져도 탑승객의 안전은 물론이고 자동차 자체의 손상도 미연에 방지한다. 이를 위한 브레이크, 현가장치의 협조제어가 진행되고 있다. 섀시 컨트롤은 어디까지 진행되고 있을까.

본문 : MFi 사진 : 다임러 / 보쉬 / 콘티넨탈 / 스바루 / 폭스바겐

ABS(Anti-lock Brake System)

긴급하게 제동을 걸 때 휠이 로크되면서 미끄러지게 되면 조향장치가 제대로 작동하지 않을 위험성이 있다. 그래서 브레이크의 유압을 세밀하게 증감시킴으로서 휠의 로크를 방지하는 것이 아시는 바와 같이 ABS의 주 기능이다. 당연히 사람의 조작능력을 크게 능가한 제어이다.

• 제동력 제어에서 시작

브레이크를 작동시키면 차는 감속된다. 예전의 자동차 연습장에서 배웠던 유압 브레이크는 ABS의 등장으로 모습을 감추었다. 인간의 조작능력을 뛰어넘은 고도의 제어가 현대의 브레이크 제어이다. 그 능력을 제동에 한정하지 않고 휠마다 제어함으로서 최적의 제동력을 발휘하게 하는 것이 다음 단계이다. 원래부터 ABS에 장착되어 있는 휠 센서가 바퀴의 공전을 감지해 불필요한 토크를 제어함으로서 확실한 구동력을 발휘하게 한 것이 TCS(Traction Control System)이다. 나아가 그 기술을 이용해 횡슬립 방지를 실현한 것이 ESC이다.

Continental MK100

최신 제품의 콘티넨탈 오토모티브의 브레이크 시스템. 소형차부터 대형상용차까지, 나아가서는 ABS분의 간략한 구성에서 ESC를 포함한 최신형 사양까지 모듈러 설계를 하고 있다는 점이 특징이다.

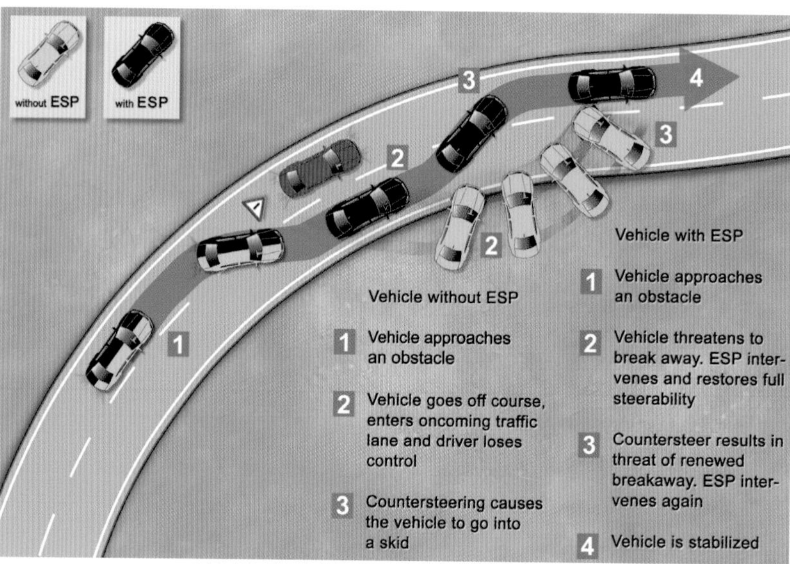

ESC(Electrical Stability Control)

ABS를 더 심화시켜 4바퀴의 제동력을 개별적으로 제어하면 요(Yaw)를 고차원적으로 쉽게 제어할 수 있다. 이것을 안전기술로 이용한 것이 ESC. 긴급회피 상황에서의 옆 미끄럼 방지에 크게 기여한다. 각국에서 장착이 의무화되고 있다. TCS도 똑같은 원리.

제동력의 우선권

급속히 주목을 받고 있는 긴급정지 장치. 차간거리가 줄어들어 충돌 위험이 예측될 때는 경보를, 점점 더 위험해질 때는 차를 자동적으로 멈추게 한다. 이런 것들은 파워플랜트 제어가 브레이크 계통의 지령보다 하위에 있고, 심지어는 운전자의 의사도 초월해 있다는 것을 뜻한다. 제동력의 우선권은 심리적으로도 거부 반응이 적을지 모르겠다.

구동과 제동의 세밀한 조정

크루즈 컨트롤이 한 가지 사례. 상한 속도를 운전자가 결정하고 차는 그 범위 내에서 가감속을 반복한다. 따라서 운전자의 의사를 초월하지 않는다. 근래에는 카메라와 렌즈를 통해 차간거리를 상시적으로 감시해 차간거리를 자동적으로 조정. 어댑티브 크루즈 컨트롤이라고 해서 정체도로의 정지를 동반한 거북이 운전에 대응하는 시스템도 나타나고 있다.

인간의 의도를 뛰어넘어 차가 움직인다. 만약 그 벡터가 「주행하는」 방향으로 쏠리는 정도가 커지면 운전자는 공포를 느끼게 된다. 크루즈 컨트롤이 고장나 차가 계속 가속되게 되면 공포에 빠지지 않을 사람은 없다. 그렇다면 「멈추는」 것은 어떨까. 최악의 경우라야 「차가 서는」 상황에 처하면서 심각한 손상을 스스로나 제3자에게 주는 경우가 적지 않다. 자동차 운전에 항상 따라다니는 사고 위험성을 조금이라도 줄이기 위해 제동 쪽 제어는 진화를 거듭해 왔다.

ABS를 단서로 하는 브레이크 시스템은 브레이크 회로 내의 유압 제어를 매우 단시간에 세밀하게 제어함으로서 「어쨌든 멈춘다」는 것에서 「제동거리를 조금이라도 더 짧게 한다.」는 방향으로 진행되어 왔다. 바퀴의 회전속도 및 차량속도, 브레이크 답력 등을 통해 브레이크액 압력을 연산하기 위한 센서와 컨트롤 장치는 소형경량화, 저가격화로 인해 많은 자동차에 표준으로 장착되고 있다.

근래에는 충돌경감과 충돌회피가 큰 주제이다. 부주의 운전으로 전방의 위험을 깨닫지 못해 대응이 늦어졌을 때 자동차는 운전자의 의사 이상의 제동력을 발휘하지 않으면 안 된다. 제어가 고도화되면 차체자세를 유지하기 위한 현가장치 제어나 긴급회피를 위한 조향 제어까지 개입한다. 엔진의 발생 토크를 억제하고 변속기를 변속시킴으로서 섀시 제어를 최우선시키는 협조제어가 요구되고 있다.

선회성능의 우선권

제동, 정차와 더불어 진로를 바꿔 위험을 회피한다. 사진은 콘티넨탈 사례. 전방감시 시스템은 충돌을 막기 위한 진로를 순간적으로 계산하고, 선회할 때는 섀시 컨트롤이 상위에 위치해 어떤 일이 있더라도 어쨌든 피한다는 것이 최우선시된다. 다만 긴급정지나 긴급회피를 선택하는 것은 어디까지나 운전자의 의사이다. 한편 닛산이 리브에 탑재해 테스트한 시스템은 자동조향으로 회피한다.

최종적인 모습?

자동운전이 차세대의 협조제어일까. 미국 국방고등연구계획국(DARPA)에 의한 로봇 카 레이스는 전쟁터에서 사상자수를 줄이기 위해 군사용 수송차량의 1/3을 무인화한다는 의도로 시작된 것이다. 당연히 운전자의 조작은 없고 센서와 카메라, 예비입력 데이터 등을 통해 자율적으로 주행하는, 스스로의 의사를 가진 자동차이다. 자동차는 왜 존재하느냐는 논의가 대중적으로 논의될 시점이다.

ECU - 엔진 컨트롤 유닛

막대한 정보량을 취급하는 자동차의 두뇌

현대의 자동차에 장착된 다양한 장치들이 엔진을 낭비 없이 최대효율로 작동시킨다. 한편 엔진이 하는 일을 살펴보면 연료를 분사해 연소시킴으로서 에너지를 얻는 것이다. 양쪽 사이를 원활히 중재하면서 제어하는 것이 ECU이다.

본문 : 사와무라 신타로　사진 : 보쉬 / 폭스바겐 / 델피 / 벤틀리 / ETAS / 스미야스 미치히토 / 만자와 고토미

과거

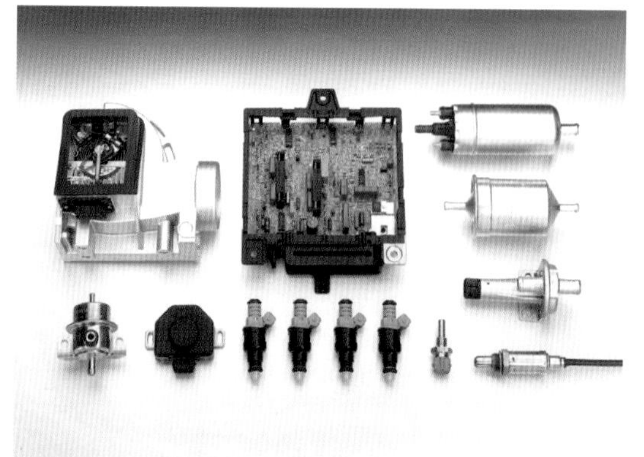

현재

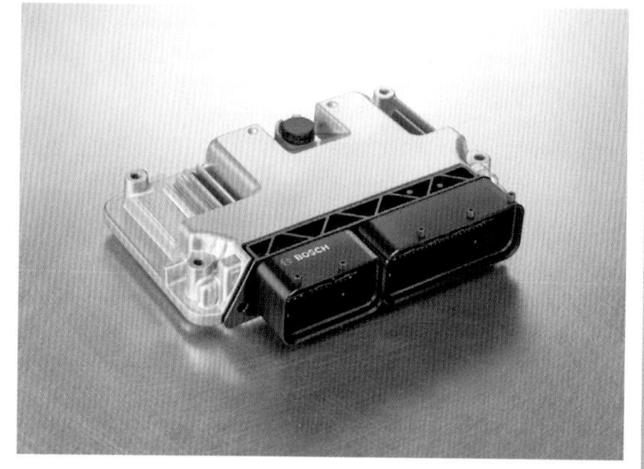

엔진 제어, 과거와 현재

사진 좌측의 L제트로닉은 흡기유량계를 핵심으로 하고 여기에 스로틀 개도, 크랭크각 센서 등과 같은 부요소로 보정을 하는 단순한 구성이었다. 그러던 것이 밸브 계통의 가변화가 시작되고 제어 스로틀화나 직접분사화 등, 다양한 요건이 추가되면서 엔진ECU는 200핀 이상의 단자를 갖는 고도의 시스템으로 바뀌었다.

자동차에 컴퓨터 혹은 컴퓨터를 통한 제어가 적용된 것은 1970년대 말경의 일이었다. 목적은 엔진제어, 더 정확하게 말하면 공연비제어였다. 미국에서 배기가스 속의 NOx나 CO, HC 등과 같은 유해물질을 대폭 정화하는 법률이 제정되면서 이를 위한 삼원촉매가 필수가 되고, 그 삼원촉매를 제대로 기능시키기 위해서는 공연비를 이론공연비(Stoichiometry)로 유지하는 것이 필수였기 때문이다.

공연비를 세밀하게 제어하는데 있어서 예전의 기화기방식으로는 무리였다. 경기용 차량에 이용되었던 기계식 연료분사장치라도 능력이 부족하다. 그래서 엔진기술은 공연비를 전자적으로 제어하는 쪽으로 나아갔다. 흡기량을 계측하고 그에 맞는 연료량을 계산한 다음, 그것을 정확하게 분사하는 식의 과정으로 실행된다. 이 작업은 당초에는 K제트로닉 등의 기계식을 기반으로 거기에 피드백회로와 수정 시스템을 적용하면서 컴퓨터로 제어하는 방법이 이용되었지만, 머지않아 컴퓨터가 흡기 공기량에 근거하여 연료 분사량을 결정하는 간편한 L제트로닉방식으로 바뀌었다. 이후 점화시스템도 이에 협조하는 방식으로 조정되기에 이르렀고, 나아가 제어 항목이 시간이 지나면서 축적되어 나가다가 현재는 자동차 전체가 일종의 메카트로닉스(기계공학과 전자공학을 통합하는 학문)로 변하고 있다.

그러면서 제어장치 이름도 조금씩 바뀌어 왔다. 컴퓨터가 엔진만 제어했던 시대에는 ECU로 불렸다. Engine Control Unit의 약칭이다. 그런데 변속이 자동화되고 이것을 컴퓨터가 제어하기 시작하면서 TCU(Transmission Control Unit)가 탄생했고, 엔진과 변속기를 협조제어하는 단계로 진행하면서 PCM(Powertrain Control Module)이 되고부터는 엔진만 담당하는 것을 ECU(이것은 Electronic Control Unit)라고 하는 에두른 표현을 사용하게 되었다.

차량 전체적으로 20개 이상의 ECU가 탑재되는 현재에도 이 엔진ECU는 여전히 제어시스템의 중추이다. 이번 취재에 흔쾌히 응하면서 설명을 해주었던 ETAS 저팬의 후지와라 고토쿠씨에 따르면 엔진ECU에 있어서 근간이 되는 것은 역시나 공연비제어라고 한다. 공연비제어는 앞서 언급했듯이 측정한 흡입 공기량에 엔진회전속도 등의 정보를 가미한 다음 맵제어를 통해 제어하는 식이다. 문장으로 이렇게 적으면 간단하게 보이지만 실제로는 엔진회전속도 이외의 요소도 반영해야 하고, 에어컨 컴프레서의 ON/OFF를 시작으로 변속기나 차량 쪽 제어와 협

조하는 작업까지 추가된다. 무엇보다 까다로운 일은 가변 밸브 시스템 요소가 추가되는 경우로서, 밸브 개폐시기 제어 여부는 내부EGR 양까지 좌우하게 되기 때문에 이것을 가미한 데이터는 천문학적인 양으로 증가한다고 한다. 또한 엔진 작동을 멈추지 않고 안정적으로 공전시키는 것은 엔진제어에 있어서 최대의 중요점이며 또한 이것은 아마추어가 생각하는 이상으로 어려운 작업이라고 한 이라고 하면 단선이나 고장 검출에 이용되는 것이 주류였지만, 현재는 배출가스 정화에 대한 정확한 실행이나 각 센서 특성값의 편차감지 등, 엔진운전이 정상적으로 작동하고 있는지를 확인하는 작업이 중시되면서 지금은 엔진 ECU 제어의 1/3에서 1/2이 진단 기능에 할당되어 있다고 한다.

이렇게 제어해야 할 내용이 고도화되고 복잡해졌기 때 던 것을 예를 들면 점화시기 BTDC 5° 등, 먼저 인간이 다룰 수 있는 물리량으로 바꿔 놓고 그 물리량을 사용해 프로그래머가 제어내용을 결정해 나가게 되었다. 그런데 C 언어화로 인해 사람이 프로그램을 쉽게 만들게 된 것인데, 제어시스템 때문에 작은 변경이나 버그처리 등과 같은 사태가 발생하자 미국에서 그것을 하나하나 다시 만들 필요가 있었다. 그런데 도시바가 개발에 성공한 플래시

VW Golf 1.2 8V TSI의 ECU제어인자

이것은 앞세대 골프나 폴로에 탑재된 1.2ℓ 직렬4기통 터보 엔진의 ECU 링크 그림이다. 기본이 되는 것은 엔진제어의 근간이라 할 수 있는 연료분사장치나 점화장치, 과급압, 수온 등을 감지하는 센서 종류. 배출가스 정화의 피드백 제어가 기존에는 O_2센서 한 개뿐이었지만, 지금은 촉매 앞에는 광대역 센서, 뒤에는 2진(binary) 센서를 사용하는 2단 구조를 하고 있다.

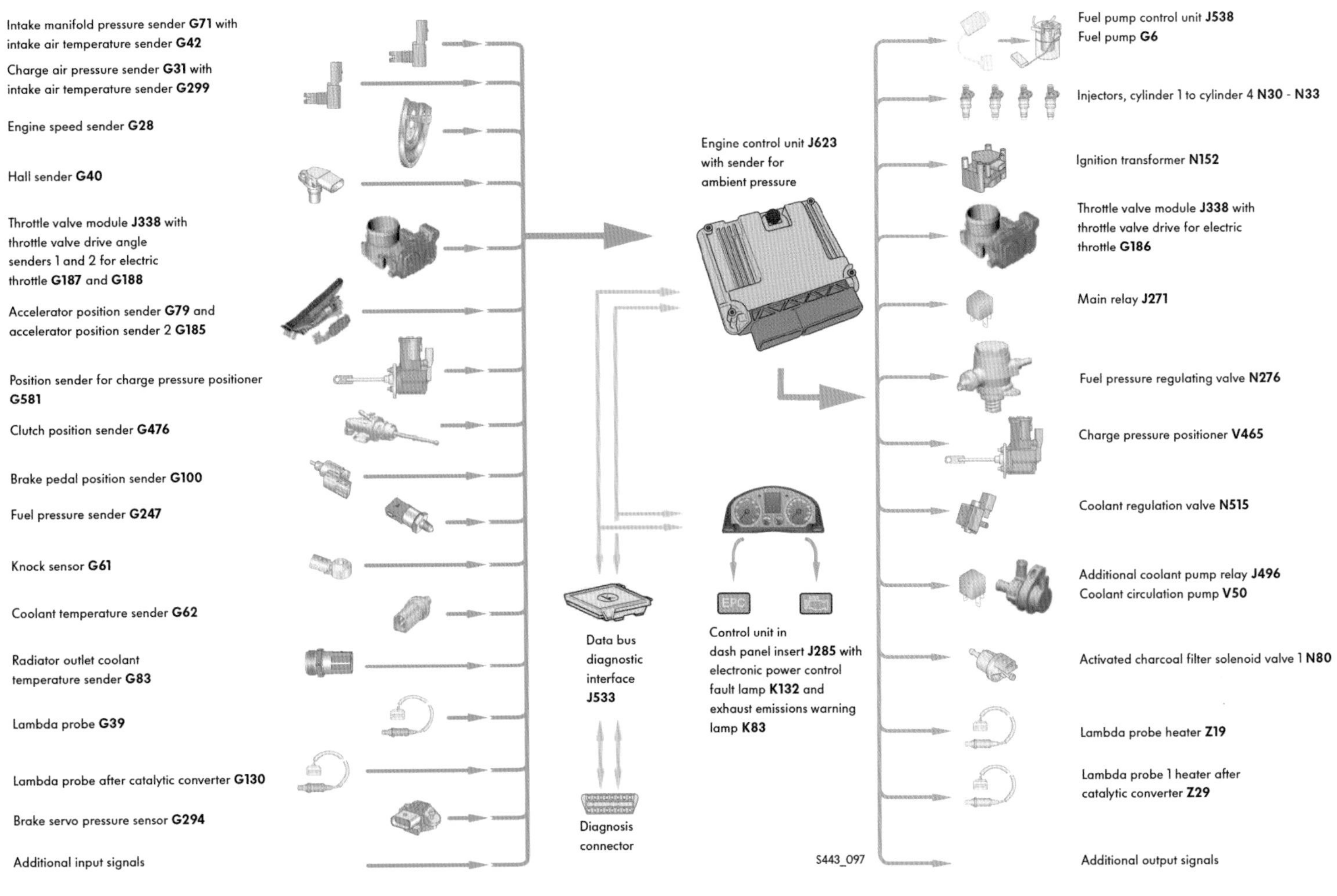

다. 마찬가지로 시동도 운전데이터가 없는 상태에서 예측을 통해 연료 분사량이나 스타터 회전 시간을 관리해야 하기 때문에 간단하지가 않다. 이런 것들이 가능해지기 시작하면서 비로서 시동이 엔진 상태를 살피면서 시동키를 돌리는 작업으로부터 스타터 버튼만 눌러도 끝나게 되었고, 나아가서는 아이들 스톱까지 실현되었다.

또한 현재의 엔진ECU의 작업 중 큰 비중을 차지하는 것이 OBD(Onboard Diagnosis)라고 한다. 예전에 진단 문에 76년도 배출가스 규제적합차 시대에는 36개 정도였던 ECU 커넥터 핀 수가 어느덧 200개 이상에 이르고 있다.

제어 자체로 들어가 이야기하자면, 중추적인 마이크로컨트롤러(마이콘)가 실행하는 만큼 그대로 연산속도가 향상된 것은 아니다. 왕년의 하드 어셈블리 코드라고 불리던 기계 쪽 상황에 맞춘 프로그래밍 언어로부터 인간이 쉽게 이해하는 C언어로 바뀌면서, 원래는 디지털 정보였 메모리가 ROM으로 바뀌게 되면서 프로그램 수정이 훨씬 쉬워졌다. 하드적인 측면에서는 마이크로컨트롤러의 내열성 향상도 빼놓을 수 없다. 지금은 쉽게 찾아 볼 수 있는 엔진 컴파트먼트 내의 엔진ECU 같은 것도 사용온도 상한을 125℃까지 보증할 수 있는 기술이 실용화되었기 때문이다.

Structure

[ECU의 구조]

아날로그 신호를 받아 디지털 신호로 처리

각 센서에서 보내 온 정보는 하드웨어 인터페이스라는 전기회로를 거쳐 마이크로컨트롤러(마이콘)로 보내진다. 아날로그 신호로 보내진 정보는 A/D컨버터를 통해 디지털 신호로 변환. 그리고 마이콘에서 디지털신호로 발신된 명령은 여기서 아날로그 신호로 변환되어 각 장치로 보내진다. 또한 크랭크신호와 같은 직사각형 펄스파형은 타이머에서 상승시기와 하강시기의 시간차이를 차분(差分)한 다음 rpm으로 바뀐다. 우측 그림의 PWM이란 펄스폭 변조(Pulse Width Module)를 말한다. 이것은 기본 전압을 가지고 있어서 전위차 영향을 받지 않기 때문에 신호 전달경로 접속단자가 불가피하게 갖는 영향으로부터 피할 수 있다. 또한 PWM은 입력신호 크기에 맞춰 펄스파형을 변조시킬 수 있기 때문에 모터 등에 대한 제어를 쉽게 실행할 수 있다는 특징이 있다. 이러한 이점 때문에 아날로그신호의 취급은 디지털 신호으로 옮겨가고 있다.

노킹 센서에서의 신호 등, 미세한 수준에서 강한 수준까지 폭이 큰 정보는 앰프로 증폭단계를 거쳐 ASIC라는 집적회로에서 적절하게 그 게인(Gain)을 바꿔서 처리한다.

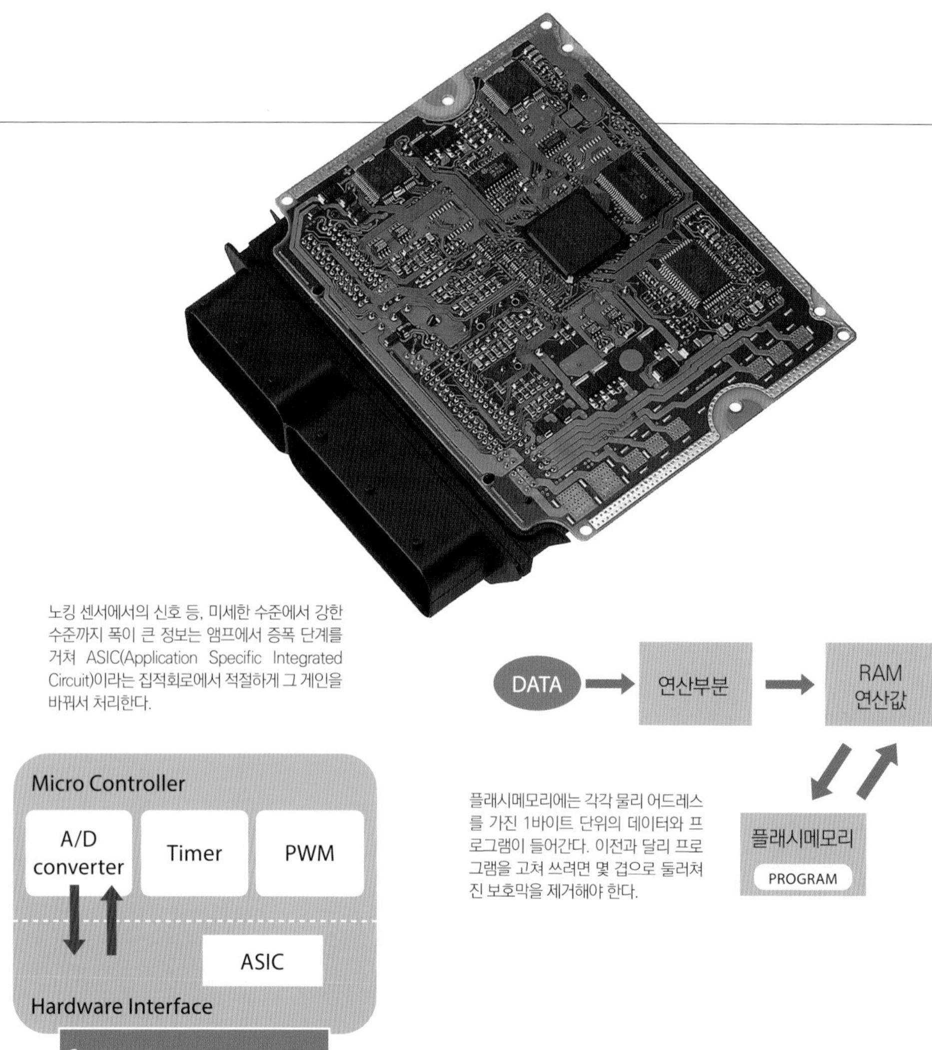

노킹 센서에서의 신호 등, 미세한 수준에서 강한 수준까지 폭이 큰 정보는 앰프에서 증폭 단계를 거쳐 ASIC(Application Specific Integrated Circuit)이라는 집적회로에서 적절하게 그 게인을 바꿔서 처리한다.

플래시메모리에는 각각 물리 어드레스를 가진 1바이트 단위의 데이터와 프로그램이 들어간다. 이전과 달리 프로그램을 고쳐 쓰려면 몇 겹으로 둘러쳐진 보호막을 제거해야 한다.

Networking

[자동차 탑재 네트워크]

무겁고 부피가 큰 배선에서 CAN으로 변화

현재의 자동차에는 엔진제어용 이외에도 다수의 ECU가 배치되어 있다. 그런데 멀티 핀 단자를 가진 ECU를 핀 수만큼 하나하나 배선으로 연결하는 것은 무리가 아닐 수 없다. 질량이나 체적, 늘어나는 비용도 부담이다. 자동차의 배선은 3차원 배치구조이기 때문에 이것을 기계화하는 것은 매우 까다로운 작업으로, 사람 손에 의존하는 부분이 많다. 그래서 각 ECU를 1개의 배선(속은 왕복 2개이지만) 경로(BUS)로 묶고 데이터를 서로 전송함으로서 많은 요소의 정보수집이나 협조제어를 하게 되었다. 자동차에서 이런 많은 ECU 접속 시스템은 보쉬가 개발한 CAN통신이 세계적으로 주류이다. CAN통신은 벤츠가 90년대에 W140계열의 S클래스에 사용하고 94년에는 국제규격(ISO11898)이 되었다. 현재의 규격은 공개되어 있어서 무료이다. 비트 레이트는 750kbps정도. 거기에 만족하지 않고 10Mbps를 실현한 Flex Ray 등과 같은 규격도 있다.

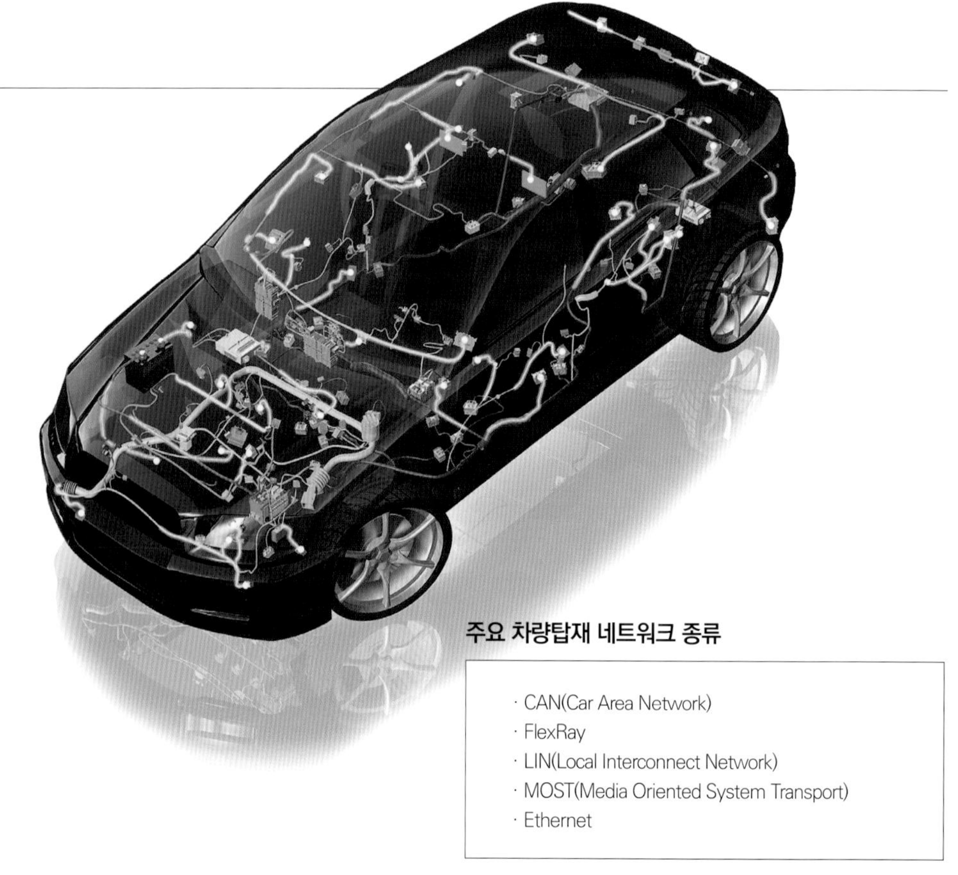

주요 차량탑재 네트워크 종류

- CAN(Car Area Network)
- FlexRay
- LIN(Local Interconnect Network)
- MOST(Media Oriented System Transport)
- Ethernet

Control

[엔진제어]

시시각각 변화하는 엔진상태에 대한 대응

유독 배출물에 대한 규제가 엔진의 컴퓨터 제어화를 촉진했다. 단순한 공연비 안정화라면 이야기는 단순 하지만 엔진은 냉간/온간 같이 다양한 상황에 놓인다. 시대가 흐름에 따라 밸브 시스템으로 대표되는 가변제어 장치도 증가해 왔다. 밸브 시스템을 수정하면 내부 EGR양도 바뀐다. 가솔린 증발규제를 감안해 블로 바이를 흡기로 유도하면 공연비도 조정할 필요가 있다. 기계 장치로는 불가능한 상황까지 와 있다.

노킹 Knocking

노킹 센서로는 압전소자를 사용한다. 세라믹의 일종인 이 소자에 충격적인 진동을 가하면 전기신호를 생성한다. 그런데 압전소자가 생성하는 전기신호는 아주 미약하다. 뿐만 아니라 그 신호는 엔진 rpm에 따라 큰 폭으로 바뀐다. 그 때문에 ASIC를 이용해 적절하게 증폭해 놓았다가 어느 수준을 넘으면 노킹이 일어나고 있다고 판단한다.

아이들링 Idling

엔진이 아무런 이상 없이 안정적으로 아이들링을 한다는 것은 기화기 시대에는 꿈같은 이야기였다. 엔진의 컴퓨터 제어화는 까다로운 바이패스 경로 없이 전자제어 스로틀로 아이들링을 제어함으로서, 에어컨 컴프레서를 사용할 때의 부하증가 대응은 물론이고 아이들 스톱에서 자유롭게 엔진 정지와 안정적 아이들링을 병행하는 것까지 가능하게 되었다.

ECU 개발

ECU 개발에 대한 든든한 지원

이 글에 관한 취재에 응해준 ETAS GmbH는 보쉬가 90%를 출자한 자동차 전자시스템 개발 메이커이다. 일본에는 1998년에 현지법인을 설립. 지금은 유럽 각국과 북남미는 물론 한국이나 중국, 태국 등 아시아 각국에도 활동거점을 두고 있다. 업무는 제어시스템이나 소프트웨어 개발을 비롯해 짜 넣은 제어프로그램 설계나 진단 그리고 평가 테스트까지 다룬다. 또한 이제는 각 딜러가 ECU를 진단하거나 사양변경에 맞춰 프로그램을 바꾸기도 하는 진단 인터페이스를 구비하면서 컴퓨터 제어시대의 자동차 보수 체제를 갖추긴 했지만 이 진단 시스템도 ETAS가 개발을 지원하고 있다. ETAS는 업계의 규격표준화 단체나 위원회에 가입해 있어서 사용하는 시스템이 업계표준일 뿐만 아니라, 개방되어 있기 때문에 타사 시스템과의 협조나 분산된 부품공급자와의 공동작업도 특기로 하고 있다.

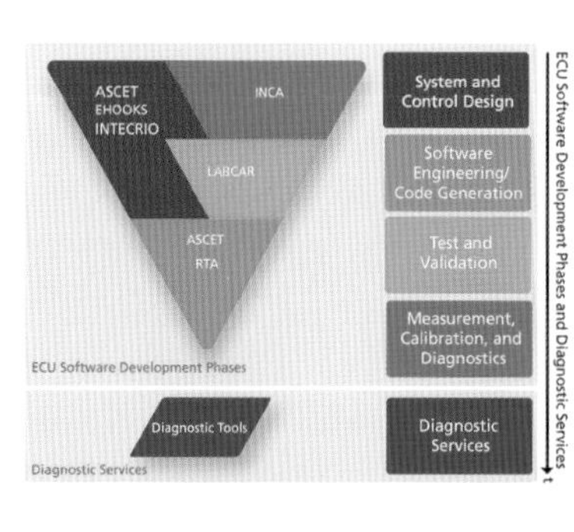

EPILOGUE

어디까지 제어하고 어디서부터는 제어하지 않을 것인가

「무엇이든 가능」한 시대의 제어철학

CAN 상에는 항상 대량의 차량정보가 흐르고 있다.
상품성 향상을 위해서는 고도의 제어화가 필요하다는 판단 하에 이들 정보는 계속해서 다방면으로 유용되어 왔다.
과연 협조제어는 어디까지 진행될까.

본문 & 사진 : 마키노 시게오

유성 기어 방식 부변속기가 장착된 JATCO제품 CVT를 탑재하는 스즈키의 경량왜건 「스페시아」를 시승했다. 흔히 말하는 키높이 왜건(번역자 주 : 기아 레이처럼 천정이 높은 차)으로서, 차고가 1735mm나 된다. 필자의 키와 거의 비슷하다. 주제가 「협조제어」이므로 일반도로와 고속도로를 달리면서 파워트레인의 특징을 관찰해 보았다. 운전자는 본지에서도 낯익은 서스펜션 전문가인 고쿠세이 히사오씨와 필자이다.

놀랐던 것은 일반도로 주위의 교통흐름에 맞춰서 시속 50~60km 정도로 달릴 때 엔진 회전속도가 꽤나 낮았다는 점이다. 일본의 교통사정에 맞춘 일본국내전용의 협조제어만 이루어지고 있을 뿐, 배기량 660cc의 경자동차라고는 하지만 일상적인 시내 및 교외도로에서 엔진이 회전속도 2000rpm을 넘는 경우가 별로 없다. 아주 일반적인 출발가속은 2000rpm 이하, 시속 50km에서의 평탄도로 주행은 1500rpm 약간 아래이다. 교외의 한가한 도로에서 중간정도로 가속할 때는 엔진의 연료효율이 최대가 되는 「중심」 회전영역을 사용해서인지 2500rpm을 넘지만 시속 80km 정속주행에서는 2000rpm. 고쿠세이씨도 「이렇게 낮은 회전속도로 달릴 수 있다는 것은 놀랄만하다」고 말한다.

출발, 정지가 많은 시내도로에서는 CVT의 풀리비가 자주 바뀌지만 탑승객이 불쾌한 전/후 중력가속도(G)를 느끼지 않도록 CVT 쪽이 세세한 조종을 한다. 아무리 전자제어 스로틀 방식이라고는 하지만 공기를 흡입, 연료와 혼합하여 연소시키는 화학반응 정확도보다도 변속기 쪽의 유압회로 정확도가 훨씬 뛰어나다. 엔진 쪽의 「지체」는 CVT 내의 연산장치가 흡수함으로서 가/감속 중력가속도(G)가 심하지 않도록 제어한다.

부변속기 사용방법도 숙련되어 있다. 되도록 단시간에 운전자가 요구할 것으로 생각되는 속도에 도달시키기 위해 가속 페달을 밟는 양을 「가속지령」으로 해석하면 부변속기를 낮은 변속단으로 가속시키고, 페달을 늦추는 정도를「가속완료」신호로 감지하면 부변속기를 높은 변속단 쪽으로 전환함으로서 엔진회전속도를 낮추어 정속주행한다. 고쿠세이씨는「가속 페달을 가볍게 더 밟았을 때의 엔진이나 반응 모두 상당히 좋다. CVT 쪽이 제어해주는 덕분인 것 같다. 엔진의 토크폭은 결코 넓지 않겠지만 잘 튜닝되어 있다」고 만족해하는 모습이다.

약간 혼잡한 일반도로를 주위의 교통흐름에 맞춰 달리다 보면 차량속도를 일정하게 유지하는 시간이 매우 짧다는 것을 잘 알 수 있다. 운전자는 가속 페달을 상당히 자주 조작하고 그에 맞춰 스로틀 개도가 수시로 바뀐다. 엔진이 잘 움직이는 시점에 정확하게 회전을 맞춰 달리는 것이 어렵겠지만 그 점은 CVT와 엔진과의 협조제어가 잘 맞물려 있기 때문일 것이다.

고쿠세이씨는「경자동차로 이 정도까지 가능하다면 상당하다」고 말한다.「물론 만점은 아니지만 바람직한 방향으로 가고 있다」면서.「연비만 쫓다보면 운전자의 요구를 못 맞춘다. 자동차 쪽 상황과 운전자의 상황을 잘 융합시켜 운전자가『느리다』든다『너무 빠르다』고 느끼지 않도록 약간의 응답성만 항상 보여준다면 CVT로도 기분 좋게 달릴 것이다. 자유도가 뛰어난 전자제어이기 때문에 아직도 할 수 있는 일이 많을 것이다」라는 말도 덧붙인다.

모든 정보가 CAN 상을 흐르고 있는 현재, 전자장비는 이들 정보를 자유롭게 사용할 수 있다. 그 결과 지금까지는 불가능했던 제어가 많은 일을 할 수 있게 되었다. 동시에 엔진과 변속기는 일체화되어 전자제어 파워트레인으로 바뀜으로서 섀시계통이나 ITS시스템 장비와 협조제어하게 되었다.「무엇이든 가능한」시대가 도래하는 것이다.

그럼 앞으로 협조제어에 있어서의 주제는 무엇일까. 자동차산업 각 방면에 물었더니「IT&ITS 시스템과 파워트레인 사이의 협조제어」라는 의견이 많다. 차량외부 정보를 어떻게 주행에 반영하고 그것을 제어에 어떻게 이용하느냐는 것이다. 자동차가 네트워크로 연결되어 있는 지금 클라우드 상의 정보를 자동차에 반영하자는 제안은 누가 꺼내서가 아니라 자연발생적으로 나오고 있다. 거기에 정보가 있는 이상「사용하지 않는 것이 이상하지 않느냐」는 생각은 이제 되돌릴 수도 없는 분위기이다. 상품성 향상 측면에서도 이것은 필수이다.

이 점을 닛산 자동차의 엔지니어에게 물어 보았더니 이런 대답을 주었다.

「클라우드와 자동차를 어떻게 연대시켜 어떤 일을 하고, 그로 인해 어떤 이점을 운전자가 얻느냐는 것이죠. 무엇을 할 건지는 아직 정해지지 않았지만 공부는 하고 있습니다. 정보는 산처럼 쌓여 있어서 하려고 맘먹으면 무엇이든 할 수 있을 겁니다. 하지만 무엇을 하면 운전자가 도움이 된다고 느낄 수 있을까, 그러기 위한 컨텐츠를 어떻게 반영할 것인가가 관건이겠죠. 해결해야 할 과제도 많을 겁니다.」

클라우드 정보 이용에 대해서는 각 방면에서 연구가 진행 중이다. 그리고 그 끝에 있는 것은「자동운전」「자동차의 로봇화」로 봐도 틀림없을 것 같다. 최상의 협조제어이다. 불필요하게 연료를 사용하는 일 없이, 또한 위험영역에 발을 들여놓는 일도 없이 최대효율·최대안전율로 자동차를 운전시킨다. 이렇게 되면 이제는 자동차인지 아닌지에 대한 의구심이 들게 되는데, 어느 조사에서는 전 세계가 자동운전에 상당한 기대를 가지고 있다는 데이터도 있다. 분명 자동운전은 일반인도 효능을 쉽게 알 수 있다.

닛산의 엔지니어는「자동운전을 실현시키기 위한 기술을 확립하는 것이 일단 큰일이죠. 현재의 파워트레인 제어는 누가 운전하더라도 가속도가 일정해서 이렇다하게 불평할 문제가 없지만, 자동운전으로 넘어가면 얘기가 달라지죠. 예를 들어 감속할 때 자신이 브레이크를 밟는 제동시점에 조금이라도 편차가 있다면 바로 문제를 제기하겠죠.」라는 견해를 피력한다. 분명코 그럴 것 같다.

또한 자동운전을 위해서는 스티어 바이 와이어(Steer-by-wire)가 필수이다. 마이크로프로세서로 조향각도를 연산하고 그 지시를 전선을 통해 EPS모터로 보내 조향장치 조작을 돌린다. 진로관리를 자동차에 맡기는 것이다. 차량속도의 자동관리는 이미 인텔리전트 크루즈컨트롤로 부분실용화가 되어 있지만 조향핸들을 어렵다. 자동주차 기능 이외에는 실용화된 사례가 없다. 어느 엔지니어는 이렇게 말했다.

「전용도로에 트럭을 줄 세운 다음 차간거리를 좁혀 자동조종으로 달리게 하는 것은 그리 어렵지 않을 겁니다. 하지만 사람을 태우는 자동차를 고속도로 상이라고는 하지만 자동운전시키는 일은 상당히 어려울 겁니다.」

닛산자동차의 엔지니어도 이렇게 말한다.

「자동운전밖에 없는 자동차가 아니라 자동운전, 수동운전 모두 할 수 있는 자동차가 요구될 겁니다. 그럴 경우 현재의 제어 외에 가상의 운전자 같은 기능이 필요하겠죠. 제어는 점점 복잡해질테구요.」

과연 해답은 어디에 있는 것일까.

제어로직을 구성할 때는 이런 가상의 툴이 많이 이용된다. 그러나 예를 들어 제어 프로그램 내의 카 모델 구성은 실험 드라이버의 운전을 기반으로 이루어진다. 인간이 끼어들지 않는 개발은 있을 수 없다.

차량실험 현장에서도 측정기와 시뮬레이션 프로그램이 사용된다.「이 방면의 엔지니어가 최근 10년간 몇 배나 늘어났다」라는 말은 어느 자동차 메이커 관계자의 말이다. 동시에「제어로 무엇이든 가능하다」는 풍조도 강해졌다.

스즈키 스페시아 시승 모습. 주위의 교통흐름에 맡기는 운전을 하면 이 자동차가 정말로 일본시장에 딱 맞도록 기획되었다는 것을 알 수 있다. 시내와 교외 반반에서 2~3명이 탔을 때의 연비는 약18km/ℓ였다. 오토 에어컨을 켜도 엔진회전속도 상승이 200rpm정도밖에 안 된다.

최신엔진 TOPICS

ENGINE NEW WAVE!

내연기관의 진화는 멈출 줄을 모른다.
엔진 기술자의 아이디어는 마르지 않을 뿐만 아니라 새로운 테크놀로지를 만들어낸다.
WTLC라는 새로운 연비모드의 등장으로 개발속도는 더 빨라지고 있다.
CO_2 저감을 향한 아이디어 전쟁.
다운사이징 과급이라는 기술 트렌드가 휩쓸고 간 지금, 엔진은 다음 단계로 넘어가고 있다.
라이트사이징이라는 새로운 기술 트렌드를 들고 나온 아우디.
업사이징을 표방하는 마쯔다. 전동화와 맞물리면서 엔진은 점점 진화한다.
이번 특집에서는 가솔린엔진의 새로운 조류를 살펴보자.

사진 : 폭스바겐

DOWN sizing vs RIGHT sizing vs UP sizing

라이트사이징이란?

완전한 뿌리를 내린 것 같은 느낌의「다운사이징」. 그런데 거기에 새로운 개념이 등장했다. 새로운 개념을 꺼내든 회사는 다운사이징 탄생의 아버지격인 VW과 아우디. 과연 그 속내는 무엇일까.

본문 : 하타무라 고이치

일본에서는 매년 5월에 일본 전체의 자동차연구자·기술자들이 요코하마에 모여 강연회를 열지만, 유럽에서는 전 세계의 엔진 연구자·기술자들이 오스트리아 빈에 모인다. 그것이 빈 엔진 심포지엄이다. 작년에는 WLTP 도입에 따른 엔진의 개량·변경에 관해 거론하는 경향이 많았다.

Worldwide harmonized Light-duty Test Procedure의 머리글자인 WLTP는「소형차의 세계공통 배출가스 시험법」이라고 번역되며, 유럽에서 올해부터 도입될 예정. 여기서 사용되는 것이 WLTC(cycle)이라고 하는 세계공통의 주행모드(일본에서는 Ex-High는 제외)이다. 일본의 JC08모드, 유럽의 NEDC(New European Driving Cycle)모드와 비교하면 전체적으로 차량속도가 높게 설정되어 있다. 국가별 주행모드 평균속도와 소형승용차 경우의 평균 구동출력을 보면 WLTC로 바뀌게 되면서 일본과 유럽에서는 엔진의 운전부하가 커진다. 특히 마지막 Ex-High에서는 고속에서 큰 가감속이 필요하다. 그 결과 아우디 A4 WLTC 엔진의 운전영역이 NEDC에 비해 고회전고부하 쪽으로 넓어졌다.

NEDC의 경우는 2000rpm 이하, BMEP 12bar 이하 영역으로 한정되어 있어서 저부하영역의 사용빈도가 높다. WLTC에서는 2500rpm, BMEP는 14bar의 고부하를 사용해 고부하 쪽 사용빈도가 높아진다. 과급 다운사이징 엔진은 작은 엔진을 사용함으로서 기계저항손실과 펌프손실을 줄여 연비를 향상하는 기술이기 때문에 저부하 연비는 양호하지만, 이런 손실 영향이 적은 중부하 이상에서는 연비효과를 얻을 수 없다. 노킹을 피하기 위해서는 압축비(기하학적 압축비)를 크게 할 수 없기 때문에 이 영역에서는 반대로 불리해지는 경우도 있다. 이 영역의 연비는 압축비를 대폭 높인 스카이액티브(SKYACTIV)-G 쪽이 과급 다운사이징보다 훨씬 양호하다. 지금까지 고과급으로 BMEP를 증가시킴으로서 배기량 저감을 진행해 온 과급 다운사이징도 필수적으로 압축비를 높여야 한다는 것을 뜻한다.

다운사이징에서 라이트사이징으로

그럼 과급엔진의 압축비를 높이는 것에 대해 살펴보자. 압축비가 높은 과급엔진을 찾아보면 닛산의 3기통 1.2ℓ 밀러 사이클 엔진(HR12DDR)이 있다. 과급엔진치고는 낮은 BMEP 14.9bar이지만 레귤러 사양에서 압축비가 12.0으로 높은 편이다. BMEP를 비교적 낮게 억제하는 동시에 흡기밸브를 늦게 닫는(LIVC) 밀러 사이클로 운용함으로서 실제 압축비를 낮춰 노킹을 피하는데 성공하였다. 밀러 사이클을 적용하면 흡기량이 감소하기 때문에 과급압이 없으면 토크 저하가 크다. 그 때문에 가속이 과도할 때도 확실하게 과급압을 얻을 수 있도록 과급기로는 슈퍼차저(SC)를 사용했다.

한편 과급기를 사용하지 않는 밀러 사이클(아트킨슨 사이클)은 도요타와 혼다의 하이브리드 및 CVT 엔진에 적용되어 압축비 13전후로 설정되어 있다. 둘 다 흡기를 늦게 닫아 저속 토크가 기존 엔진보다 떨어지지만, 전기CVT와 CVT를 사용해 엔진회전속도를 높이는 방식으로 해결하고 있다. 그래서 이 밀러 사이클 엔진을 터보(TC)로 과급하면 기존의 과급 다운사이징보다 저속 토크는 떨어지지만 연비는 향상될 것이다.

여기서 과급 밀러 사이클에 대한 복습을 해보자. 기존 사이클 엔진이 공기를 실린더 안에서 압축하는데 반해 밀러 사이클에서는 과급기와 실린더를 같이 사용해 압축하기 때문에, 과급기로 압축하는 양은 흡기밸브를 늦게 닫든가(Late Intake Valve Closing, LIVC) 일찍 닫아(Early Intake Valve Closing, EIVC) 실린더에서의 압축을 감소시킨다. 과급기로 압축해 온도가 상승한 만큼 인터쿨러를 사용해 냉각할 수 있기 때문에 밀러 사이클의 경우는 기하학적 압축비를 높여도 압축상사점 온도를 낮출 수 있다. 다만 흡기행정이 단축되기 때문에 과급압을 높이지 않으면 토크가 떨어진다. 밸브를 늦게 닫으면 저회전에서는 밀러 사이클 효과가 커지고 고회전에서는 작아진다. 일찍 닫는 경우는 반대가 되어 고회전 효과가 너무 커져 공기가 들어오지 못하기 때문에 가변밸브기구가 필요하게 된다.

이런 개념에 기초한 새로운 과급 다운사이징 개념을 리카르도와 AVL이 자동차기술회에서 발표했다. 리카르도는 압축비 13의 EIVC 밀러 사이클 엔진에 가변밸브 기구와 SC+TC 과급시스템을 조합함으로서 BMEP

25bar가 발생하는 모습을 시뮬레이션으로 보여주었다. AVL은 압축비 12의 EIVC 밀러 사이클 엔진에 TC를 사용하고 냉각EGR을 추가한 것으로, 밀러 사이클에서 토크가 떨어지는 양은 배기량을 1.4ℓ에서 1.6ℓ로 늘린 것으로 대응하고 있다. 그 결과 넓은 운전영역에서 양호한 연비를 보인다. 지나친 다운사이징을 적정화했다는 의미에서 AVL은 이것을 라이트사이징이라고 부르고 있다.

이 AVL의 연구결과를 실용화하는 것이 빈에서 발표된 아우디의 라이트사이징 엔진인 2.0ℓ TFSI이다. 흡기밸브를 하사점 전70°에 미리 닫는 EIVC 밀러 사이클을 사용하고 압축비를 9.6에서 11.7로 높이고, 기존의 배기량은 1.8ℓ에서 2.0ℓ로 바꾸고 이다. 흡기 캠의 개각(開角, 1mm 리프트)은 140°와 170° 2단 절환이다. 이 엔진은 아우디 A4에 탑재해 발매된데 이어 VW·아우디의 다양한 차종에 적용되고 있다. 기존의 2.0° TFSI와 비교하면 BMEP가 22bar에서 20bar로 낮아지지만, 최저BSFC가 230kg/kWh에서 220kg/kWh로 향상되는 동시에 BSFC < 235g/kWh 영역이 크게 넓어져 있다. 대체되는 기존의 1.8ℓ TFSI와 비교하면 출력·토크는 비슷하지만 연비가 개선되어, NEDC의 CO_2 배출량이 약 16% 줄어든 100~115g/km로 매우 양호한 수치를 나타낸다. WLTC에서는 더 큰 효과를 얻을 수 있을 것이다.

그 밖에 빈에서는 콘티넨탈이 압축비 12의 흡기밸브를 늦게 닫는 밀러 사이클 엔진+TC+냉각EGR에 대한 가능성을 소개하였다. 필자도 자동차기술회에서 압축비 13의 흡기밸브를 일찍 닫는 밀러 사이클과 SC+TC+냉각EGR을 사용하는 콘셉트의 소개를 통해, 5bar의 과급압을 확보할 수 있으면 노킹 없이 BMEP 30bar가 발생될 가능성을 시뮬레이션으로 보여주었다.

마쯔다의 업사이징

압축비 14를 실용화해 전 세계의 엔진기술자를 흥분시킨 마쯔다의 히토미씨가 스카이액티브의 다음 과정에 대해 빈에서 강연을 했다. 과급 다운사이징은 과급기나 다른 부속장치가 많기 때문에 일렉트릭 VCT(가변위상)와 4-2-1 배기매니폴드만 추가하는 스카이액티브에 비해 원가가 비싸다. 과급 다운사이징보다 연비가 좋은 무과급엔진의 구현을 지향하는 것이 다음 스카이액티브E로서, 2.0ℓ로 바뀌면서 2.5ℓ의 기통휴지 시스템(Cylinder Deactivation System)을 갖춘 엔진이다.

강연에서는 2.5ℓ 압축비 13인 스카이액티브와 과급 다운사이징의 압축비 10인 1.4ℓ와 1.0ℓ의 연비 계측결과를 비교하고 있다. 기통휴지를 갖춘 1.4ℓ는 1.0ℓ보다 모든 영역에서 연비가 양호하지만, 기통휴지를 갖춘 스카이액티브 쪽이 저부하 일부를 제외하고 연비가 훨씬 뛰어나다. 특히 중부하에서의 차이가 커서, 주행모드가 NEDC에서 WLTC로 변경되면 실용연비뿐만 아니라 모드연비에 있어서도 과급 다운사이징에 완승할 것이라는 것이다. 또한 2.5ℓ로 2.0ℓ 상당의 토크로 억제할 경우 흡기밸브를 늦게 닫는 밀러 사이클과 냉각EGR을 적극적으로 사용하면 압축비를 더 높일 수 있기 때문에, 실제로는 15 이상의 압축비를 적용해 가솔린엔진의 압축비 기록을 다시 갈아치울지도 모른다.

나아가 HCCI 등과 같이 균일한 희박연소 도입 상황을 감안하면 과급 다운사이징보다 업사이징인 2.5ℓ 쪽이 NOx가 발생하지 않는 공연비 32이상의 운전영역을 고부하까지 넓게 확보할 수 있다. 그 때문에 앞으로는 과급 다운사이징보다 업사이징이 더 유리해질 것으로 주장하고 있다. 다운사이징과 라이트사이징이라는 큰 흐름에 대해 문제를 제기한 이 강연이 참가한 많은 엔진기술자에게 감명을 준 것으로 보도되고 있다.

아우디/VW과 마쯔다 사이에 시작된 엔진전쟁

VW그룹의 라이트사이징과 마쯔다의 업사이징이라고 하는 두 가지 가솔린엔진 연비향상기술에 대한 의도가 드러났다. 여기서는 앞으로의 전동화를 포함해 가솔린엔진의 진화방향에 대해 살펴보겠다.

라이트사이징으로는 3기통 1.5ℓ 터보과급으로 흡기밸브를 일찍 닫는 밀러 사이클의 압축비 13, 업사이징은 4기통 2.5ℓ의 흡기밸브를 늦게 닫는 밀러 사이클로 압축비 15를 상정한다. 둘 다 2.0ℓ 무과급엔진의 대체 엔진이다. 양 쪽 다 현재로선 저부하를 기통휴지로 대응하지만 향후에는 HCCI 연소가 적용될 것이다. 특히 최근의 마쯔다에서는 HCCI 특허가 다수 출원되어 다음 스카이액티브부터 적용될 가능성도 있다. 둘 다 개량이 진행된다고 하면 실용연비와 WLTC 연비는 동등하든가 업사이징이 약간 양호할지도 모른다.

출력/토크 측면에서는 저회전 영역의 토크는 라이트사이징이 20% 향상, 출력은 업사이징이 10% 정도 클 것이다. 저속부터 나오는 높은 토크 때문에 쾌적한 주행 측면에서는 역시나 과급 라이트사이징이 한 수 위이다. 다만 하이브리드에서 모터 어시스트를 사용할 경우에는 이 차이가 작아진다. 엔진 크기와 총중량 측면에서는 라이트사이징이 압도적으로 유리하지만 터보나 인터쿨러 등이 장착되는 만큼 1.5ℓ와 2.5ℓ가 주는 이미지만큼 차이가 나지는 않는다. 생산원가 측면에서는 과급시스템이나 가변밸브기구가 필요한 라이트사이징 쪽이 높지만, 4기통→3기통에 따른 원가 절감을 감안하면 치명적인 차이는 나지 않을 것이다.

차에 탑재하면 다양한 우열이 드러나겠지만 종합적인 상품으로서의 경쟁력으로 라이트사이징이 가진 저속 토크에서의 강력한 주행과 경량·소형의 장점을 살린 디자인, 재미있는 주행과 업사이징과의 가격 차이를 어떻게 평가할까. 자동차 성격에 따라 우열이 좌우될 것이다. 자동차 메이커 입장에서는 말하자면 동일한 기본 엔진을 사용해 기통수와 과급시스템으로 엔진 출력을 나누어 사용하는 라이트사이징을 사용해 보고 싶을 것이다. 필자의 감각으로는 쾌적한 주행을 중시하는 자동차에는 라이트사이징을, 연비나 원가를 중시하는 모델에는 업사이징을 선택하지 않을까 싶다. 마쯔다의 자동차에는 업사이징이 알맞다고 느껴지는 것은 그렇다 치고, 이제부터 시작될 VW의 라이트사이징과 마쯔다의 업사이징 전쟁의 향방을 흥미롭게 지켜보고 싶어진다.

WLTP | Worldwide harmonized Light-duty Test Procedure [소형차의 세계공통 배출가스 시험방법]

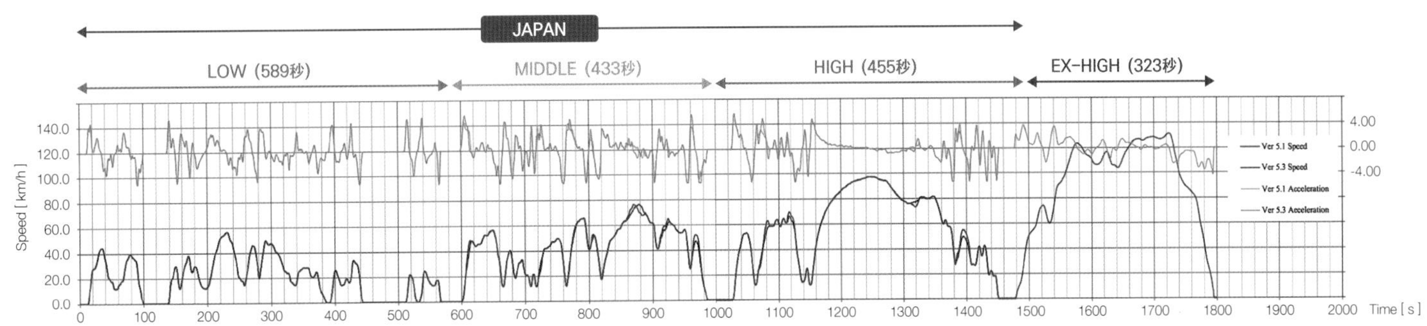

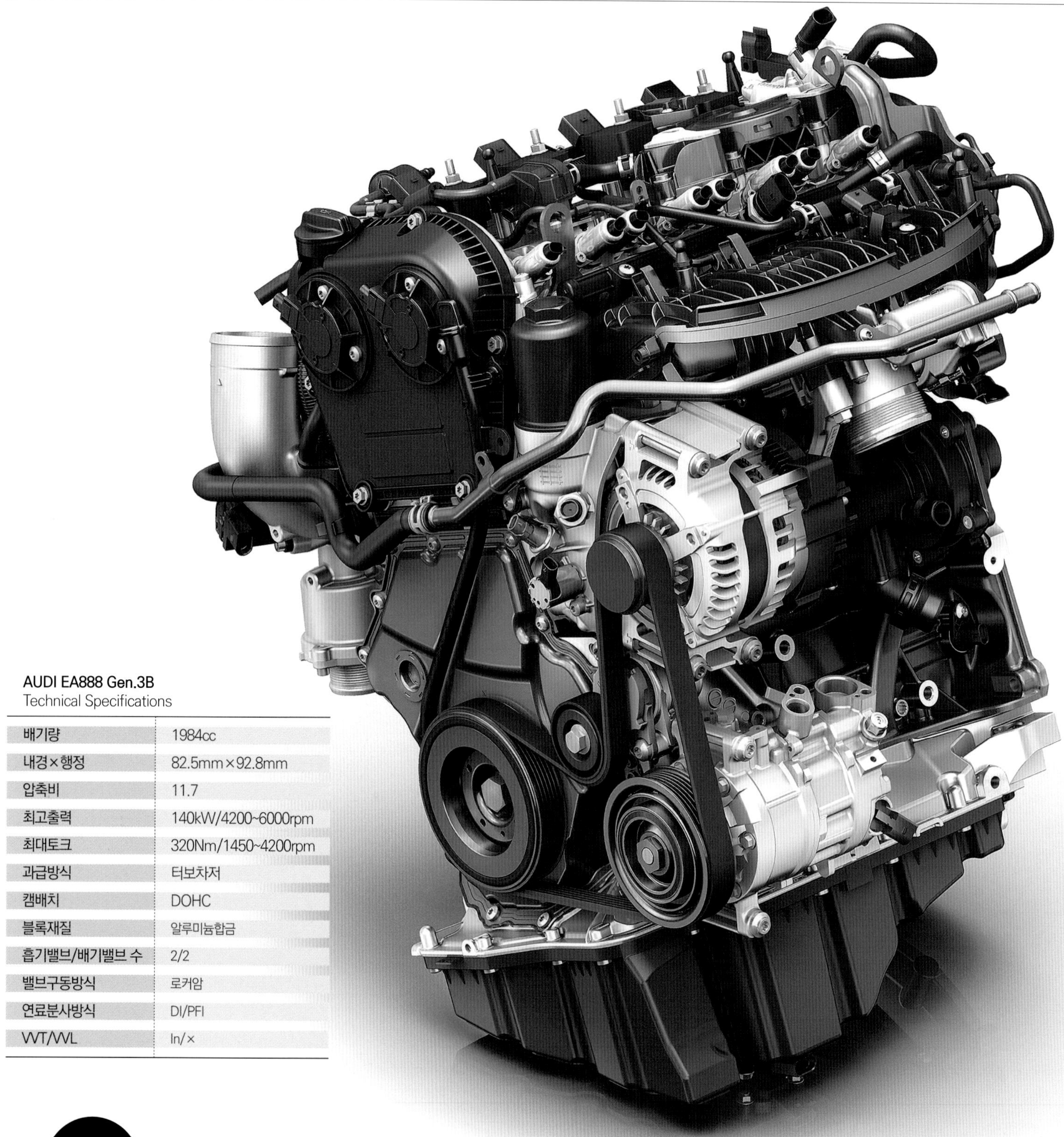

AUDI EA888 Gen.3B
Technical Specifications

배기량	1984cc
내경×행정	82.5mm×92.8mm
압축비	11.7
최고출력	140kW/4200~6000rpm
최대토크	320Nm/1450~4200rpm
과급방식	터보차저
캠배치	DOHC
블록재질	알루미늄합금
흡기밸브/배기밸브 수	2/2
밸브구동방식	로커암
연료분사방식	DI/PFI
VVT/VVL	In/×

TOPICS 01

AUDI | 2.0TFSI EA888 GEN.3B

라이트사이징은 새로운 조류가 될 수 있을까?

아우디가 의욕적인 엔진을 발표했다. 형식 EA888은 바뀌지 않았지만 콘셉트는 완전히 새롭다. 기존의 다운사이징 흐름과는 다른 새로운 트렌드를 구축하려고 한다. 라이트사이징이다.

본문 : 하타무라 고이치　그림 : 아우디

아우디는 라이트사이징을 주장하는 2.0ℓ TFSI 엔진의 기본 엔진은 2004년에 데뷔한 EA113형 2.0ℓ 직렬4기통 TFSI엔진이다. 이것을 제1세대로 치면 제2세대는 04년에 데뷔한 EA888형 2.0ℓ 직렬4기통 TFSI로서, 이후 거듭된 개량을 통해 착실하게 연비를 향상시켜 왔다. 그리고 12년에는 헤드 일체의 배기매니폴드, 듀얼 인젝션, 배기 밸브의 양정제어 등과 같은 신기술을 탑재해 토크와 출력을 증강시킨 상태에서 배기량을 1.8ℓ로 다운사이징한 제3세대가 시장에 도입되었다. EA888형은 아우디에 의해 주력차종인 A4에 탑재하는 주력 엔진이다.

기술개발 담당이사인 울리히 하켄베르크박사는 이렇게 말하고 있다.

「지금 우리는 차세대 기술원리에 따른 앞서가는 라이트사이징 엔진을 개발해 채택하고 있습니다. 지금까지의 다운사이징, 저회전화는 자동차 등급이나 사용자의 용도가 최적일 경우에만 효과적이었다면, 우리가 개발·제창하는 새로운 라이트사이징의 콘셉트는 차량등급, 배기량, 출력, 토크, 연비 등을 모두 커버하는 콘셉트라 할 수 있습니다.」

작년에는 A4의 모델 변경을 통해 1.8ℓ와 비슷하게 토크와 출력을 억제한 제3.5세대(Gen.3B) 2.0ℓ TFSI가 등장했다. 1.8ℓ TFSI의 출력사양은 125~147kW. 2.0ℓ TFSI(Gen.3)의 대표적 출력사양은 170kW/370Nm였는데, 이것을 Gen.3B에서는 140kW/320Nm로 낮추었다. 같은 2.0ℓ와 비교하면 출력이나 토크 모두 낮아졌지만 2.0 TFSI Gen.3B의 비교대상은 1.8ℓ TFSI이다.

덧붙이자면 Gen.3 2.0ℓ TFSI가 아우디 TT 콰트로 스포츠 콘셉트에서는 309kW/450Nm까지도 발휘한

아우디의 TFSI가 Gen.3B로 진화

2004년 2.0ℓ TSFI로 시작해 Gen.2, Gen.3으로 개량되다가 이번에는 Gen.3의 빅 마이너 체인지라고 해서 Gen.3B라고 한다. 내용적으로는 Gen.4라고 생각하는데, 다음 Gen.4가 어떻게 나올지를 궁금하게 만드는 이름이다.

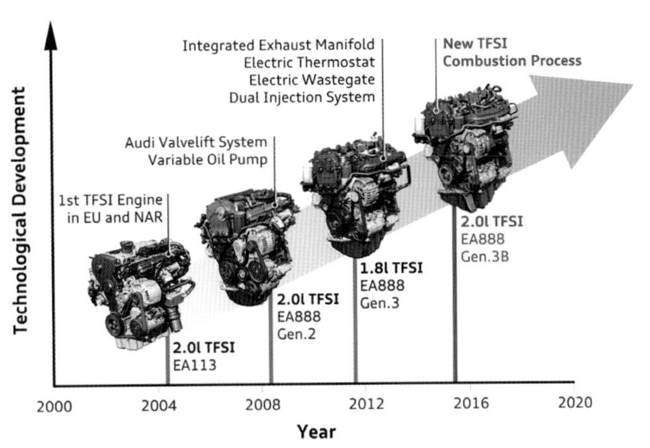

A4에 탑재

작년 프랑크푸르트 모터쇼에서 데뷔한 현재의 A4. 메르세데스 벤츠 C클래스, BMW 3시리즈과 라이벌이다. Gen.3B는 가장 먼저 이 A4에 탑재되었다. 이어서 VW/아우디 각 모델에도 탑재해 나갈 것이다.

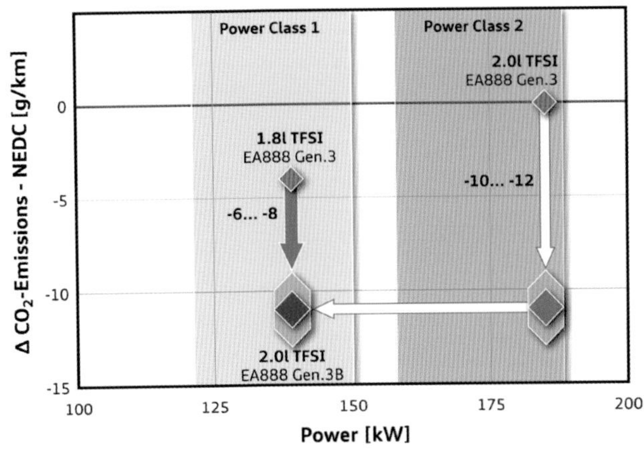

NEDC모드 연비비교 실용에서는 더 향상

2.0ℓ Gen.3의 고출력 버전과 비교하면 Gen.3B에서는 출력이 많이 떨어졌지만 모드연비는 10% 이상 개선되었다. 출력은 1.8ℓ 정도 되지만, 이 모드연비는 1.8ℓ TFSI Gen.3 보다 6~8% 더 낮출 수 있는 수치이다. 라이트사이징의 진가는 여기에 있다.

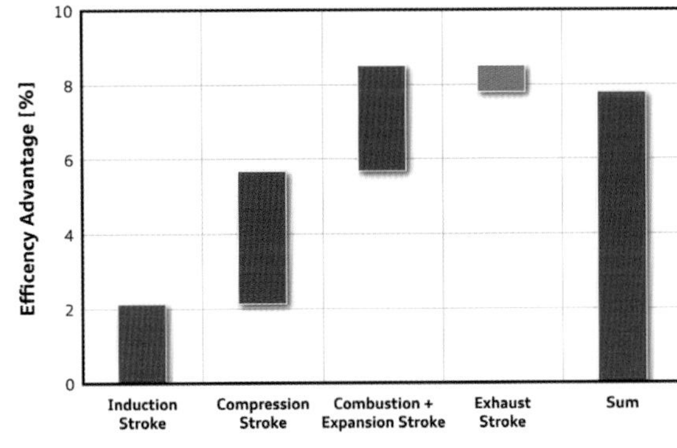

2.0ℓ Gen.3B vs 2.0ℓ Gen.3

Gen.3B와 Gen.3의 비교. 2000rpm/BMEP=6bar의 효율을 나타내고 있다. 가장 많이 효율이 오르는 것은 압축행정, 즉 밀러 사이클에 의한 것이다. 전체적으로 약 8%에 근접하는 향상을 나타내고 있다.

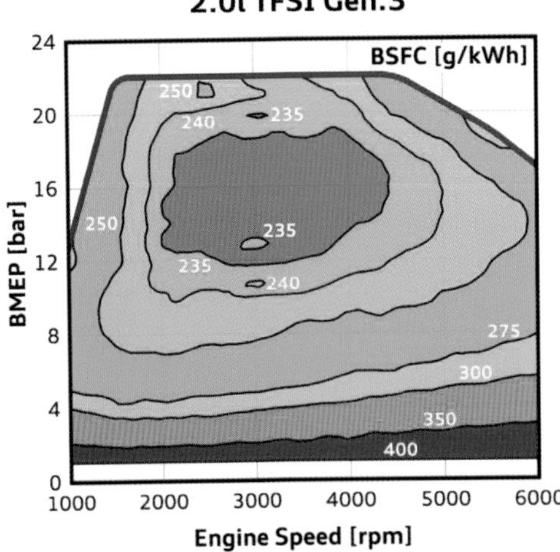

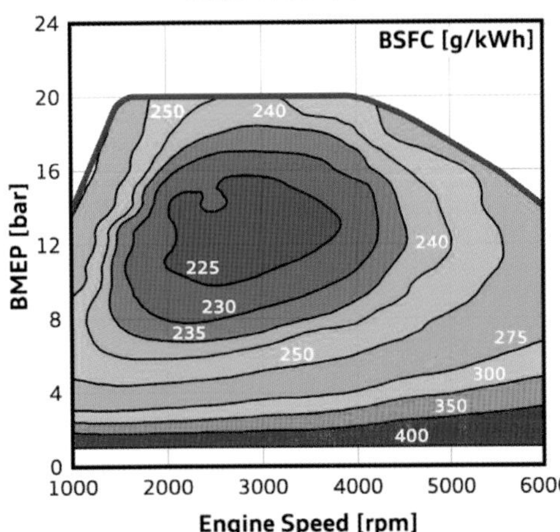

BMEP는 떨어지지만 연비의 중심영역은 확대

AVL과 아우디의 공동개발 성과로 추측되지만, 종래의 1.8ℓ TFSI를 대신해 흡기밸브를 일찍 닫는 밀러 사이클 2.0ℓ TFSI엔진을 A4에 탑재한다고 발표했다. 압축비를 9.6에서 11.7로 높여 중부하 연비를 크게 향상시켰다. 기존의 2.0ℓ와 비교하면 BMEP와 출력은 약 10% 줄어들었지만 제동연료소비율은 235g/hWh 이하의 저연비 영역은 크게 확대되었다.

다. 이것은 몇 년 전까지 대배기량 V8에서나 보던 숫자라고 아우디는 말한다.

이야기를 Gen.3B로 되돌리자. 아우디는 과도한 다운사이징을 개선해 적절하게 한다는 의미로 라이트(Right : 올바른)사이징이라는 새로운 용어를 사용하고 있다. NEDC(종래의 유럽 연비계측모드)를 대체하는 WLTC(세계공통 모드 : 45p 참조)가 빠르면 올해 도입되기 때문에 기본보다 고하부에서의 연비성능이 중요해졌다. 게다가 BMEP(Brake Mean Effective Pressure=제동평균 유효압력)를 높여 다운사이징을 진행해도 이 영역의 연비는 거의 향상되지 않기 때문에 밀러 사이클을 사용해 압축비를 높임으로서 팽창비를 확보하겠다는 것이다. 이것을 아우디는 새로운 연소사이클(New TFSI combustion process)이라 한다.

구체적으로는 흡기밸브에 아우디 밸브리프트 시스템(캠 절환기구)을 사용해 흡기밸브의 열림각(1mm 양정)을 저속 140°와 고속 170°로 절환한다. 그 결과 저속에서는 흡기밸브가 하사점 전 70° 부근에서 실질적으로 닫히게 되고, 흡기밸브가 닫힌 뒤에는 실린더 안의 흡기가 단열팽창하기 때문에 하사점에서는 외기보다 낮은 온도가 된다. 이것을 압축하면 하사점 후 70°에서 대기압으로 복귀하고, 거기서부터 압축이 시작되기 때문에 유효 압축비가 80%정도로 감소한다. 이것이야말로 진짜 밀러 사이클이다. 이 밀러 사이클 덕분에 기하학적 압축비)를 9.6에서 11.7로 높여도 유효압축비는 9.4정도로 낮출 수 있기 때문에 노킹을 피해 팽창비 11.7이라는 고효율 운전을 할 수 있다.

흡기밸브를 일찍 닫는 밀러 사이클에서는 흡기밸브가 닫히고 나서 점화까지의 시간이 길기 때문에 혼합기 흐름과 요동이 감쇠해 연소속도가 떨어진다는 단점이 있다. 이 단점을 극복하기 피스톤 헤드면은 흡기포트와 마스크 형상을 개량해 텀블(Tumble)을 강화함으로서 텀블 감쇠를 방지하는 형상을 하고 있다.

Gen.3B의 실린더헤드 주변

흡기밸브를 일찍 닫는 밀러 사이클을 적용함에 따라 흡기 캠의 2단 전환에 사용할 Audi Valvelift System이 도입되면서, 연소악화 대책으로 텀블(Tumble) 강화 등과 같이 연소실 주변이 세세하게 변경되었다. 인젝터는 포트분사를 배치해 직접분사만 한다.

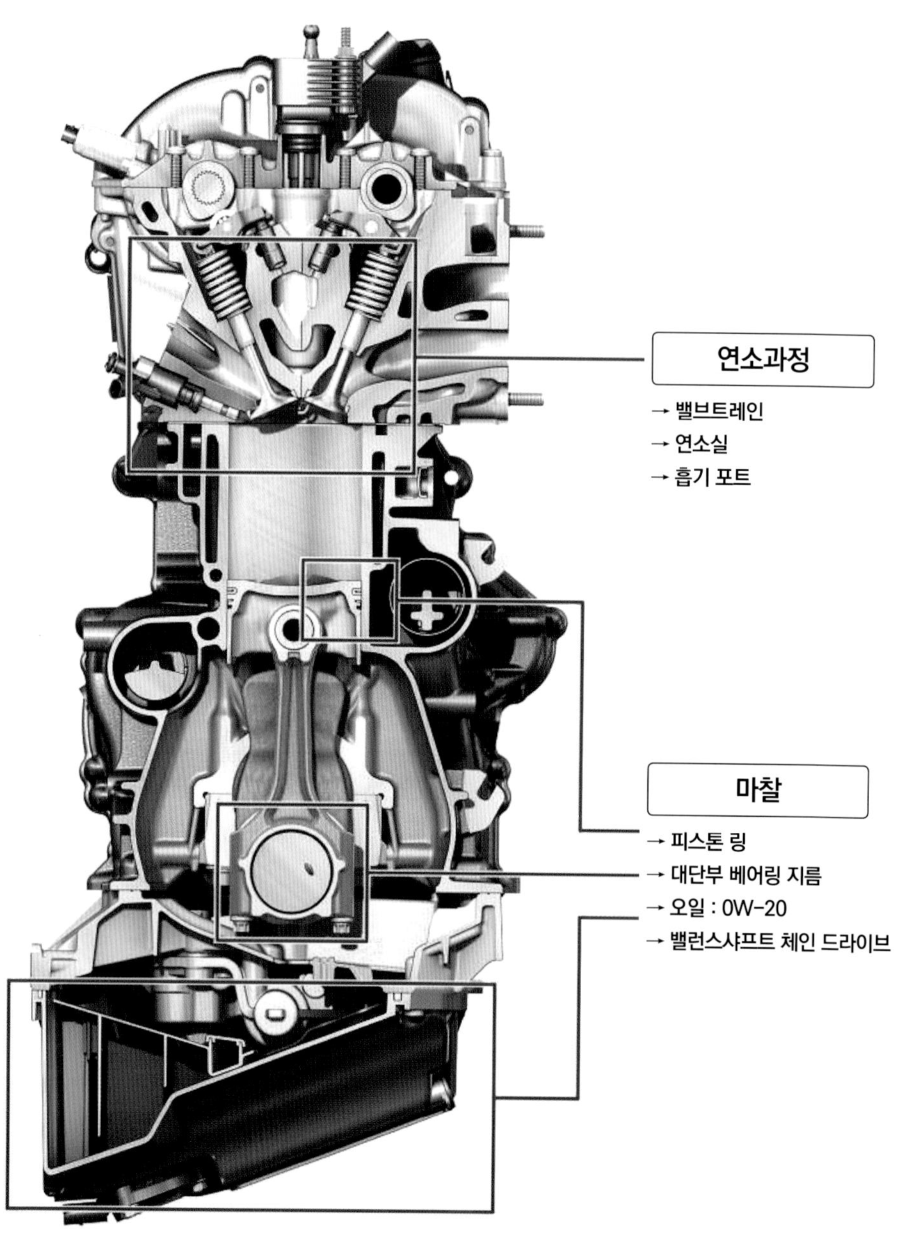

Gen.3이 Gen.3B에서 변경된 부분

Gen.3B에는 각 부분에 연비향상 대책이 반영되었다. 또한 최고출력 저하를 허용할 수 있기 때문에 배기 쪽의 Audi Valvelift System이 폐지되었다. 나아가 DI 인젝터 개량을 통해 포트분사도 폐지되었다. 엔진은 140kg(어디까지의 중량인지는 불명확)으로 가벼워졌다. 윤활오일은 0W-20을 사용한다.

140° 캠에서는 양정도 낮아 고회전 영역에서 공기가 들어오지 않기 때문에 이 영역은 170° 캠을 사용한다. 170° 캠이라도 기존의 190~200° 캠에 비하면 밸브가 빨리 닫힌다. 고회전 영역은 웨이스트 게이트를 닫으면 쉽게 과급압을 높여서 필요한 공기를 밀어넣을 수 있기 때문에, 고과급압에서 밀러 사이클을 사용해 점화를 진각(進角)시키면 배기온도가 떨어짐으로서 연료를 농후하게 하는 영역을 좁게 하거나 없앨 수 있다.

더불어 최고출력을 155kW에서 140kW로 낮춰 고회전 영역에 여유가 생기기 때문에, 기존에 사용했던 배기 쪽의 아우디 Valvelift System을 없앴다. 기존에 절환할 때 사용했던 배기 쪽의 열림각(開角) 캠 두 개 중 좁은 쪽을 고정해서 사용하고 있을 것이다. 또한 250bar의 고압 인젝터를 개량해 연소 중의 그을음 발생을 억제할 수 있게 되었기 때문에 기존의 PFI+DI 트윈 인젝터에서 PFI를 없애고 DI로만 사용하고 있다. WLTC와 함께 도입되는, 실제 도로를 달려 배출가스를 계측하는 RDE(Real driving Emission)에서의 엄격한 PN(Particulate Number) 규제에도 사이드에 배치한 솔레노이드 인젝터만으로도 대응할 수 있겠다는 계산이 선 것 같다.

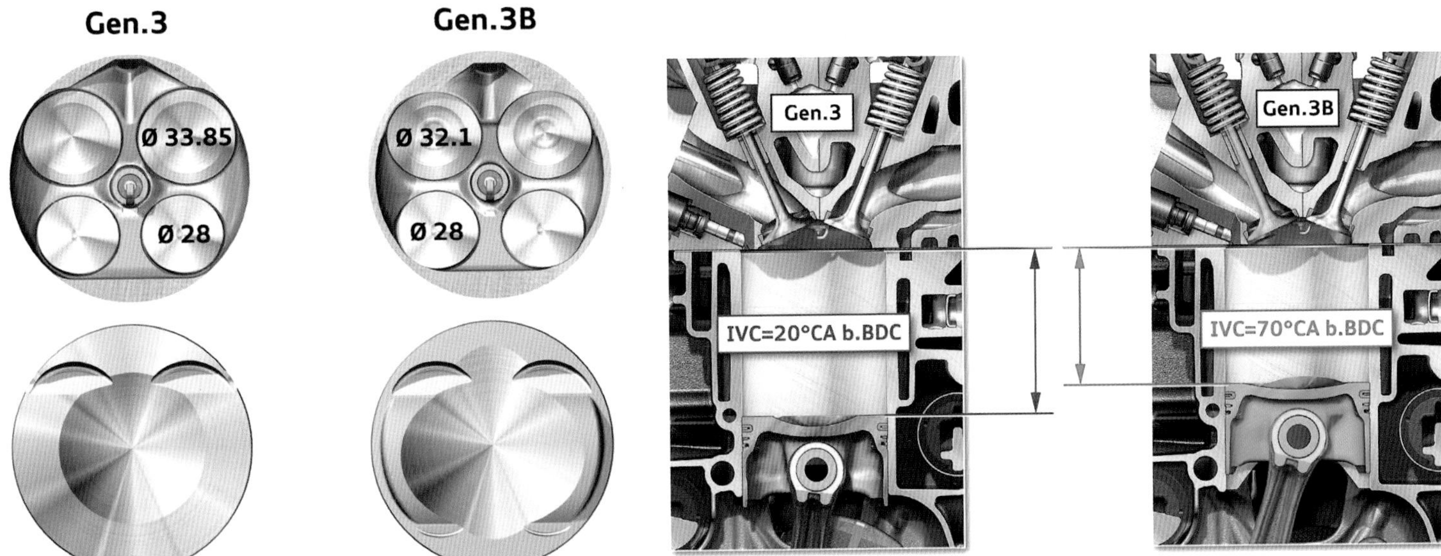

흡배기 밸브, 피스톤 헤드도 변경

Gen.3B에서는 생성된 텀블을 감쇠시키지 않기 위해 피스톤 헤드면 형상을 변경. 홈이 더 깊게 파여 있다. 배기밸브 직경은 똑같지만 흡기밸브 직경이 작아진 것은 고회전의 출력저하를 감수하면서까지 텀블을 강화하기 위한 것이다.

밸브를 빨리 닫는 밀러 사이클의 적용

기존 하사점 전 20°의 흡기밸브 닫힘 시기(1mm 양정)를 하사점 전 70°로 앞당긴 140°의 좁은 개각(開角) 흡기 캠을 사용한다. 좌우 그림을 비교해 보면 밀러 사이클의 유효 압축비가 기하학적 압축비보다 작아지는 것을 잘 알 수 있다. (그림은 엔진을 뒤쪽에서 본 모습으로, 크랭크 축은 좌회전)

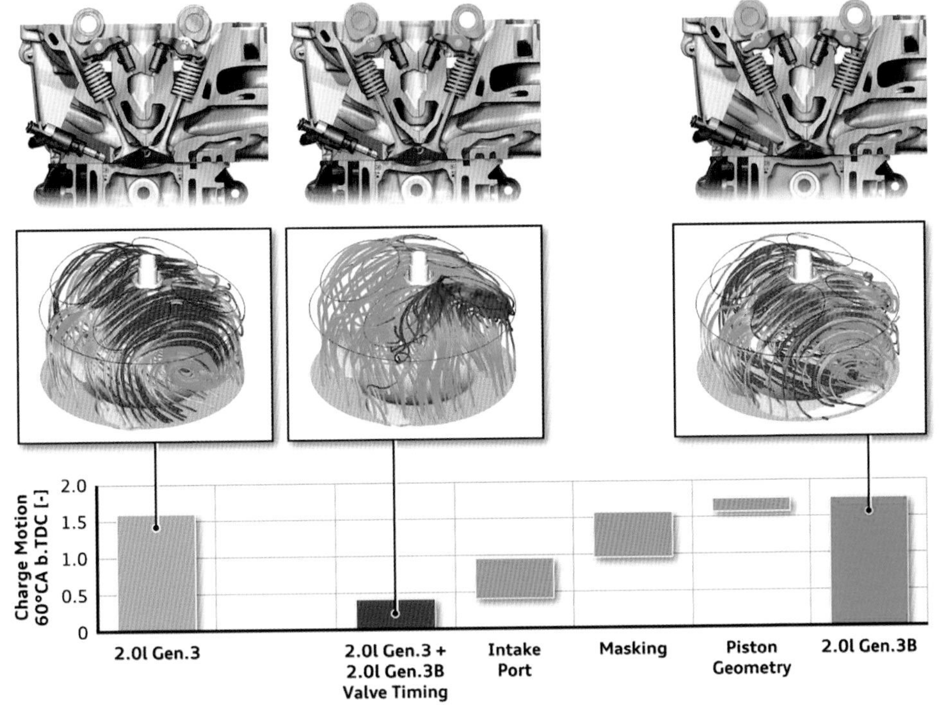

흡기밸브를 일찍 닫는 방식에서의 연소개선

좌측그림은 Gen.3의 텀블. 가운데는 Gen.3에 Gen.3B의 밸브 타이밍을 사용했을 때의 텀블. 흡기밸브를 일찍 닫는 밀러 사이클의 실린더 안 유동감소를 보완하기 위해 흡기포트와 마스크, 피스톤 헤드의 기하학적 형상을 변경해 텀블을 보강했다. 인젝터 분사압력도 200bar에서 250bar로 강화. 우측그림은 Gen.3에 버금가는 Gen.3B의 텀블을 나타낸 것이다.

워터 인젝션을 장착

2013년 파리 오토살롱에서 콘셉트 액티브 투어러에 탑재되어 등장한 것이 발표 전부터 많은 주목을 끌었던 B38 엔진, 바로 BMW의 차세대 1.5ℓ 직렬3기통 유닛이다. 1기통 당 500cc를 기본으로 하고, 모듈을 공통화함으로서 B38의 3기통 외에 4기통과 6기통을 라인업한다. 청색 배관이 물을 보내는 통로로서, 연료와 혼합해 실린더 안에 직접 분사한다.

BMW | B38+WATER INJECTION

워터 인젝션이 유리할까?

아무래도 BMW는 진지하게 워터 인젝션을 실용화하려 하는 것 같다.
BMW에서 가장 기본적인 1.5ℓ 직렬3기통 엔진인 B38형에 WI를 추가한 테스트 차량으로 그 실상을 들여다 보자.

본문 : 가와바타 유미　사진 : BMW

오해를 각오하고 말하자면, 엔진 실린더 안으로 물을 분사해 그 기화열로 실린더 안의 온도와 압력을 낮춤으로서 노킹에 대응하는 「물분사(WI:Water Injection)」라는 기술자체는 그리 새로운 발상은 아니다. 제2차 세계대전 때 항공기용 왕복피스톤 엔진에 탑재되었던 기술이기 때문이다. 당시에는 옥탄가가 높은 양질의 연료를 손에 넣기 어려웠기 때문에 냉각용으로 물과 메탄올 혼합물을 실린더 안으로 분사해 냉각시킴으로서 노킹방지(Anti-knokc)성능을 높였다.

BMW는 이 기술을 먼저 MotoGP의 세이프티 카인 M4에 탑재해 공개했다. 그리고 이번에 남 프랑스 미라마스의 테스트 코스에서 1.0ℓ 직렬3기통 터보에 WI 콘셉트를 장착한 1시리즈를 저널리스트 손에 맡겼다. 기본 엔진인 B38은 2012년 파리 오토살롱에서 충격적인 데뷔를 했지만, 지금은 미니(MINI)나 i8처럼 폭넓은 모델에 탑재되고 있다.

기본적인 B38의 압축비는 11.0에 최고출력 100kW. 테스트 카에 탑재된 엔진은 i8에 탑재될 고출력판 B38(170kW)에 근접하도록 160kW까지 높였다. 압축비는 11.0 그대로이다. 그럼 왜 압축비를 높여도 노킹이 일어나지 않는 것일까? 여기서 드디어 WI가 등

20%의 고효율화가 가능

스로틀이 최대로 열린 고부하 영역에서 WI의 효과가 현저하게 나타난다. 압축비는 고정이기 때문에 WI가 불필요한 영역에서도 효율을 높일 수 있다. WI 노즐을 각 실린더에 장착해 개별적으로 제어한다.

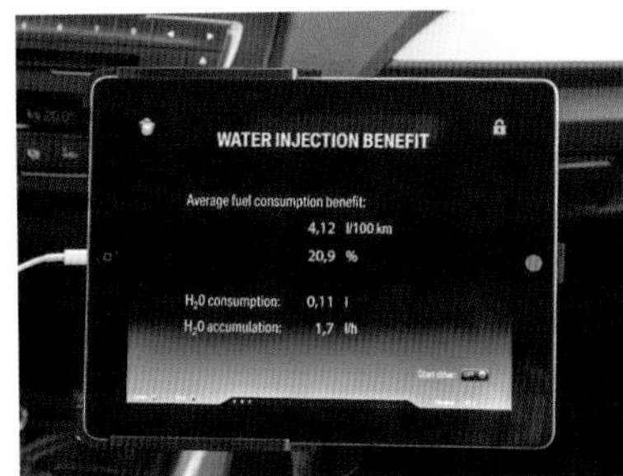

물은 어디서 조달할까

WI가 작동하는 것은 고부하 영역에 한정되기 때문에 일반적인 운전 같은 경우는 사용할 물을 에어컨에서 생기는 것을 사용할 생각이다. 테스트를 할 때의 조건에서는 충분히 조달할 수 있었다.

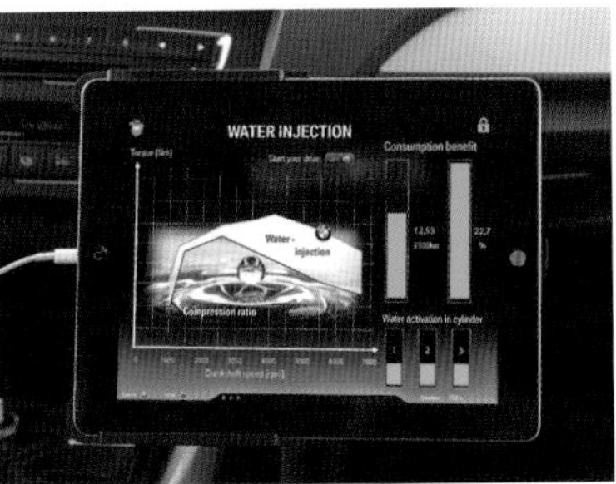

최고출력은 i8에 버금가는 160kW

1시리즈의 5도어에 WI를 장착한 강화버전 B38엔진을 탑재한 테스트 카에서는 노멀 B38의 최고출력이 110kW인데 반해 160kW까지 높아졌다. 이것은 i8에 장착된 동일형태의 엔진 최고출력인 170kW에 버금간다.

M4에 탑재되는 터보장착 3.0ℓ 직렬6기통+WI

2015년 제네바 쇼에 등장한 MotoGP 세이프티 카 M4에는 트윈스크롤 터보가 장착된 3.0ℓ 직렬6기통 엔진이 탑재되었다. WI로 실린더 내부 온도를 25도까지 냉각시킴으로서 실린더 내 압력 피크를 상사점에 더 접근시킬 수 있다.

MotoGP의 세이프티 카에 탑재해 테스트

MotoGP의 세이프티 카로서 서킷을 달리는 「M4」와 M4에 탑재되어 있는 WI장착 터보 직렬6기통 엔진 모습.

약 10%의 출력 향상이 가능

노멀 M4에서도 317kW/550Nm에 +알파의 출력을 발휘하지만 WI를 적용해 10% 정도의 출력을 더 올린다. 또한 WI의 적용으로 연비 향상과 더불어 배출가스 저감효과도 얻을 수 있다

에어컨에서 만들어진 물을 재이용

각 실린더에 WI를 장착해 물과 연료를 혼합한 것을 실린더 안에 직접분사하는 구조로서, 에어컨을 가동했을 때 생긴 물을 엔진냉각용으로 이용한다.

장한다. 물과 연료 혼합물을 WI로 직접 실린더 안에 분사해 흡기를 냉각함으로서 노크방지 성능을 높이는데 그치지 않고, 점화시기를 앞당길 수 있어서 압축비를 높일 수 있다는 것이다. BMW에 따르면 최고출력을 발휘할 수 있는 조건에서 23% 이상의 연비를 저감할 수 있고, 냉각해서 산소흡입량을 늘림으로서 출력을 10%나 높일 수 있다. 동시에 일상적으로 사용하는 저중부하 영역에서도 3~8%의 고효율화를 계획했다고 한다.

실제로 테스트 코스를 달려보았다. 풀 스로틀로 달리는 순간에 특히 WI의 효과가 높아서, WI이 없는 상태와 비교해 20% 정도나 효율이 높다. 또한 차량에 탑재된 모니터를 보면 부분적으로 가속 페달을 밟는 상태에서도 노멀엔진에 비해 효율이 높은 상태가 생긴다. 그 이유는 역시 11.0이나 되는 높은 압축비 때문이다. 물을 충전하는 것이 걱정스럽게 생각될 수도 있다. BMW에서는 에어컨을 사용할 때 생기는 물을 WI을 위해 활용한다는 생각이다. 물이 만들어지는 양은 습도나 온도에 따라 다르지만 테스트한 날이 30도를 훨씬 넘을 만큼 한 여름이었는데, 1시간당 1.7ℓ나 만들어졌다. 이 기술은 앞으로 시판차량에도 응용해 나갈 예정이다.

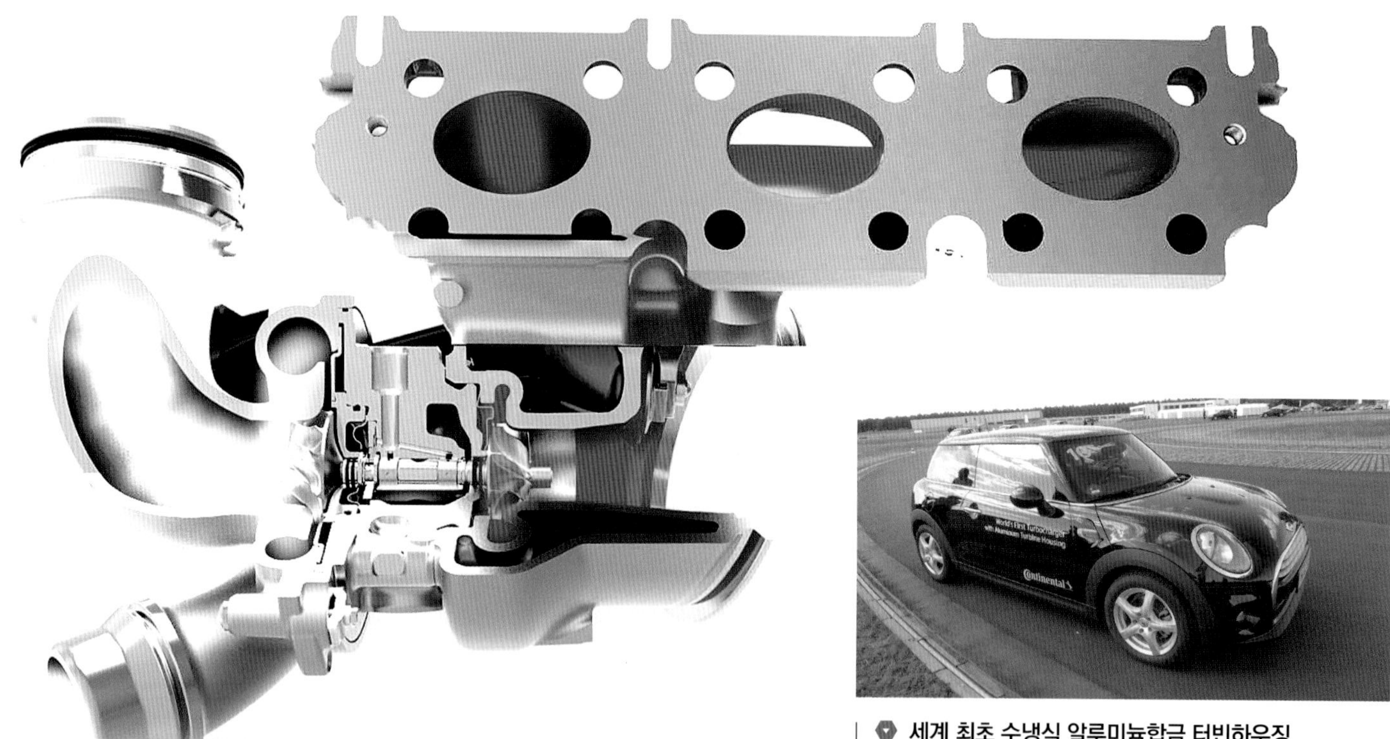

세계 최초 수냉식 알루미늄합금 터빈하우징

BMW 미니의 1.5ℓ 직렬3기통 터보엔진과 똑같은 엔진을 탑재하는 BMW 2시리즈 액티브 투어러가 이 수냉식 알루미늄합금 하우징을 사용하고 있다. 100kW/200Nm의 출력사양 엔진이 이 형식이다. 더 고출력 사양인 B38은 통상적인 주철 하우징을 사용한다.

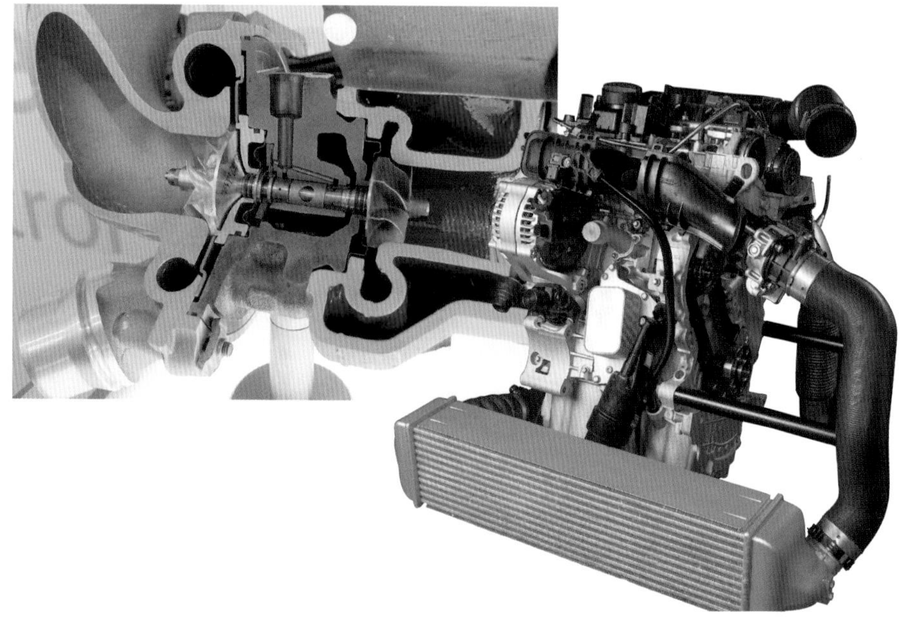

이중벽 구조 하우징

알루미늄합금 터보하우징은 이중벽 구조를 하고 있어서 사진의 파란 부분은 냉각수 재킷. 냉각수로 인해 바깥면은 120℃ 이하, 내부도 350℃ 이하로 유지된다. 이로서 촉매 컨버터의 열부하가 크게 줄어든다고 한다. 웨이스트 게이트는 전동식.

BMW B38형 1.5ℓ 3기통 엔진

BMW의 차기 주력 엔진이 될 모듈러 콘셉트의 3기통 엔진. 가로배치와 세로배치가 있으며, 가로배치는 BMW 2시리즈의 FF계열과 미니에 탑재되고 있다. 세로배치 B38형은 마이너 체인지된 3시리즈에도 탑재된다.

TOPICS 03

CONTINENTAL+BMW | B38+TURBOCHARGER

터보차저는 더 가볍고 지연(Lag)을 없애는 방향으로 진화

터보차저도 세세한 기술적 진화를 거듭하고 있다.
여기서는 터보 메이커로서는 역사가 짧은 콘티넨탈의 신기술을 살펴보자.

본문&사진 : 스즈키 신이치 그림 : BMW/콘티넨탈

다운사이징 과급엔진의 증가로 터보차저 수요가 증가 추세에 있다. 전에는 보르그워너, 하니웰, 미쓰비시중공업, IHI 4회사가 시장을 과점했었지만, 이 시장에 보쉬·말레 터보시스템이나 콘티넨탈이 새로 뛰어들었다. 2011년에 진입한 콘티넨탈은 포드의 1.0ℓ 에코부스트 등에 사용된 실적이 있다.

이번에 콘티넨탈에서 발표한 것은 BMW/MINI의 가로배치 1.5ℓ 직렬3기통 터보(B38형)에 처음 사용된 세계최초의 수냉식 알루미늄합금 터보하우징을 갖춘 터보차저이다.

가솔린엔진의 배기온도는 최고 1000℃를 넘는다. 따라서 터빈 쪽 하우징은 통상적으로 주철(Ni-Cr합유율이 높은 강철)을 사용하지만, 콘티넨탈은 배기매니폴드와 똑같은 수로를 사용하는 이중벽 하우징의 냉각수 재킷으로 하우징 외부표면 온도를 120℃ 이하, 내부온도를 350℃ 이하로 유지하는데 성공. 이로 인해 터빈하우징을 알루미늄 합금화하는데 성공했다. 콘티넨탈은 터보차저와 실린더헤드와의 통합에 관해서 시뮬레이션 단계부터 BMW그룹과 밀접하게 협력해 개발을 진행했다고 한다.

콘티넨탈 개발자는 이 수냉식 알루미늄합금 터빈하우징의 장점으로 「하나는 인접한 부품을 열로부터 지키는 것이 아주 용이하다는 점, 또 하나는 배출가스의 흐름이 냉각되기 때문에 촉매 컨버터의 열부하가 경감된다는 점」이라고 말한다.

물론 주철에서 알루미늄 소재로 바뀌면서 경량화에도 기여할 수 있다. 미니의 경우는 1.2kg이 가벼워졌다고 한다. 터보에 사용되는 고내열성(高耐熱性) 소재(니켈합금 등)는 비싸기 때문에 수냉 시스템에 추가비용이 들기는 하지만 알루미늄합금을 사용하는 장점이 크다.

터보엔진이 증가하는 가운데 터보차저 생산회사들은 더 가볍고, 더 싸고, 더 효율적인 터보차저를 개발하는데 매진하고 있다.

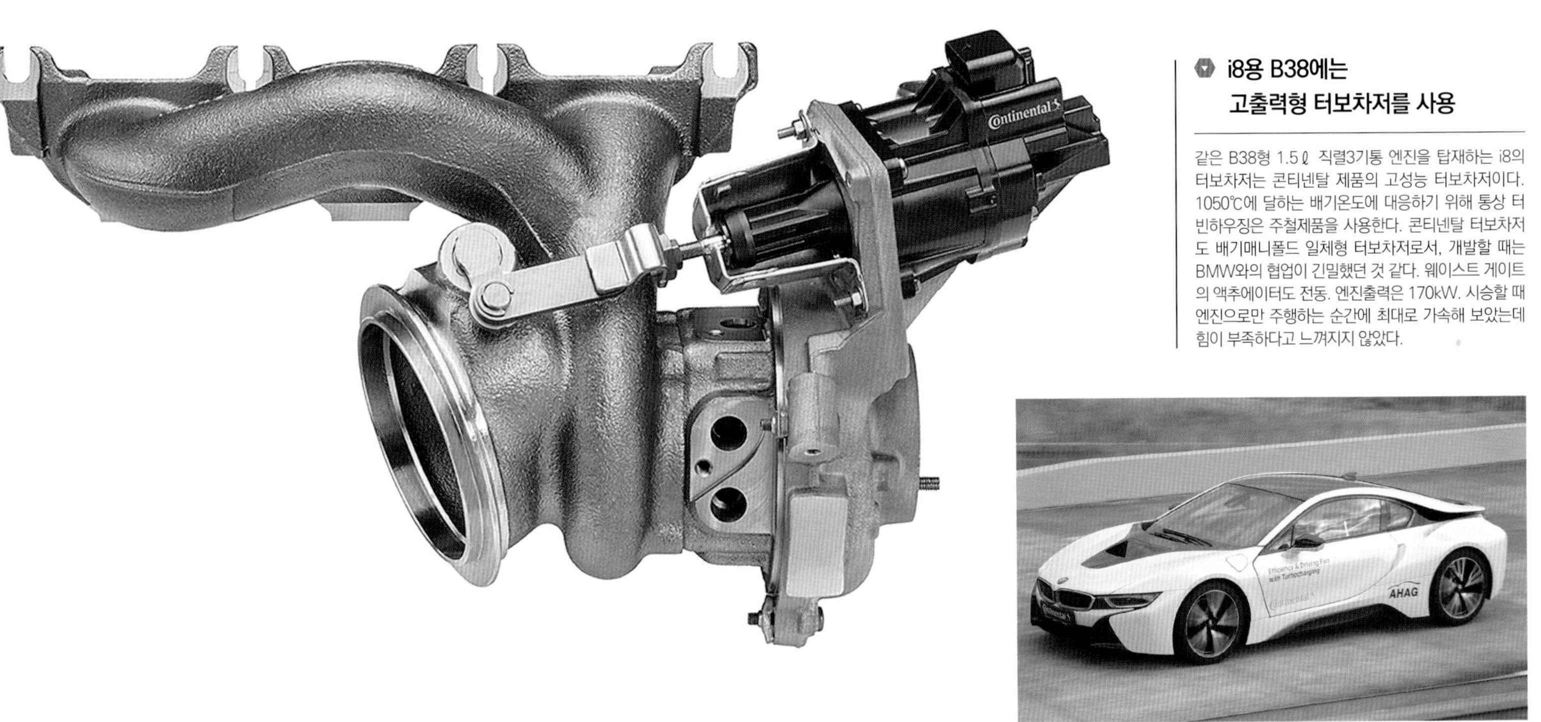

i8용 B38에는 고출력형 터보차저를 사용

같은 B38형 1.5ℓ 직렬3기통 엔진을 탑재하는 i8의 터보차저는 콘티넨탈 제품의 고성능 터보차저이다. 1050℃에 달하는 배기온도에 대응하기 위해 통상 터빈하우징은 주철제품을 사용한다. 콘티넨탈 터보차저도 배기매니폴드 일체형 터보차저로서, 개발할 때는 BMW와의 협업이 긴밀했던 것 같다. 웨이스트 게이트의 액추에이터도 전동. 엔진출력은 170kW. 시승할 때 엔진으로만 주행하는 순간에 최대로 가속해 보았는데 힘이 부족하다고 느껴지지 않았다.

미쓰비시중공업 제품의 혼다 S660용 초소형 터보차저

터보엔진 증가에 대응하기 위해 기존의 4대 메이커도 기술개발에 여념이 없다. 이 터보차저는 경자동차용으로 만든 것이 아니라 1000cc 정도까지의 사용을 예상한 시스템이다. 시장의 요구는 「소형」「저가」「고응답성」으로서, 터빈 지름을 작게 하면 응답성은 좋아지지만 과급압을 올릴 수 없다. 그래서 미쓰비시 중공업은 소형화한 터빈형상에 해석기술을 구사해 최적화함으로서 성능을 향상시켰다고 한다.

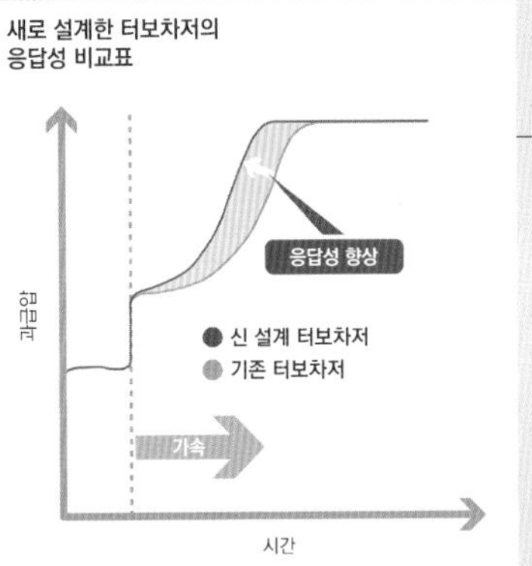

미쓰비시 중공업의 초소형 터보차저. 혼다 S660에 탑재된 터보차저로서, 미쓰비시의 기존형식과 비교해 블레이드 개수를 줄였으면서도(11개에서 9개로) 엔진회전 당 과급공기량을 유지. 터빈지름은 25mm에서 22mm로 작아졌고, 중량은 12% 경량화했다. 혼다 N시리즈도 똑같은 S07형식 엔진을 탑재하지만 여기에는 IHI제품의 터보차저를 사용한다.

TOPICS 04

SCHAEFFLER & FORD ROLLING CYLINDER DEACTIVATION

쉬는 실린더를 매회 바꾸는 새로운 기통휴지 방식

3기통 엔진에서 1기통을 쉬게 하면(休止), 불균등간격 점화의 2기통 엔진이 된다.
그래서는 저회전 영역의 진동이 심해져 현실적이지 않기 때문에 쉬면서도 등간격 점화를 유지하는 구조가 개발되었다.

본문 : 세라 고타 그림 : 셰플러 / 포드

쉬는 실린더를 바꿔 등간격 점화를 실현

3기통의 경우 기통휴지(氣筒休止)하는 실린더가 고정이 되면 불균등간격(不均等間隔) 점화가 되면서 진동이 커진다. 기통휴지하는 실린더를 전환함으로서 등간격 점화가 되도록 한다. 크랭크축 4회전에 3회 점화를 하면 500cc·1.5기통으로 작동하는 것과 똑같다.

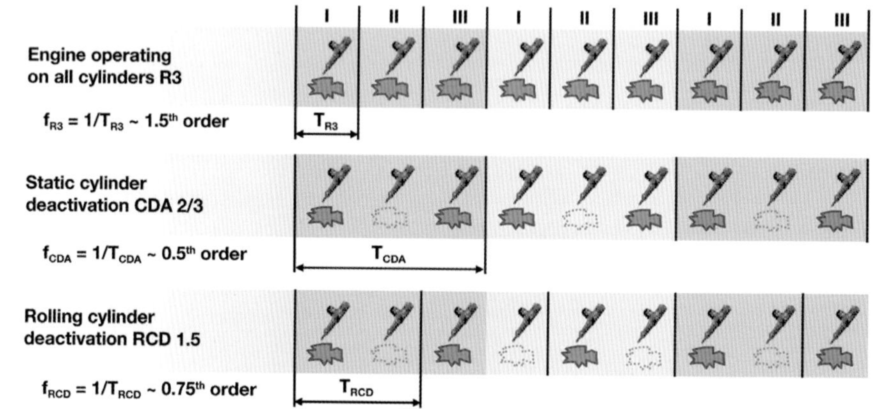

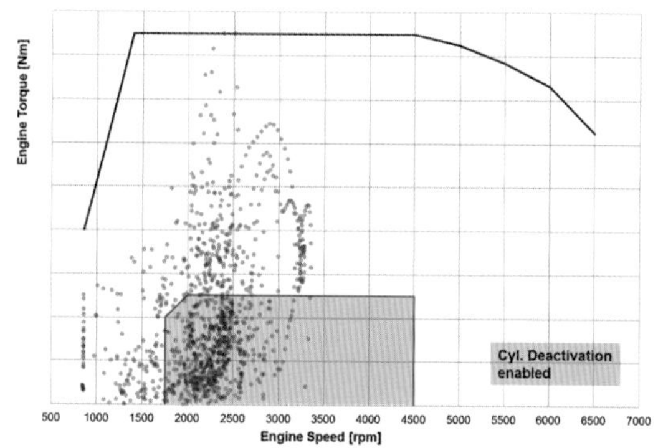

소배기량에서도 기통휴지 효과가 있을까

1.0ℓ·3기통 직접분사 터보엔진에서의 기통휴지 효과를 WLTP 드라이브 사이클에 맞춰서 시뮬레이션한 그림. 적색실선 안쪽이 기통휴지 효과를 얻을 수 있는 영역. 상당히 넓은 영역을 커버하고 있다.

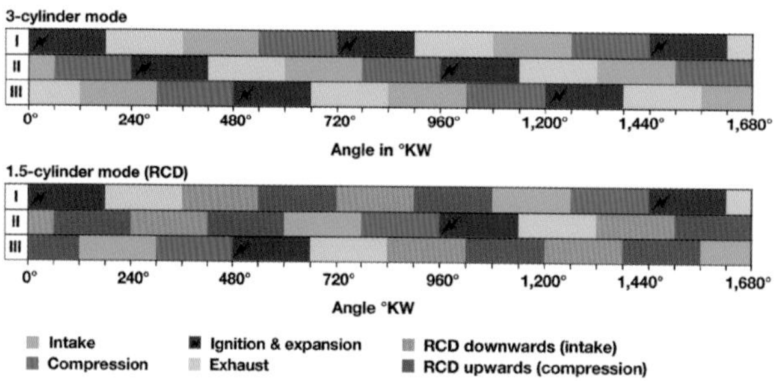

3기통 모드와 1.5 기통 모드의 비교

3기통의 경우 각 실린더는 720도 마다 1회 점화하지만, 1.5기통 모드의 경우는 1440도 간격으로 점화한다. 배기행정에서 가스를 배출한 다음은 진공상태 그대로 더미(dummy)의 흡기~압축행정을 반복하다가 통상적인 흡기로 돌아간다.

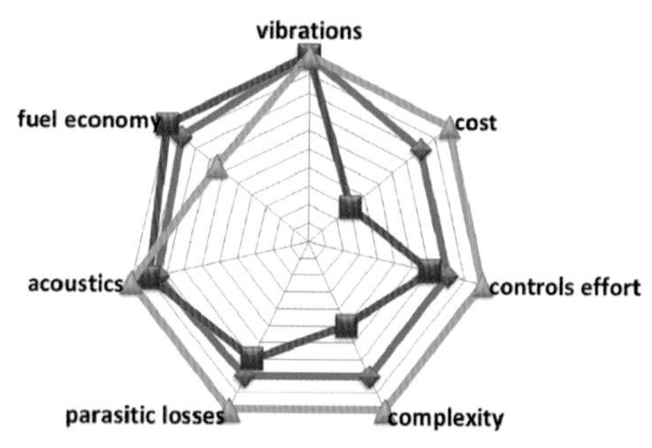

전체기통 운전과 기통휴지의 장점/단점을 비교

기통휴지를 해도 듀얼 매스플라이 휠(DMF)이나 펜듈럼(Pendulum) 업소버를 통해 진동문제를 해소할 수 있다. 전체기통에 기통휴지 기구가 필요한 롤링 기통휴지는 비용면에서 불리한 점이 있지만 연비향상 효과는 가장 높다.

기통휴지 666cc 대 롤링휴지 500cc

좌측이 기통휴지하는 실린더를 고정했을 경우의 연비향상 효과를 나타낸 그래프. 우측은 기통휴지하는 실린더의 순서를 바꾸는 「롤링」기통휴지의 경우. 후자 쪽이 연비향상 효과가 높다는 것을 나타내고 있다.

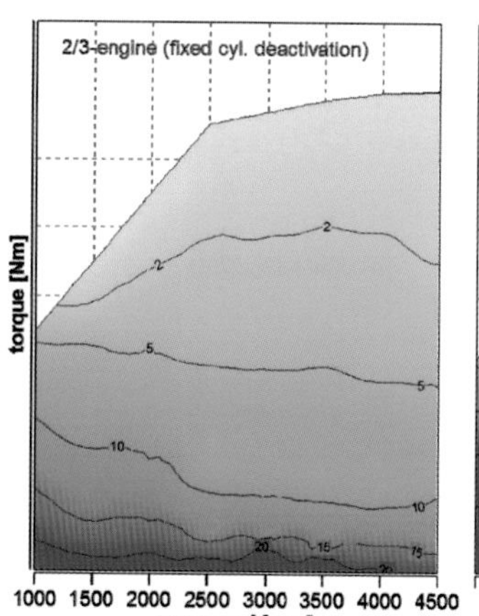

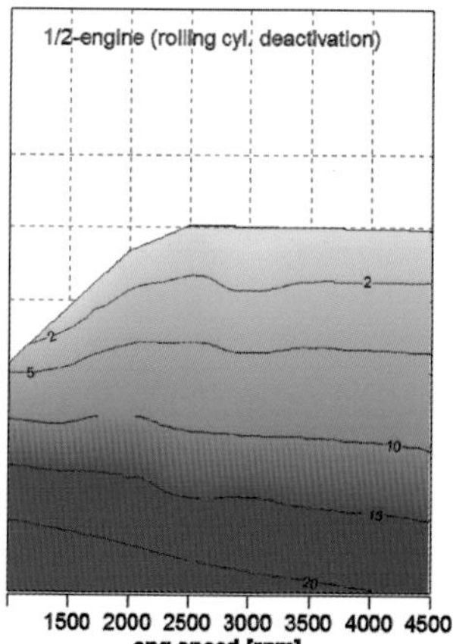

포드 1.0ℓ·3기통 직접분사 터보로 테스트

포드와 셰플러는 공동으로 1.0ℓ·3기통 직접분사 터보엔진을 기반으로 롤링 기통휴지하면서 시뮬레이션과 실제로 주행 테스트를 했다. 저부하일수록 효과가 크기 때문에 몬데오보다 피에스트와 조합하는 편이 연비향상 효과가 더 크다.

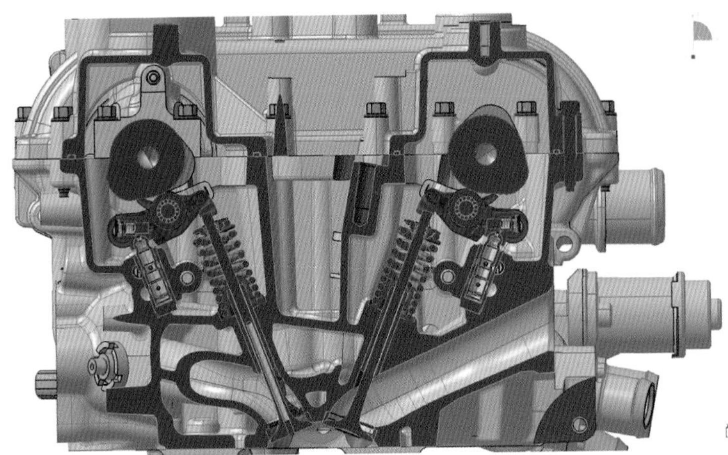

SRFF로 기통휴지를 완성

실험에서는 포드의 1.0ℓ·3기통 직접분사 터보에 스위처블 롤러 핑거 팔로워(SRFF)를 장착해 기통휴지를 완성. 핑거 팔로어 내부에 유압제어 장치를 설치해 로스트 모션(Lost Motion)을 만들어 냄으로서 「양정제로」 상태로 한다.

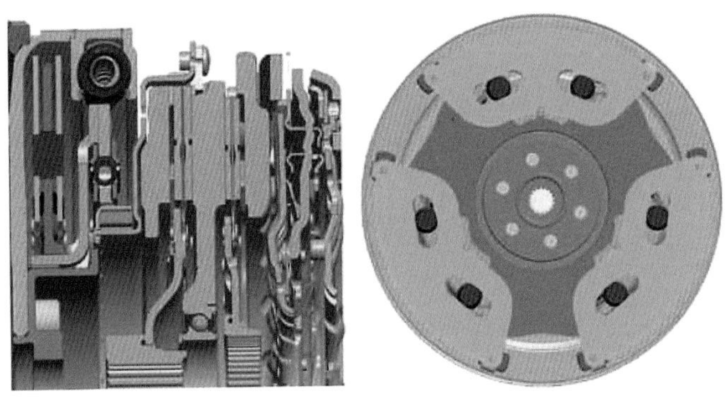

0.75차 진동을 해소하는 DMF

롤링 기통휴지 엔진 특유의 0.75차(次) 진동을 해소하는데 효과가 높은 것이 펜듈럼 업소버와 듀얼 매스플라이 휠(DMF)을 같이 사용하는 것이다. 이 시스템을 사용함으로서 기통휴지 영역을 더 낮은 회전속도영역까지 확장하는 것이 가능하다.

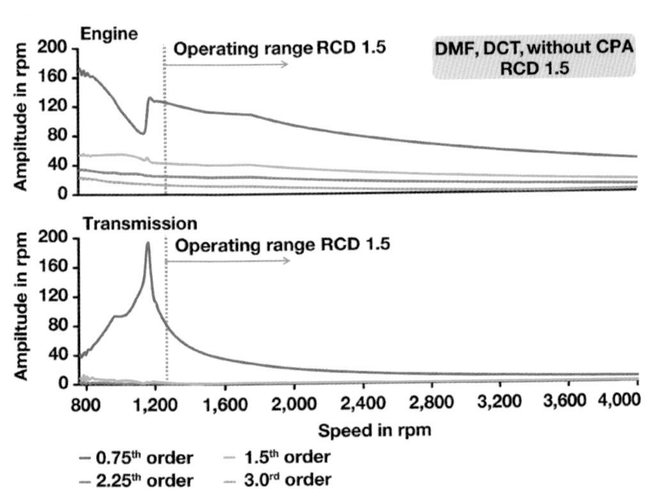

롤링 기통휴지는 0.75차 진동이 과제

기통휴지하는 실린더를 고정했을 경우는 아주 낮은 회전속도 영역(1000rpm 이하)에서 발생하는 0.5차의 진동이 문제가 되지만, 사이클 별로 기통휴지하는 실린더를 바꾸는 롤링 기통휴지의 경우는 0.75차 비틀림 진동이 크게 발생한다.

기통휴지에 대한 개념은 연비가 높은 영역을 사용하는 것이다. 저부하가 될수록 연비는 나빠지는 것이 일반적인데, 그런 상황에서 기통휴지를 통해 배기량을 줄이면 작은 배기량의 엔진에서는 부하가 높아져 연비를 양호하게 사용할 수 있다. 일반적으로 배기량이 큰 엔진일수록 기통휴지에 따른 이득이 커지지만 작은 배기량은 어떨까.

그것을 검증한 것이 포드와 셰플러이다. 포드는 피에스타 등에 1.0ℓ·3기통 직접분사 터보를 탑재하고 있는데, 공격적이라 할 만큼 크기를 줄인 이 엔진에 기통휴지를 도입해도 연비향상 효과를 얻을 수 있을까. 시뮬레이션과 실제주행 테스트로 검증했다.

3기통 가운데 어느 정해진 1기통을 「고정휴지(固定休止)」하면 실질적인 배기량은 666cc가 되는데, 이때 불균등간격 점화가 되면서 저회전속도 영역에서의 진동문제가 발생한다. 이 진동문제를 해소하는 것이 기통휴지하는 실린더를 전환하면서 연소시키는 「롤링 기통휴지(Rolling Cylinder Deactivation)」이다. 전체기통을 가동할 때는 크랭크축 4회전(1440도)에서 1, 2, 3번 실린더가 2회씩 점화하지만, RCD에서는 1, 2, 3번이 각각 1회씩 가동하지 않는다. 때문에 실질적인 배기량은 500cc가 되기 때문에 1.5기통분이다.

실질적인 배기량이 500cc로 떨어져도 1기통 고정휴지 666cc에 비해 연비향상 효과가 있다는 것을 확인했다. 나아가 진동흡수 효과가 있는 듀얼 매스플라이 휠이나 펜듈럼 업소버를 사용함으로서 기통휴지 영역을 저회전속도 쪽으로 넓힐 수 있다고 한다.

기통휴지를 실현하는 장치는 유압을 통한 가변밸브 기구=유니에어(셰플러의 상품명)에서도 가능하지만, 유압에 따라 록 장치를 해제함으로서 「양정제로(No Lift)」상태를 만드는 스위처블 롤러 핑거 팔로어(Switchable Roller Finger Follow)를 제안하고 있다.

2.5TFSI + 전동 수퍼차저

아우디가 작년 5월에 선보인 TT 클럽 스포츠 콘셉트는 2.5ℓ 직렬5기통 TFSI 엔진에 전동SC를 추가한 것이다. 상단 그림 가운데 우측 위로 보이는 것이 전동SC이다. 우측 아래쪽에서 들어간 흡기는 배기압력이 높아질 때까지(즉 터보 랙) 전동SC로 유도되어 과급된 다음 흡기 챔버로 향한다. 배기압력이 높아지면 전동SC를 바이패스해 통상적인 과급엔진과 똑같이 터보차저로 과급하고, 고온이 된 흡기는 인터쿨러로 냉각한다. 최대 200Nm까지 전동SC로 과급할 수 있다고 한다.

TOPICS 05

VALEO & AUDI | ELECTROC SUPERCHARGER

양산화 직전, 다양한 사용법을 자랑하는 전동SC

마침내 전동 수퍼차저가 시판모델에 적용된다.
가장 먼저 선보이는 메이커는 아우디. 먼저 강력한 출력성능을 지향하는 엔진에 탑재할 예정이다.

본문&사진 : MFi 그림 : 아우디 / 발레오

최근 엔진 관련 장치들 가운데 가장 주목을 끄는 것은 전동수퍼차저(전동SC)이다. 본지에서도 몇 번 다룬바 있다. 전동SC 개발에서 경쟁자들 보다 한 발 앞서고 있는 발레오(VALEO). 그 발레오의 전동SC를 적극적으로 사용하는 곳이 아우디이다.

아우디는 RS5TDI 콘셉트에서 3.0ℓ·V6 디젤+트윈터보에 48V의 전동SC를 추가한 트리플 과급을 통해 320kW/800Nm의 출력을 내고 있다. 디젤에 전동SC를 사용하는 경우는 높은 출력(터보 랙의 해소) 외에도 NOx 저감 효과가 있다. 대량EGR 도입에 도움이 되는 것이다.

아우디는 전동SC를 사용한 가솔린엔진도 개발하고 있다. 지난 5월에 발표한 TT 클럽 스포츠 콘셉트에 탑재된 엔진은 2.5ℓ 직렬5기통 TFSI이다. 통상적인 터보차저 외에 48V의 전동SC(발레오 제품)를 추가함으로서 무려 441kW/650Nm이라는 파워&토크를 발휘한다. 시판용 TT에 탑재되는 2.5TFSI(EA855형)의 출력사양이 250kW/450Nm이기 때문에 얼마나 뛰어난 성능인지 알 수 있을 것이다. 리터 당 출력이 176kW/260Nm에 달하는 괴물급이다. 터보차저로 높은 과급압을 생성하고, 터보 랙은 전동SC로 해소한다. 48V 아키텍처를 사용함으로서 전동SC의 출력은 5.5kW 정도가 된다.

수냉전동 수퍼차저

릴럭턴스(Reluctance) 모터를 사용해 250밀리초(ms)의 고속 응답속도를 발휘. 48V 시스템에 대응하는 이 전동SC의 출력은 5.5kW로, 더 큰 엔진에도 과급할 수 있다고 한다. 수냉으로 하면 전동SC를 작동시키는 시간도 더 길게 할 수 있지 않느냐는 질문에 「어떤 형식의 자동차로 만들 건지에 따라 다를 수 있겠지만, 전동SC는 과도적으로 사용하는 장치이므로 사용하는 시간은 바뀌지 않을 것」이라고 한다. 또한 「48V 전동SC와 48V 스타터 발전기 조합이 최선」이라고도 한다.

미셰 포르쉐

발레오의 파워트레인 비즈니스 그룹의 R&D 책임자

공냉식 전동수퍼차저

이 사진은 발레오의 전동SC(공랭식). 12V나 48V 모두 사용가능. 1.0~2.4ℓ 무과급에 단독으로 사용하거나, 1.0~4.0ℓ 디젤/가솔린에서 터보차저와 같이 사용해 터보 랙 해소와 성능 향상을 도모할 수 있다.

1.6ℓ 무과급엔진+전동SC 사례

다치아 더스터(1.6ℓ 무과급엔진)에 12V의 전동SC를 장착한 실험차량. 전동SC는 최대 70000rpm에 과급압은 1.4bar이다. 테스트에서는 25%의 속도감소를 통해 약 8%의 연비개선을 달성할 수 있었다고 한다.

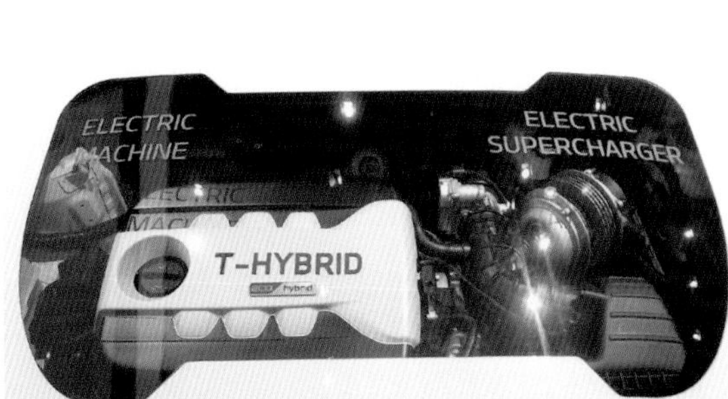

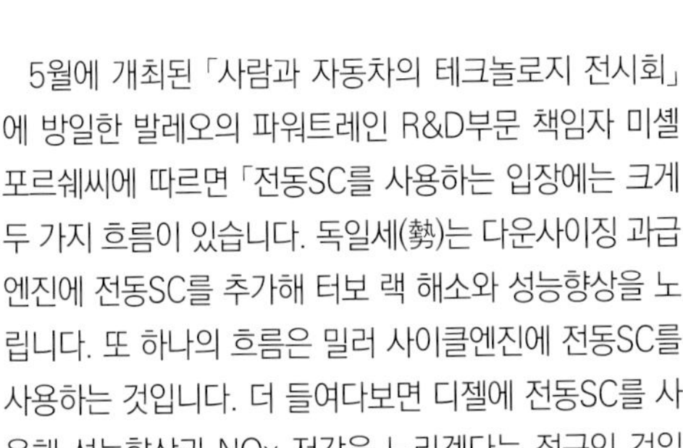

현대자동차는 디젤 하이브리드에 사용

아우디 다음으로 전동SC를 시판차량에 사용할 것 같은 회사가 현대. 2014년 파리 살롱에서 발표한 기아 옵티마 T-HYBIRD는 1.7ℓ 직렬4기통 디젤터보에 전동SC와 소형모터를 조합한 하이브리드 콘셉트이다.

5월에 개최된 「사람과 자동차의 테크놀로지 전시회」에 방일한 발레오의 파워트레인 R&D부문 책임자 미셸 포르쉐씨에 따르면 「전동SC를 사용하는 입장에는 크게 두 가지 흐름이 있습니다. 독일세(勢)는 다운사이징 과급엔진에 전동SC를 추가해 터보 랙 해소와 성능향상을 노립니다. 또 하나의 흐름은 밀러 사이클엔진에 전동SC를 사용하는 것입니다. 더 들여다보면 디젤에 전동SC를 사용해 성능향상과 NOx 저감을 노리겠다는 접근인 것입니다」라고 한다.

이번 아우디의 2.5 TFSI+전동SC는 명백하게 출력성능을 겨냥한 것이다.

포르쉐씨에 따르면 전동SC는 올해 말에는 양산이 시작되어 내년 초에는 장착 모델이 등장한다는 것이다. 그리고 그 메이커는 아우디라고 분명히 밝혔다.

그럼 이 25 TFSI+전동SC가 최초의 모델이 되는 것일까?

「우선은 디젤입니다. 400ps급 디젤에서 RS5 TDI콘셉트의 엔진이 기술적으로 가장 잘 맞습니다」라고 한다.

독일 메이커들은 먼저 고성능 디젤모델에 전동SC를 사용하고, 이어서 한국의 현대자동차 정도가 하이브리드와 조합해 사용할 것 같다.

전동SC는 발레오뿐만 아니라 미쓰비시 중공업이나 다른 서플라이어도 개발 중이다. 「3~4곳이 서로 경쟁하는 것이 사업적으로도 바람직합니다. 그렇지 않으면 시장측면에서는 틈새시장에 머무르다 끝나버리거든요. 전동SC에서도 경쟁자가 나타나는 것을 환영합니다. "빨리 참여하길"하는 마음이죠」라고 말하면서 웃는 포르쉐씨.

전동SC는 앞으로 많은 모델들이 장착하고 등장할 것 같다.

TOPICS 06

8NR-FTE

골프를 격추하라

도요타의 다운사이징 가솔린 터보엔진 제2탄은 1.2ℓ 배기량으로 등장.
장착 등급이나 사양에서도 라이벌로서 폭스바겐 EA211을 겨냥하고 있다는 것을 확실하게 알 수 있다.
과연 골프 킬러가 될 수 있을까. 여러가지 다양한 특징들을 기능과 함께 살펴보자.

본문 : MFi 그림 : 도요타 / MFi

TOYOTA 8NR-FTE
Technical Specifications

배기량	1196cc
내경×행정	71.5mm×74.5mm
압축비	10.0
최고출력	85kW/5200~5600rpm
최대토크	185Nm/1500~4000rpm
과급방식	터보차저
캠배치	DOHC
블록재질	알루미늄합금
흡기밸브/배기밸브 수	2/2
밸브구동방식	로커암
연료분사방식	DI
VVT/VVL	In/×

THS에서는 엔진을 고팽창비 사이클(도요타가 말하는 아트킨슨 사이클)로 만들어 거의 40%의 열효율을 달성해 온 도요타가 드디어 과급엔진에 심혈을 기울여 등장시킨 것이 지난 2014년 7월이었다. 8AR-FTS로 명명한 엔진은 2.0ℓ의 배기량으로 중형급 SUV에 탑재되었다. 솔직히 「역시 SUV니까 탑재한 건가」하고 약간 낙담도 했지만 주인공은 나중에 등장하는 법이라고 했던가. 그 주인공이 여기에 소개하는 8NR-FTE이다. C세그먼트 차량에 탑재하려는 4기통 1.2ℓ 터보엔진으로서, 전 세계 엔진이 격전을 벌이고 있는 클래스에 투입해 왔다.

NR형 엔진 패밀리는 2009년에 등장. 2015년에는 「아트킨슨 사이클」의 압축비 13.5을 자랑하는 1NR-FKE를 시장에 투입해 오긴 했지만, 모두 전방흡기/후방배기라는 메커니컬 레이아웃을 하고 있다. 8NR-FTE는 배기량이 1.2ℓ이면서 기존의 1.2ℓ 엔진(3NR-FE)과 달리 1.4ℓ의 1NR-FE를 기반으로 내경과 행정을 축소해 만들기는 했지만, 흡배기방향 전환을 포함해 거의 새로운 구조의 엔진이다.

연료공급은 직접분사를 선택. 4기통 엔진으로는 1996년의 3S형 이후 처음이다. 당시의 D-4 시스템은 미쓰비시 GDI와 마찬가지로 카본 퇴적에 따른 문제로 고생한 경험이 있어서, 도요타는 그것을 불식시키기 위해 직접분사를 이용할 때는 완고하게 PFI를 같이 사용하는 D-4S 시스템을 선택해 왔다. 직접분사 인젝터만 이용하는 8NR-FTE에는 물론이고 그런 고장을 불식시킬만한 연소기술도 집어넣었다. 예를 들면 메인 엔진은 2.0ℓ의 8AR-FTS에 비해 내경이 작기 때문에 연료를 분사했을 때 벽면에 달라붙기 쉽고, 그러면 조기점화나 엔진오일의 연료희석 등과 같은 고장을 초래한다. 그래서 인젝터에서의 분무형태를 연구하는 동시에 포트설계나 피스톤 헤드면 형상 등을 통해 실린더 내 유동을 급격하게 하는 식으로 카본퇴적을 억제했다.

배기간섭 저감에는 독특한 방법을 사용한다. 배기 캠의 작용각도를 축소시켜 밸브가 열리는 시간을 짧게 함으로서 배기압력을 줄였다. 그렇게 함으로서 오버랩 기간 동안 배기맥동 타이밍을 흡기 쪽에서 어긋나게 하고 있다. 마쯔다가 배기관 길이를 개선해 배기간섭을 억제한 것과 마찬가지로, 밸브의 개폐시간에 따라 똑같은 효과를 겨냥하였다. 전부하(全負荷) 성능에 대해서는 배기계통의 적극적인 냉각으로 노킹을 억제해 지각(遲角)시키지 않는 운전으로 세팅. 최고속도 195km/h에 대해 이론공연비 연소영역을 190km/h까지 설정함으로서 거의 전 영역을 이론공연비 운전으로 하고 있다.

기계저항 손실에도 만전을 기했다. 실린더 옵셋이나 밸브 주변을 경량화하는 동시에 부하를 줄였으며, 타이밍 체인 및 가이드의 저항을 낮추었고, 피스톤 스커트를 개질(改質)처리하는 등, 기존의 「아트킨슨 사이클」 엔진에서 쌓아온 기술을 진화시켜 다양한 개선효과를 반영하고 있다. 이런 점들을 포함한 메인 엔진의 최소연비는 236g/kWh. 열효율은 36.2%라고 언급하고 있다.

빠른 연소 [soon combustion]

노킹 회피나 연소효율을 생각하면 연소는 가능한 빨리 끝내는 것이 좋다.
양질의 혼합기 생성이나 실린더 내 유동의 최적화 등은 어떻게 이루어지고 있을까.

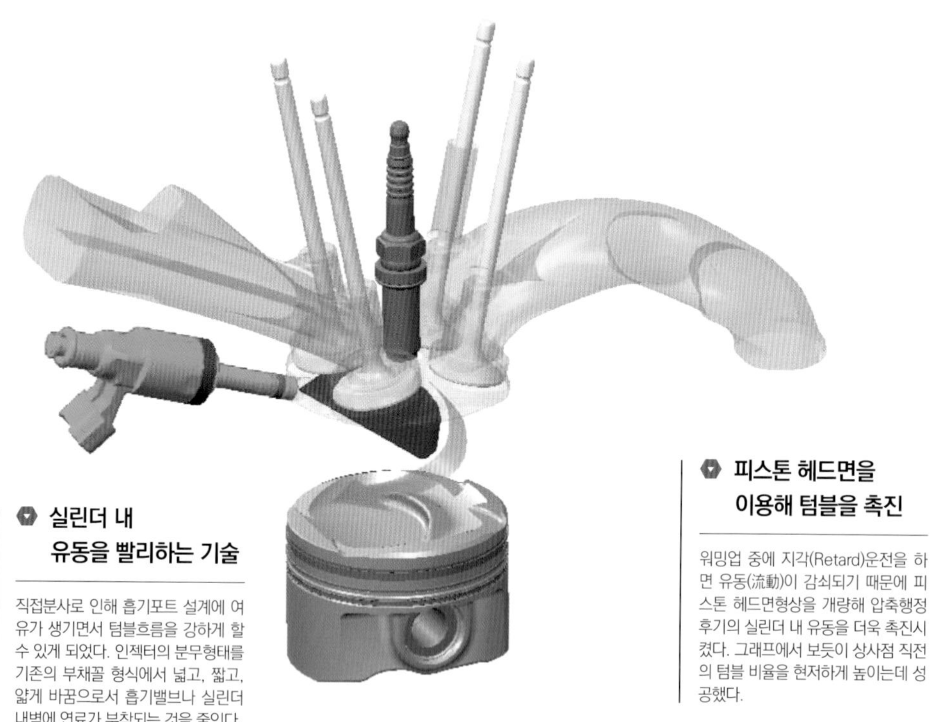

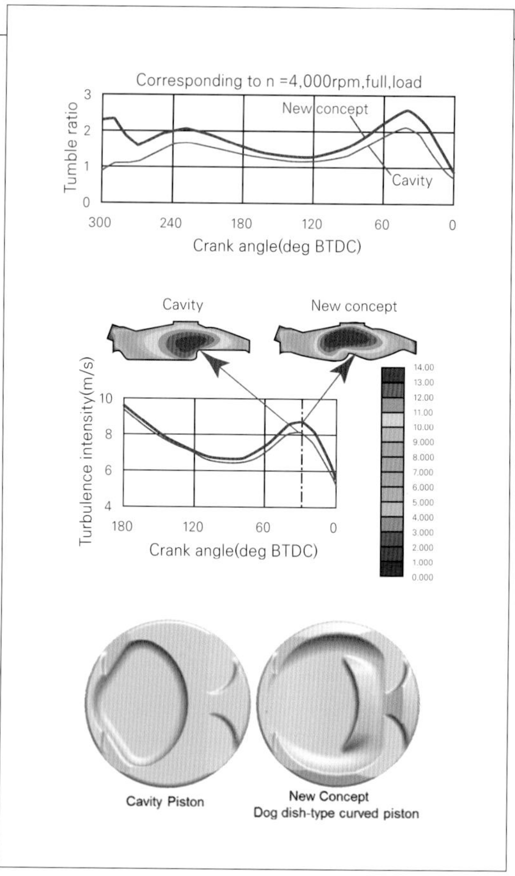

실린더 내 유동을 빨리하는 기술

직접분사로 인해 흡기포트 설계에 여유가 생기면서 텀블흐름을 강하게 할 수 있게 되었다. 인젝터의 분무형태를 기존의 부채꼴 형식에서 넓고, 짧고, 얇게 바꿈으로서 흡기밸브나 실린더 내벽에 연료가 부착되는 것을 줄인다.

피스톤 헤드면을 이용해 텀블을 촉진

워밍업 중에 지각(Retard)운전을 하면 유동(流動)이 감쇠되기 때문에 피스톤 헤드면형상을 개량해 압축행정 후기의 실린더 내 유동을 더욱 촉진시켰다. 그래프에서 보듯이 상사점 직전의 텀블 비율을 현저하게 높이는데 성공했다.

노킹 개선 [improve the knocking]

과급 유무와 상관없이 노킹은 엔진을 손상시킨다.
노크 발생을 피하기 위한 다양한 방법들에 대해 흡배기 양쪽에서 살펴보자.

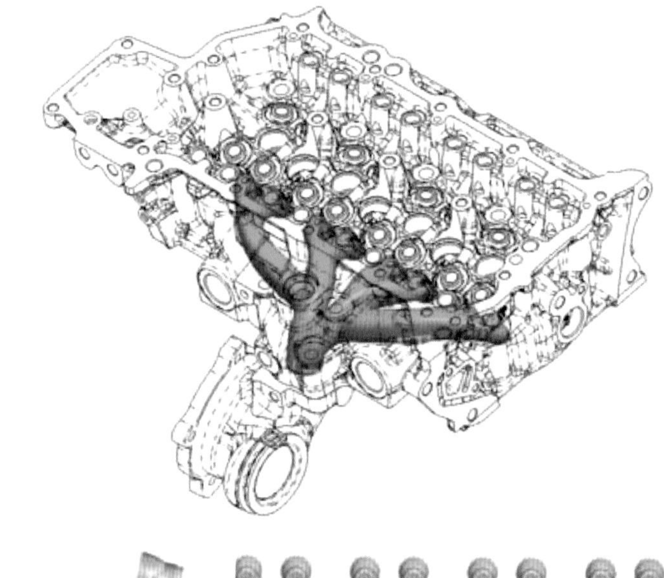

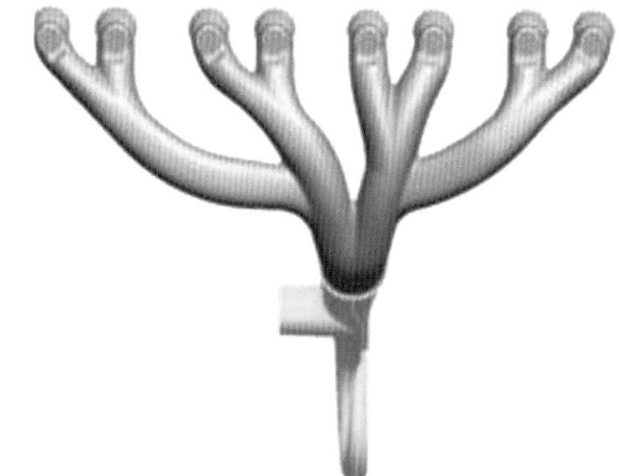

최단거리로 장착하는 인터쿨러

수냉식을 선택. 경쟁자인 폭스바겐 EA211은 수지 제품의 흡기매니폴드에 내장했지만, 도요타 8NR-FTE에서는 밖으로 많이 돌출된 형태로 장착되어 있다. 응답성을 중시해 최단거리로 흡기계통을 연결한 것이 설계의 핵심이다.

헤드에 내장한 배기매니폴드 계통

배기계통을 헤드에 내장해 열을 세밀하게 관리한다. 배기에너지를 적극적으로 이용할 수도 있고, 배기 열을 냉각수 쪽으로 보내 워밍업에 이용하는 것도 가능하다. 물론 배기계통을 소형화하는데도 크게 기여한다.

터보를 제대로 활용 [effective turbocharging]

다양한 이유로 주 엔진의 과급기는 싱글스크롤 타입을 선택.
최소 기계구성으로 최대효과를 얻을 수 있도록 많은 아이디어가 반영되었다.

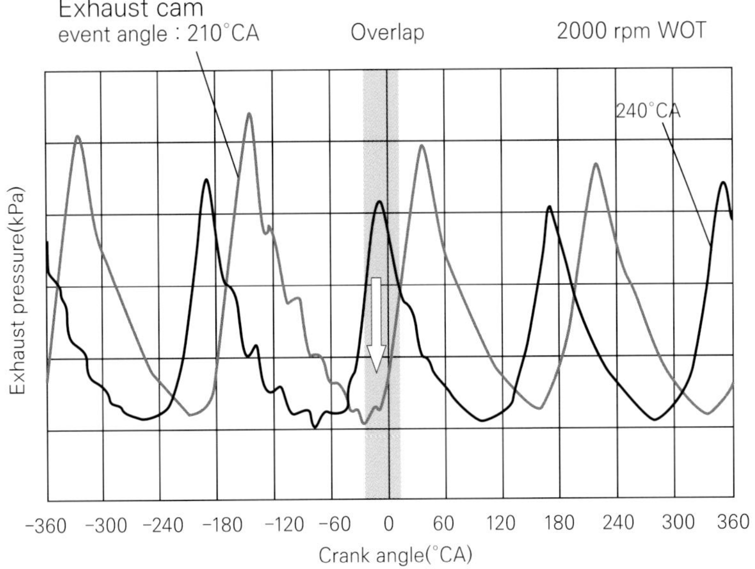

싱글스크롤 방식 터보 사용

트윈스크롤 방식은 상당히 비싸기 때문에 물론 원가절감이 가장 큰 이유이겠지만, 그래도 효과적으로 과급을 할 수 있도록 많은 아이디어가 투입되었다. 액티브 웨이스트 게이트라고 하는 제어는 시동을 걸 때 촉매의 조기 활성화나 경부하 영역운전에서의 펌핑 손실 등을 적극적으로 겨냥한 것이다.

배기 캠 작용각도 축소에 따른 효과

배기간섭을 최소한으로 줄이기 위해 배기 캠의 작용각도를 210도까지 축소했다. 이로 인해 오버랩 시기의 배기맥동을 어긋나게 하는데 성공했다. 시뮬레이션에서도 2400rpm 정도까지의 저회전 영역은 충전효율이 향상되었다. 부압이 높아지고 나서 한 번에 열렸다가 바로 닫히는 느낌일 것 같다.

펌핑 손실을 줄이다 [reduce the pumping loss]

오토 사이클에서는 불가피한 펌핑 손실을 저감하는 아트킨슨 사이클.
모든 영역에서 효율을 높이기 위해 흡배기 밸브타이밍을 개선하였다.

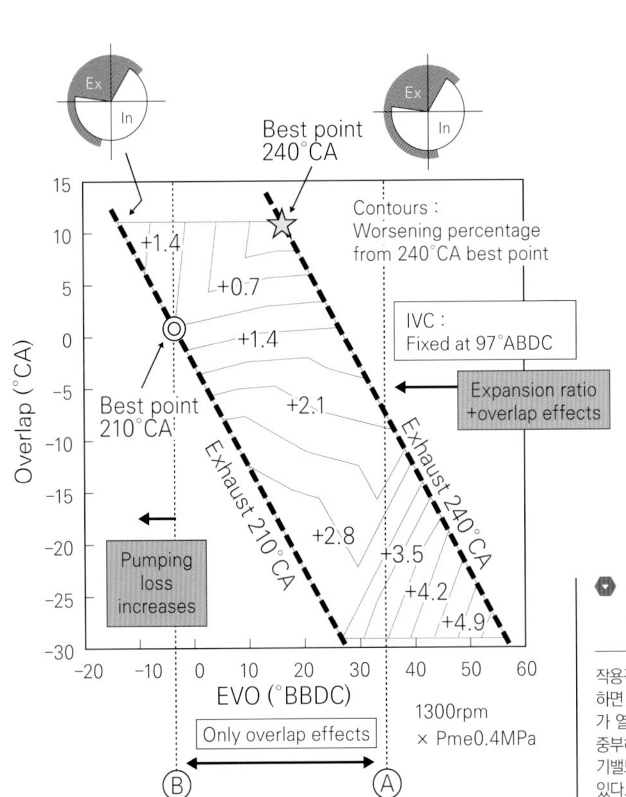

최적의 배기 캠 작용각도 축소

작용각도가 작기 때문에 오버랩을 확보하면 하사점을 넘어서고 나서 배기밸브가 열리게 되어 펌핑 손실이 발생한다. 중부하 영역에서는 하사점 부근에서 배기밸브를 닫아 과급을 최소한으로 하고 있다.

Atkinson cycle region

Intake VVT

mid-position

Exhaust VVT

Phase shift (°CA)

Engine Load (%)

기존보다 작동각도가 확대

아트킨슨 사이클로 펌핑 손실을 저감

시동을 걸 때는 기존위치에 고정

기존 사이클&엔진 시동성 확보

중간 록 방식 VVT의 활용

두 개의 록 위치를 설정하여 시동성 확보와 밸브를 늦게 열거나 닫는 방식의 밀러 사이클을 양립시킬 수 있다. 유압이 작용하지 않을 때도 기계적으로 잠글 수 있기 때문에 시동을 걸 때나 아이들 스톱 때에도 작동이 가능하다.

HONDA L15B turbocharged
Technical Specifications

배기량	1496cc
내경×행정	83.0mm×89.4mm
압축비	10.6
최고출력	110kW/5500rpm
최대토크	203Nm/1600~5000rpm
과급방식	터보차저
캠배치	DOHC
블록재질	알루미늄합금
흡기밸브/배기밸브 수	2/2
밸브구동방식	로커암
연료분사방식	DI
VVT/VVL	In-Ex/×

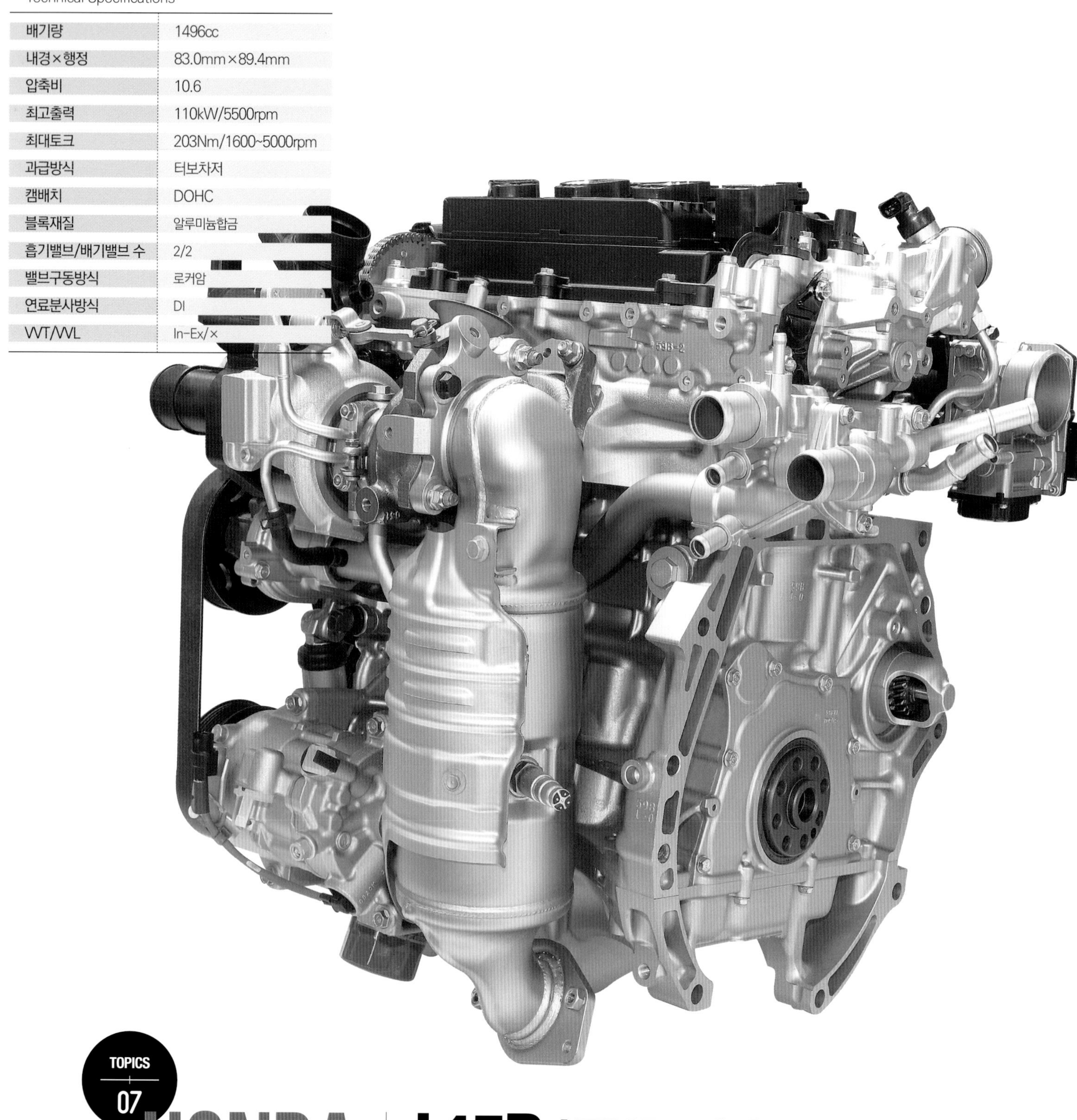

TOPICS 07

HONDA | L15B [TURBOCHARGED]

터보의 새로운 사용법

유럽과 미국의 터보 과급다운사이징을 따라잡기 위해 도요타에 이어 명함을 내민 혼다.
스텝왜건과 제이드라는 일본 판매차종 탑재를 계기로 앞으로의 움직임이 주목되는 장치이다.
세계 유수의 엔진 메이커가 만든 터보엔진에는 어떤 특징들이 있을까.

본문 : MFi 그림 : 야마가미 히로야 / 혼다 / MFi

밸브 컨트롤

유압방식 연속가변 타이밍 시스템을 흡배기 양쪽에 장착한다. 목표는 오버랩 확대. 배출가스와 더불어 일부 새 공기도 배기관을 흐르기 때문에 가스량이 늘어나 터빈 유입 에너지를 향상시킬 수 있다. 나아가 실린더 밖으로 배출되는 배기가스의 유출 에너지로 새 공기를 끌어들이는 소기(掃氣)효과도 있어서 충전효율을 높일 수 있다. 그 밖에 통상 운전 때의 무과급영역에서는 내부EGR 도입으로 펌핑손실을 저감시킨다. 반대로 실린더 내 온도를 유지하고 싶은 시동 때나 고회전고부하 영역에서는 오버랩을 적게 한다.

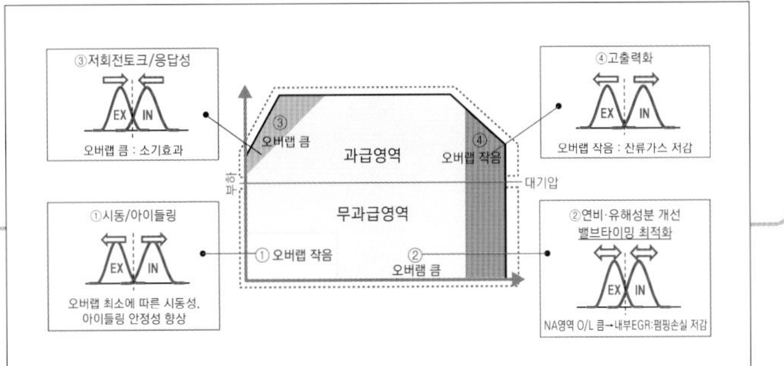

전동 웨이스트 게이트

메인 엔진의 특징 중 하나. 무과급운전영역에서는 웨이스트 게이트를 상시개방 상태로 만들어 배출가스가 터빈을 통과하지 않고 바이 패스되도록 한다. 거기서 토크 요구가 높아지면 스로틀을 최대로 열어 펌핑손실을 최소화, 웨이스트 게이트의 닫힘 상태에 따라 과급압을 제어, 즉 스로틀 밸브를 대신해 이용한다는 독특한 방법을 취한다. 배출가스 유량에 따라 형편대로 개폐하는 기존 형식에서는 성립되지 않기 때문에 전동식이 필요했다.

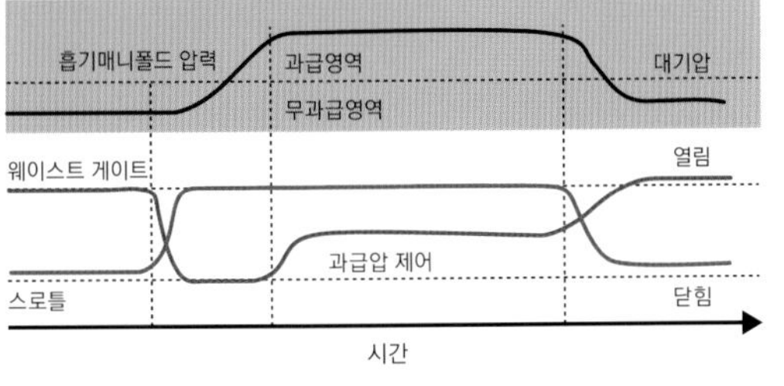

혼다에게 있어서 오래간만의 터보과급 가솔린엔진으로 신형 스텝왜건과 제이드에 탑재되어 등장한 L15B는 기존 엔진과 똑같은 이름이다. 내경×행정과 내경피치, 배기량이 숫자상으로는 똑같지만 흡배기 방향이 반대인 것을 필두로, 이미 다른 엔진이라 해도 과언이 아닐 정도로 대폭적으로 개량한 것이 터보사양인 L15B의 특징이다.

눈여겨 볼 대목은 두 가지이다. 캠 페이저(phaser)를 이용한 적극적인 실린더 내 소기(scavenging)와 전동 웨이스트 게이트를 이용한 과급압 제어이다. 애칭으로 VTEC TURBO라고 불리기는 하지만 혼다의 장기인 캠 전환방식이 아니라 이 캠 페이저를 통한 효과를 기대하는 것 같다. 작금의 엔진이 얻고 싶은 것은 고효율. 메인 엔진도 이것을 비롯한 여러 시책을 통해 꽤 높은 편인 압축비 10.6을 실현한다.

과급엔진이 높은 압축비를 실현하기 위해서는 노킹을 피해야 한다. 무과급 엔진과와 똑같이 직접분사 시스템을 사용함으로서 노킹 내성을 높일 수 있다는 것은 말할 필요도 없고 나아가 실린더 내에서 급속 연소가 되도록 피스톤 헤드면이나 흡기포트 형상을 개량. 더불어 배기밸브의 온도를 낮추기 위해 밸브스템 부분뿐만 아니라 밸브헤드 부분까지 나트륨을 주입한다.

부자재로서 독특한 것이 커넥팅로드이다. 커넥팅로드의 대소단부 지름은 무과급 엔진과 똑같으면서 봉 부분만 냉간단조로 만듦으로서 대소단부의 가공성과 고강도를 양립시키고 있다. 이로 인해 좌굴강도는 30% 향상, 결과적으로 15%의 경량화를 달성했다.

TOPICS 08

OBRIST | HICE

이론상 진동 제로. 2크랭크축 역회전 직렬2기통

직렬 하이브리드나 레인지 익스텐더용의 엔진은 기본적으로 발전용이기 때문에 작고 효율만 좋으면 뭐든지 좋다는 풍조가 있는 것 같다. 실제로 스쿠터용 엔진이나 전통적인 자동차용으로는 폐기된 방켈 로터리 엔진이 많이 제시되고 있다. 이 와중에 상당히 획기적이고 기술적으로도 주목할 만한 엔진이 등장했다. 왕복 피스톤 엔진에는 불가피한 진동을 거의 제로로 줄일 수 있는 엔진에 대해 상세히 취재했다.

본문 : 미우라 쇼지(MFi) 사진&그림 : 오브리스트

작년 5월에 개최된 「사람과 자동차의 테크놀로지 전시회」에 완전히 새로운 동력시스템이 전시된바 있었다. 아주 단순한 직렬 하이브리드이긴 하지만 동력원인 엔진이 보통이 아니다. 언뜻 보면 아무런 특색도 없는 직렬 360° 2기통 엔진은 2개의 크랭크축이 서로 기어로 연결된 상태에서 역회전하는 방식이었다. 이런 방식을 통해 진동을 거의 발생하지 않게 할 수 있다는 것이다. 약간은 낯선 엔지니어링 기업인 오브리스트(OBRIST)가 만든 파워플랜트의 정체를 알아보기 위해 오브리스트 아시아지역 창구인 얀슨 앤 어소시에이트 리미티드의 곤노 쓰네오씨를 만나보았다.

방켈의 전 엔지니어가 오스트리아에서 창업한 오브리스트는 CO_2 저감을 위한 에어컨시스템을 개발해 기술 라이선스를 공여하는 사업을 시작했다. 그 후 자동차 동력의 CO_2 저감에 눈을 돌려 5행정 엔진개발에 착수하지만 기구가 복잡해 방향을 전환하기로 결정한다. 그런 결과물이 직렬2기통 역회전 엔진이었다.

엔진을 해설하기 전에 「HICE」로 명명된 시스템 전체를 설명하자면, 이것은 엔진을 상시적으로 운전해 발전(發電)하는 직렬 하이브리드이다. 오브리스트에서는 직렬 하이브리드를 가교 기술이 아니라 HEV 종착점이

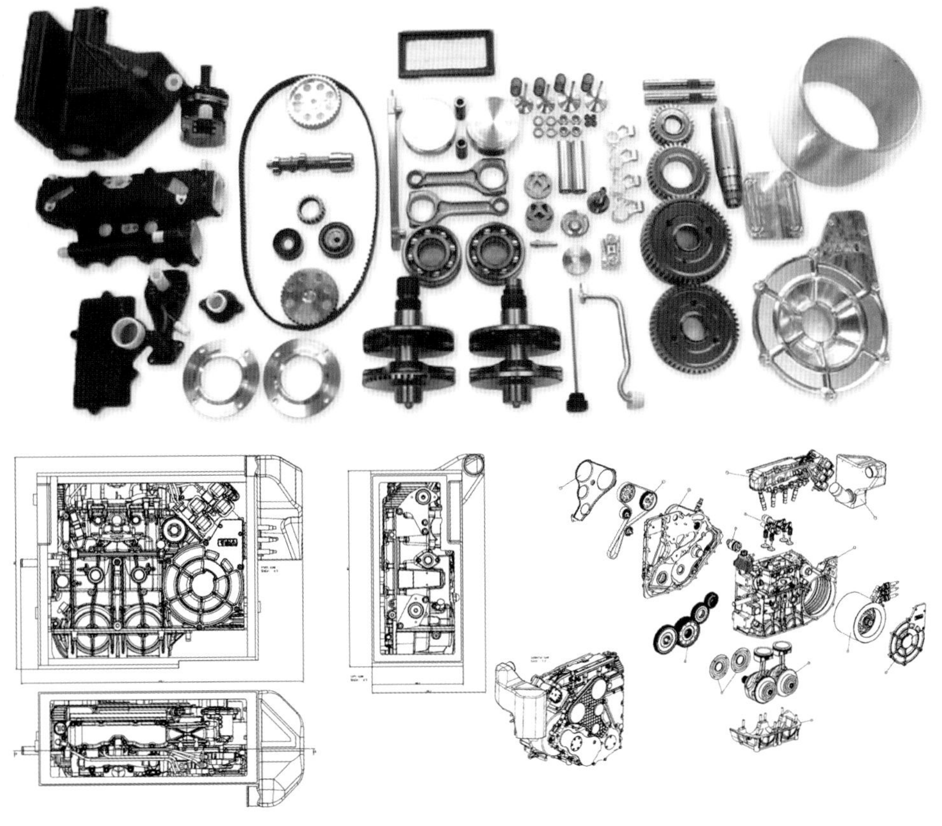

작고 간단한 엔진설계

HICE의 파워플랜트 전체모습. 직렬 HEV용을 기본으로 하고 있기 때문에 발전기의 마운트 부분을 실린더 부분과 일체로 주조한다. 그 때문에 총 76kg으로 경량·소형화해 탑재위치나 방법이 자유롭다. 크랭크축은 볼 베어링으로 지지. 캠 샤프트는 벨트구동이고 2기통의 흡배기를 캠 하나로 제어한다. 발전기는 기어로 구동하지만 체인 구동도 가능하다. 단실(單室) 550cc로서는 피스톤의 내경이 큰데 반해 상대적으로 직경이 작은 밸브에 주목. 상시 이론공연비 운전을 하기 때문에 목표출력에 대해 흡입공기량을 과도하게 높일 필요가 없기 때문이라고 한다.

뛰어난 공간효율을 구현하는 시스템 구성

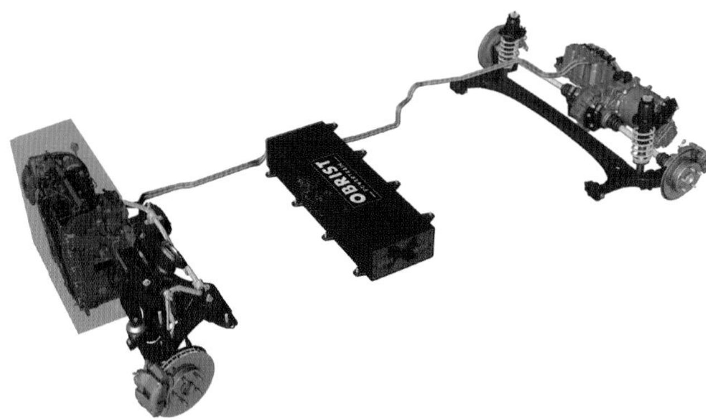

옆 그림은 2.0ℓ급 실제 차량에 탑재한 전체 시스템 구성도. 엔진이 발전에만 주력하는 직렬HV에서는 파워플랜트뿐만 아니라 축전지도 소형화가 가능. REX와 달리 주행거리도 충분하다. ICE 차를 토대로 시스템을 교체해도 중량을 거의 똑같이 할 수 있다고 한다.

라고 본다. 그 이유로는 1.엔진을 작게 만들 수 있다, 2.축전지 용량이 작아도 된다, 3.시스템이 간단해서 원가가 적게 든다고 주장한다. 레인지 익스텐더(Range Extender)는 주행거리 문제가 항상 따라다니지만 HICE에서는 한 번의 연료보급으로 1000km를 갈 수 있다고 한다. 2.0ℓ 클래스의 ICE(내연기관)승용차를 HICE로 전환했을 경우 중량이 거의 비슷해서 EV나 레인지 익스텐더처럼 차체가 축전지에 점유되는 일도 없기 때문에(축전지 중량은 약 100kg) 패키지 상으로도 우위성이 있다고 한다.

주목되는 엔진 본체는 1.1ℓ에 2기통으로 발전기와 일체화되어 있다. 크기 590×510×215mm, 중량 76kg으로 상당히 작은 편이다. 여러 연료를 사용할 수 있지만 현재는 가솔린을 연료로 개발 중이다. 애초에는 헤드와 블록이 일체인 모노블록이었지만 생산성을 고려해 현재의 모델은 통상적인 독립 실린더헤드에 실린더블록은 주철제품이다. 세로, 가로, 수평 어떤 방향으로도 탑재가 가능하다. 내경×행정은 공개되지 않았지만 추세와 달리 큰 내경×짧은 행정이라고 한다. 목표한 효율을 낼 수 있기 때문에 패키지 우선으로 결정했다는 것이다. 실린더헤드는 1캠(2기통 공용)에 2밸브. 밸브 기어구동도 가능한 설계를 하고 있다. 배기구는 하나이고 당연히 매니폴드도 1개. 최대 회전속도는 4000rpm이며, 부하변동이 없는 전 영역에서 이론공연비 운전을 하기 때문에 밸브면적을 필요 이상으로 만들지 않았다. ICE운전에서 출력을 내려면 흡입공기량을 많이 빨아들여야 하지만 일정회전의 이론공연비 운전에서는 체적효율이 100%일 필요가 없고, 연료증량도 하지 않기 때문에 조그만 2밸브라도 충분할 것이다. 똑같은 이유로 억지로 펜트루프 연소실로 할 필요도 없다. 직렬 하이브리드에 특화된 엔진이기 때문에 갖는 특징이라고 할 수 있다.

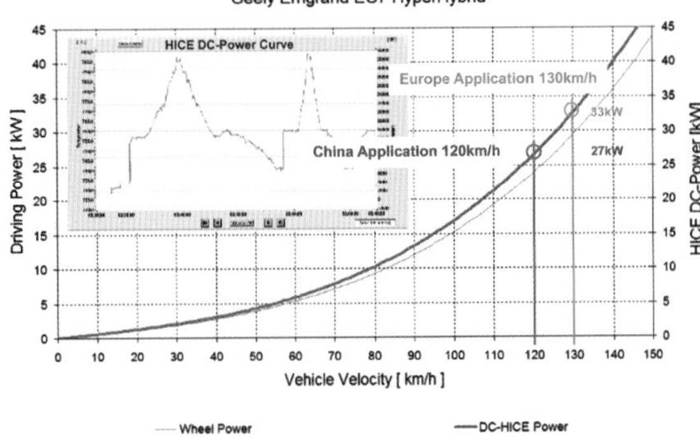

시장의 운용환경을 감안한 출력특성

왼쪽 그래프는 속도와 이에 필요한 모터출력의 상관관계를 나타낸 그래프이다. 중국의 법정최고속도 120km/h에서는 27kW, 유럽의 130km/h에서는 33kW가 필요하기 때문에, 약간의 여유분까지 포함해 40kW나 되는 모터출력을 결정. 우측 그래프는 출력과 토크를 나타낸 그래프이다. 회색 선은 모터의 토크. 파란 선은 엔진 출력, 붉은 선은 모터출력을 나타낸다. 도시(圖示)연료소비율(ISFC)은 210g/kWh로서, 열효율로 바꾸면 약 42%가 된다.

전체 영역이 이론공연비 연소이기 때문에 유해배출물에는 상당히 유리(EURO6 대응). 파워 유닛을 단열재로 덮어 탑재하도록 되어 있기 때문에, 엔진을 꺼도 보온이 가능해서 재시동을 걸 때는 수온이나 배기온도 상승을 기다리는 시간이 짧다.

주목되는 역회전 크랭크축을 살펴보자. 오브리스트가 이 형식을 채택하는데 이르기까지는 여러 가지 엔진 구조를 고려했지만, 필요한 출력을 얻는데 있어서는 가볍고 작게 만들기 위해 왕복피스톤로 4행정 2기통으로 귀착되었다. 일반적으로 크랭크축 360° 회전에서는 1차진동이, 180° 회전에서는 2차진동이 문제가 된다. 이를 해소하는 수단으로 수평대향형 또는 90° V 같은 방법도 있지만, 실린더헤드가 실린더마다 필요하기 때문에 기구적으로 복잡하고 중량이나 체적이 늘어날 뿐만 아니라 배치구조 상의 제약도 커진다. 또한 관성진동 이외에는 완전균형이 이루어지는 직렬6기통(그 파생인 V12기통도)에서도 크랭크축의 회전에 따른 롤링 모멘트가 발생하기 때문에 통상적인 배치구조 상태에서는 어떤 식으로든 진동대책을 필요로 한다. 그런 이유에서 오브리스트가 채택한 것이 크랭크축을 1기통마다 하나씩 배치한 다음 서로를 역회전시켜 모멘트를 상쇄하는 기구이다. 아이디어 자체는 오리지널이 아니라 과거에 미쓰비시가 「토크 밸런서」로서 논문 발표와 시제품까지 진행한 것이지만, 미쓰비시가 발표한 것은 직렬 엔진 끝부분에 있는 플라이휠로 부(副) 플라이휠을 2배속으로 회전시키는 방식이었다. 오브리스트의 HICE에서는 부가장치를 설치하지 않고 엔진 기본기구의 설계를 통해 진동을 상쇄한다는 점이 특색이다. 부언하자면 2차진동을 없애기 위한 란체스터 밸런서가 피스톤의 상하운동에

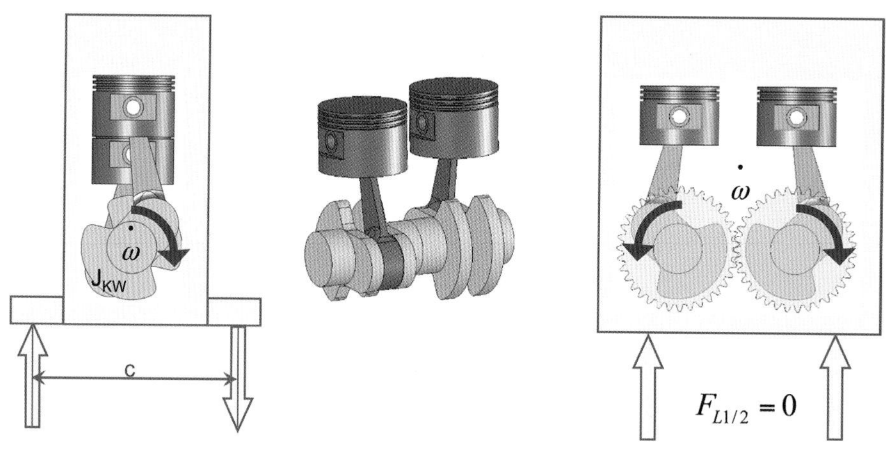

Free Forces & Moments								
Name	1 Cylinder	2 Cylinder inline	2 Cylinder inline Paralleltwin	2 Cylinder Boxer	2 Cylinder V90°	2 Cylinder HICE	3 Cylinder	4 Cylinder
crankshaft scheme								
crankshaft design	1 Crank	2 Cranks	2 Cranks	2 Cranks	1 Crank	2 crankshafts	3 x 120°	4 Cranks
ignition timing	720°	180° - 540°	360° - 360°	360° - 360°	450° - 270°	360° - 360°	240° -240°	180°-180°-180°-180°
unbalanced								
F_1 1st order F_2 2nd order	1 F_1 1 F_2	0 2 F_2	2 F_1 2 F_2	0 0	1 F_1 $\sqrt{2}$ F_2	2 F_1 2 F_2	0 0	0 4F_2
M_1 1st order M_2 2nd order	0	a x F_1 0	0	b x F_1 b x F_2	b x F_1 b x F_2	0	$\sqrt{3}$ x a x F_1 $\sqrt{3}$ x a x F_2	0
compensation by counter weights on the crankshaft: 100% rotating forces , 50% F_1, 100% F_1 HICE without penalty of perpenticular excitation								
F_1 1st order F_2 2nd order	0.5 F_1 1 F_2	0 2 F_2	1 F_1 2 F_2	0 0	0.5 F1 $\sqrt{2}$ F_2	0 2 F_2	0 0	0 4F_2
M_1 1st order M_2 2nd order	0	0.5 x a x F1 0	0	0.5 x b x F_1 b x F_2	0.5 x b x F_1 b x F_2	0	0.5 x $\sqrt{3}$ x a x F_1 0.5 x $\sqrt{3}$ x a x F_2	0

통상적인 왕복피스톤 엔진에서는 불가피한 롤링 모멘트를 해소

상단 좌측그림은 1차진동을 이론상으로 없앨 수 있는(다만 불균등간격 점화) 180° 2기통, 상단 우측그림은 360°의 HICE. 180° 트윈에서는 크랭크축 회전에 따른 롤링 모멘트가 발생한다. 이것은 기통수가 몇 개든 상관없이 크랭크축이 하나인 경우에는 불가피하다. HICE에서는 두 개의 크랭크축이 역회전하기 때문에 롤링 모멘트를 없앨 수 있다. 아래의 표는 기통수와 크랭크축 위상에 따른 진동특성 차이를 나타낸 것이다. 중간은 크랭크축 균형을 잡지 않은 경우, 하단은 밸런스 웨이트를 조정했을 경우이다. 좌측 항목 중 F는 관성력, M은 크랭크 암(핀)을 회전시키는 모멘트. 첨자 1은 1차진동(合力)을, 2는 2차진동을 나타낸다. 90° V2는 밸런스비율 조정으로 F_1을 제로로 할 수 있다(표 안의 데이터가 완전히 정확하지는 않다).

	KSPG	Obrist	Mahle	Lotus1	Lotus2	Swissau.	AVL(*)	Audi/ AVL	Paragon
Engine Type	4S-Otto	4S-Otto	4S-Otto	4S-Otto	4S-Otto	4S-Otto	4S-Otto	Wankel	Wankel
No Cyl. / Discs	2 90°V	2, inline	2, inline	2, inline	3, inline	1	2, inline	1	1
Weight [kg]	62	72	70	75	91	38	165	65	35
Pack. Vol. [Ltr]	130	64	65	73	134	33	248	?	37
P_{max} [kW]	30	60	30	33	55	26	28	15	18
Pspec [kW/kg]/ [kW/Ltr]	0,48/0,24	0,83/0,93	0,43/0,46	0,44/0,45	0,6/0,41	0,68/0,78	0,17/0,11	0,23/?	0,51/0,49
BSFC [g/kWh]	250	225	240	250	250	240	?	?>300	?>300
Displ. [ccm]	799	1098	898	866	1299	325	800	254	?
Pack Orient	1	2	2	2	1	1	1	?	?
Add. Mass. Comp.	required	Not required	required	required	required	required	required	Not required	Not required
Therm Manag	no	yes	no	no	no	no	no	no	no

경쟁하는 S-HE·REX용 엔진과의 비교

왕복피스톤 2~3기통 엔진이 다수를 차지한다. REX(레인지 익스텐더)용으로는 경량·소형인 왕복피스톤엔진이 유리해 보이지만, 연료소비율(표에서는 BSFC=제동연료소비율)은 수치가 그다지 좋지 않다. 또한 S-HE(직렬 하이브리드)용으로 필요한 용량의 발전기를 구동시키기에는 출력도 부족하다. HICE는 치수·중량과 출력이 균형을 이루고 있을 뿐만 아니라 연료소비율도 수치가 낮다. 결국 비슷한 체적과 중량을 가진 엔진을 탑재해야만 한다면 주행거리가 한정된 REX가 S-HE보다 이동체로서의 가치가 낮다는 것이 오브리스트의 주장이다.

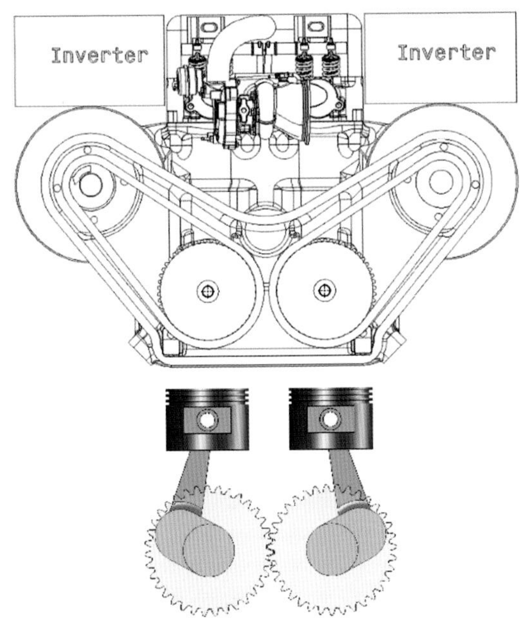

Cylinder arrangement	F_1 1st order	F_2 2st order	M_1 1st order	M_2 2st order	Ignition timing	Unbalanced acceleration torque
12 Cylinder						
V 60°, 6 cranks	0	0	0	0	60° / 60°	reaction housing = action crank shaft 1
HICE 2 Cylinder						better engine smoothness than 12 Cylinder
parallel counter rotating, 2 Genos	0 fully balanced by counter weight	0 fully balanced by counter weight on double speed geno	0 fully balanced by counter rotation	0 fully balanced by counter rotation	360° / 360°	action crank shaft 0

오브리스트가 제시하는 모범해답

현재의 NA40kW 버전 HICE는 동력을 한 쪽 크랭크축에서 추출하여 하나의 발전기를 구동하기 때문에 약간의 진동 불균형을 내포하고 있다. 그에 반해 계획 중인 고출력 터보과급 80kW 버전에서는 발전기 2대를 각각의 크랭크축으로 구동하기 때문에 등가관성 모멘트도 제로로 할 수 있다. 크랭크각 360°에 의한 2차진동도 2배속으로 회전하는 발전기에 웨이트를 부착하면 2차 밸런서로서 기능하기 때문에 역시나 해소가 가능하다.

실제 차량에 대한 적용은 중국부터?

현재 HICE는 벤치 테스트 단계를 거쳐 중국 지리자동차의 EMGRAND(帝豪)에 장착해 오브리스트의 본거지인 오스트리아에서 주행 테스트를 하고 있다. 생산설비가 없는 오브리스트는 HICE의 주요 시장을 중국으로 정하고 기술적용 작업을 실시하고 있다고 한다.

따른 관성 모멘트를 해소하기는 하지만 축 자체를 회전시키기 위한 진동 모멘트가 발생하고, 토크변동이나 회전속도 변화에 의한 진동특성 변화에는 대응할 수 없다. 또한 애초에 롤링 모멘트에는 대응하는 장치가 아니다. HICE에서는 마찰 저감을 위해 옵셋 크랭크축을 사용하지만, 이 기구에서는 왕복할 때 피스톤 속도가 달라지는 데서 발생하는 고차(高次)진동이 생기고 그것은 2차 밸런서만으로는 다 차단할 수 없다. 하지만 역회전 크랭크 장치를 사용함으로서 크랭크축의 각속도 변동을 다른 한 쪽의 크랭크축에서 흡수하기 때문에 롤링 모멘트와 동시에 고차진동 성분까지 없앨 수 있다.

이론상 역회전 크랭크 장치가 거의 모든 진동을 없앨 수는 있지만, HICE에서는 발전기를 한 쪽 크랭크축의 출력으로 구동하기 때문에 등가관성 모멘트를 완전히 없앨 수는 없다. 이에 관해서 오브리스트는 해법을 준비 중이다. 현재 개발 중인 HICE는 무과급 출력이 40kW 버전이지만, 고출력 사양으로 터보과급인 80kW도 계획하고 있다. 이 버전은 발전기를 2개 장착해 개별적인 크랭크축으로 구동하는 방식이다. 무과급 HICE에서는 2차진동이 발생하지만(직렬4기통만큼은 아니기 때문에 무시할 수 있다고 오브리스트는 주장), 트윈 발전기라면 밸런스 웨이트를 추가해 2차 밸런서로 활용할 수 있다. 이렇게 하면 V12를 능가하는 완전한 이론진동 제로의 엔진이 만들어진다는 것이다.

역회전 크랭크축이 좋은 결과를 가져오긴 하지만, 양 쪽 실린더를 연결하는 기어 잡음은 큰 장애물이었던 것 같다. 바이크에서 많이 사용하는 센터 테이크오프의 기어 출력에서는 상당한 잡음이 발생하는데, 이것이 엔진룸처럼 밀폐된 환경에 배치하면 반향음(反響音)이 증폭되어 도저히 판매가능한 제품이라고 생각할 수 없을 정도의 소리가 발생한다고 한다. HICE를 실용화할 수 있겠다는 가늠이 선 것은 이 기어잡음 해소방법을 찾아낸 것이 크다. 그 내용은 기어 이 면의 가공을 비롯한 세세한 노하우를 적용한 것이지 특필할 만한 수단이 있었던 것은 아니다. HICE 자체도 아이디어는 참신하지만 기술요소 자체는 기존 것들이 다 접목되어 만들어졌다는 인상을 받는다.

현재 HICE는 실제주행 테스트를 하고 있는 단계로서, 계획한 대로 성능을 발휘하고 있는 것 같다. 오브리스트는 소규모 기업이기 때문에 생산설비가 없다. 따라서 시판실용화를 위해서는 자동차 메이커와의 협업이 필수적이다. 이를 위해 그들이 생각하는 파트너는 중국 쪽 메이커이다. EV와 마찬가지로 ICE자동차에서 전환하는 것은 양산라인을 근본적으로 변경할 필요가 있기 때문에, 오브리스트는 일본을 비롯해 기존 메이커는 접근이 어려울 것으로 생각하고 있다. 분명 시리즈 하이브리드로서의 시스템 전체를 보면 그럴지도 모르지만 엔진 자체의 독특한 특징에 착안하면 다른 길도 보이지 않을까 싶다. 다운사이징과 함께 실린더 축소가 진행 중인 현재, 1.0ℓ 이하의 배기량에서는 2기통이 최선이라고 언급되기는 하지만 진동문제 때문에 실용화하고 있는 곳은 피아트뿐이다. 다이하쓰가 몇 번인가 2기통 엔진 개발에 대해 언급하기도 했지만 최근에는 잠잠한 상태이다. 부하변동이 없는 발전용 엔진이기 때문에 성립되는 부분이 있기는 하지만, 아이디어 자체는 뜻밖에 2기통 엔진 실용화를 위한 돌파구가 될 것 같은 느낌을 갖지 않을 수 없다….

CHAPARRAL
66

[창간 100호 특별기획]

2020년의 자동차

FUTURE OF MOBILITY

테크놀로지가 헤쳐 나가는 자동차의 미래

006년 10월에 창간한 Motor Fan illustrated가 이번 호로 100호 째를 맞이하게 되었다.
이를 기념해 여기서 「자동차의 미래」에 대해 생각해 보기로 했다. 미래라고 해도 막연하게 먼 미래가 아니라 "2020년"을 키워드로 설정했다. 불과 몇 년 후이다.
이번 호는 자동차 메이커와 서플라이어(Supplier), 애널리스트 주요 인물들에게 같은 주제로 질문을 던지면서 취재를 시작했다.
"자동차의 미래는 어떠해야 한다고 생각합니까? 그러기 위해서 지금 어떤 대비를 하고 있습니까?"
자동차의 미래에는 많은 장애물이 기다리고 있다. 하지만 그것을 뛰어넘을 수 있는 에너지를 많은 취재를 통해 느낄 수 있었다.
「테크놀로지가 헤쳐 나가는 자동차의 미래」. 어떤 미래가 기다리고 있을지 지금부터 살펴 보자.

자동차 판매는 어디에서 증가할까

IHS오토모티브에 의한 자동차 생산대수 예측에 대한 고찰

세계 유수의 조사회사인 IHS오토모티브에 세계시장에서의 자동차 판매대수 동향에 대해 문의해 보았다.
2020년을 축으로 과연 앞으로의 주도권을 잡을 곳은 어느 시장일까.

본문 : MFi 데이터 : IHS오토모티브

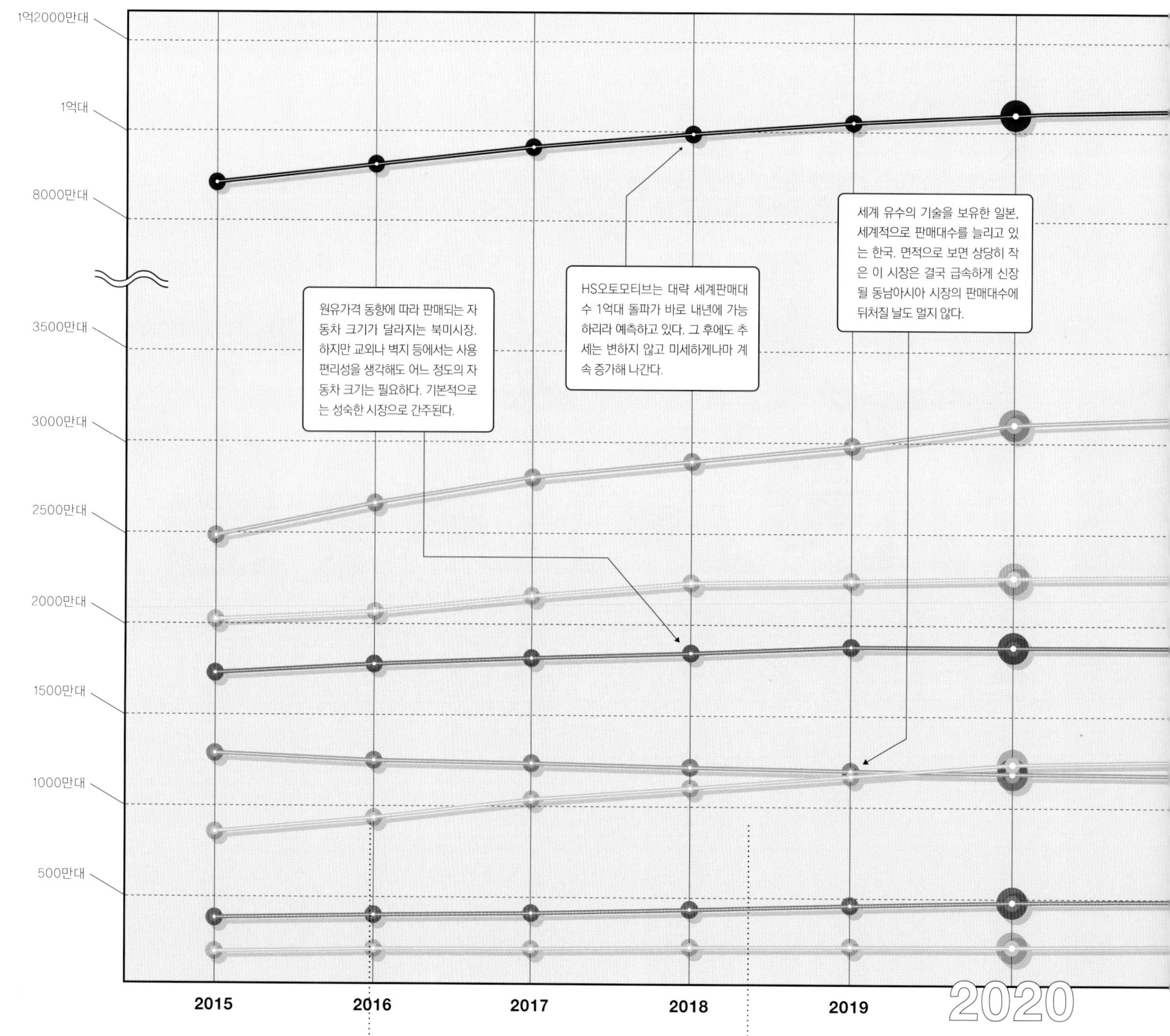

자동차는 가장 가까이 있는 개인이동수단 중 하나로서 매우 편리하다. 자신의 이동욕구를 언제라도 신속하게 출발지부터 목적지까지 직접적으로 또 확실하게 그리고 쾌적하게 만족시켜 준다. 그래서 자동차는 탄생 이후 약 130여 년간 항상 진화를 계속하면서 기능을 키워왔다.

여명기 때는 극히 한정된 사람들만 운전할 수 있던 제품이었지만, 포드의 대량생산 시스템을 통해 대량생산이 가능해지면서 제2차 세계대전 후인 1960년대에는 바야흐로 일반대중도 구입이 가능한 가격대까지 내려갔다. 한 시기 세계적인 호황을 누리면서 고기능 고부가가치 시대를 지나온 다음에는 다시 불황에 노출되는 한편, 작금에는 환경대책을 강하게 요구 받게 되어 저연비 고효율을 지향하는 것이 현재의 자동차가 처해있는 상황이다.

이런 우여곡절을 거치면서도 자동차 대수는 꾸준히 증가해 왔다. 근래에는 리먼쇼크에 따른 영향으로 판매대수가 현저히 떨어진 시기도 있었지만, 그 후에는 역시 회복기조를 보이고 있다. 또 하나의 증가원인으로는 신흥국에서의 판매대수, 특히 중국에서 두드러진 약진을 보이고 있다. 석유자원 고갈과 CO_2 배출량 억제 등, 자동차를 둘러싼 과제가 많기는 하지만 앞서 이미 자동차를 손에 넣었던 선진국에는 면책하고, 이제부터 자동차를 손에 넣으려는 신흥국에는 억제를 요구하는 일은 당연히 반발에 직면해 있다.

계속적으로 팔리지 않으면 시장은 정체되고 기술의 쇠퇴를 가져온다. 하지만 반대로 무한정으로 팔려서는 환경부하가 커지게 된다. 딜레마를 안고 가면서도 지구상을 주행하는 자동차 전체에 대해 어떻게 환경부하를 억제할 것이냐를 생각하는 것이 중요하다.

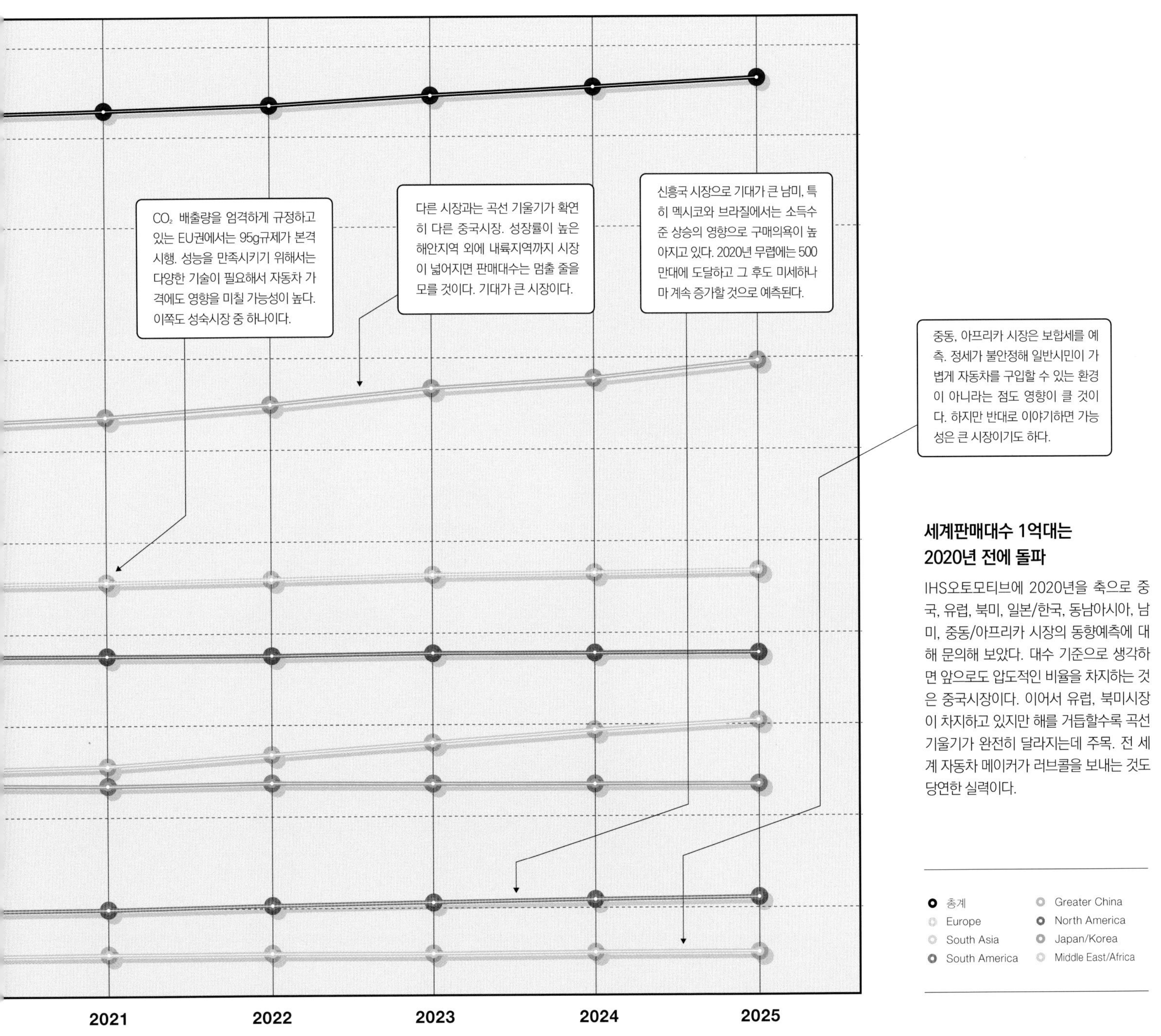

세계판매대수 1억대는 2020년 전에 돌파

IHS오토모티브에 2020년을 축으로 중국, 유럽, 북미, 일본/한국, 동남아시아, 남미, 중동/아프리카 시장의 동향예측에 대해 문의해 보았다. 대수 기준으로 생각하면 앞으로도 압도적인 비율을 차지하는 것은 중국시장이다. 이어서 유럽, 북미시장이 차지하고 있지만 해를 거듭할수록 곡선 기울기가 완전히 달라지는데 주목. 전 세계 자동차 메이커가 러브콜을 보내는 것도 당연한 실력이다.

전동화는 과연 얼마만큼 발전할까

엔진에는 미래가 없다고 이야기하던 시기가 있었다.
전동모터가 그 자리를 차지하고 엔진은 조만간 모습을 감출 것이라는 논조이다.
과연 2020년의, 그리고 2025년의 파워트레인 비율은 어떤 모습으로 변해 있을까.

본문 : MFi 데이터 : IHS 오모토빌

자동차용 토크 발생장치 차원에서 엔진은 불안정하다. 충분한 토크를 얻으려면 일정 회전속도를 유지해야 하고 이를 위해 어떻게든 변속기가 필요하다. 열효율 측면에서도 최적점은 상당히 작아 그것을 벗어나면 급속하게 효율이 나빠진다. 가솔린엔진에서는 40%가 조금 안 되는 점이 열효율에 있어서의 최대 숫자로서, 가장 좋은 영역은 저회전고부하 영역이다. 하지만 통상적인 운전상태에서는 도저히 거기에 미치지 못하는 상황이다. 그 때문에 전동모터가 그 틈새를 메꾸게 되었다.

오히려 엔진을 없애고 전동모터로만 자동차를 달리게 하는 축전지EV를 이른 시기부터 실험하고 있지만 핵심인 구동축전지가 충분한 성능을 만족시키지 못한다는 점, 충전시설에 대한 설비가 부족하다는 점 때문에 아직도 갈 길이 먼 것이 사실이다. 일시적 대책으로 계속 이야기되면서도 가장 현실적인 수단이 HEV. 1997년의 도요타 프리우스 등장을 계기로 엔진과 전동모터의 장점을 서로 살린 파워플랜트가 CO_2 배출량 저감 수단으로는 지금도 주류의 자리에 있다.

도요타의 하이브리드 시스템(THS-H)이 특허로 보호받고 있기 때문에 각 회사는 지혜를 짜내 다양한 수단으로 HEV화를 시험하고 있다. 현재는 변속기의 스타팅 장치로 전동모터를 장착하는 방식이 주류이다. 이 밖에도 EV모드를 확대하기 위해 2차전지 용량을 늘리고 외부충전을 가능하게 하는 플러그 인 하이브리드가 세력을 늘려가고 있다.

몇 년 전에는 「엔진에는 미래가 없고 가까운 장래에 전동모터로 바뀔 것」이라는 의견도 많았다. 하지만 동일본대지진으로 인해 원자력 발전소를 통한 전력수급 전망이 나빠진 지금, 환경부하를 주지 않으면서 전기 혜택을 받기는 쉽지 않다. 도로를 주행하는 자동차에서 엔진이 사라지는 상황은 아직은 미래의 이야기 같다.

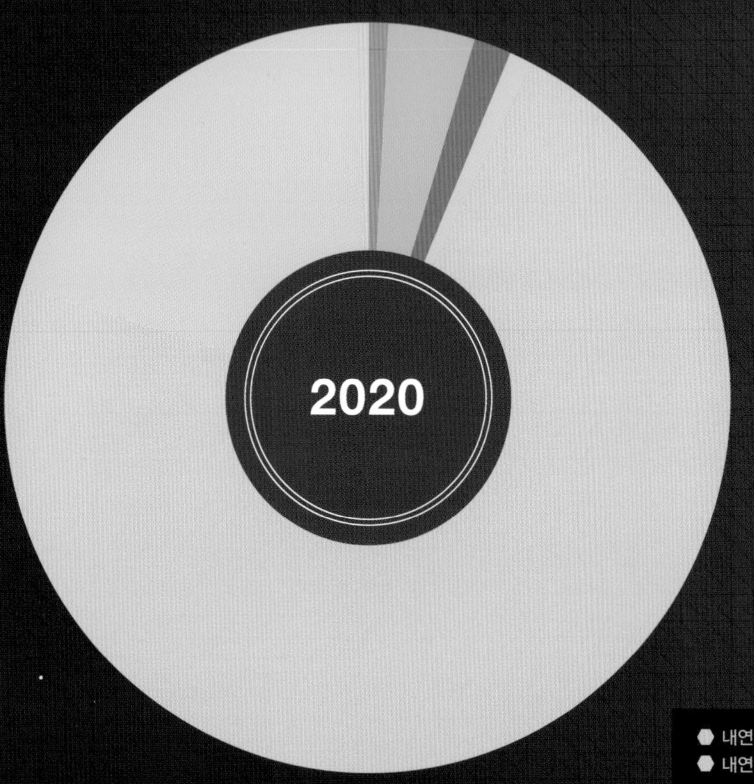

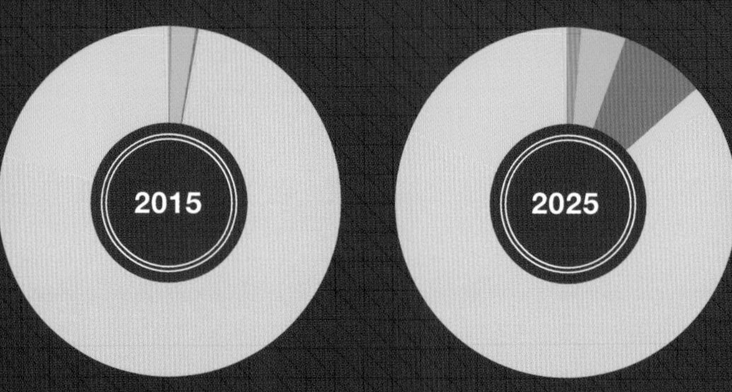

10년 후의 가까운 미래도 주역은 계속해서 엔진

세 개의 원 그래프를 통해 2020년은 물론이고 2025년이 지나도 축전지EV(Electric Vehicle) 비율이 아주 적다는 것을 알 수 있다. 그리고 내연기관 자동차가 태반을 차지하는 상황도 10년 후까지 바뀌지 않는다. HEV를 전망해 보면 풀 하이브리드의 증가세가 둔화되는데 반해 마일드 하이브리드는 비율을 대폭 늘린다. 종래 구조를 약간 바꿔 HEV를 만들 수 있기 때문일 것이다.

● 내연기관(가솔린 계통) ● 내연기관(기타 연료) ● Hybrid-Full ● PHEV
● 내연기관(디젤) ● Electric ● Hybrid-Mild

2020은 물론이고 2025년까지의 주역도 여전히 내연기관

2015, 2020, 2025 3개년 및 유럽, 중국, 일본, 북미시장 각각의 파워트레인 분포예측. 그래프 속의 Other는 가솔린 및 디젤엔진을 나타낸다. 유럽과 미국, 일본 3지역은 전동 파워트레인 비율이 가속도적으로 증가하는데 반해 중국의 증가세는 약간 완만하다. 하지만 그래도 2025년의 중국에서는 마일드 하이브리드가 파워트레인의 태반을 차지할 것이라는 예측이다. 2025년의 일본에서는 전동 파워트레인 자동차가 총판매대수의 반 이상으로 예측된다. 좌측 페이지에서도 볼 수 있듯이 점차로 점유율이 줄어드는 경향이다.

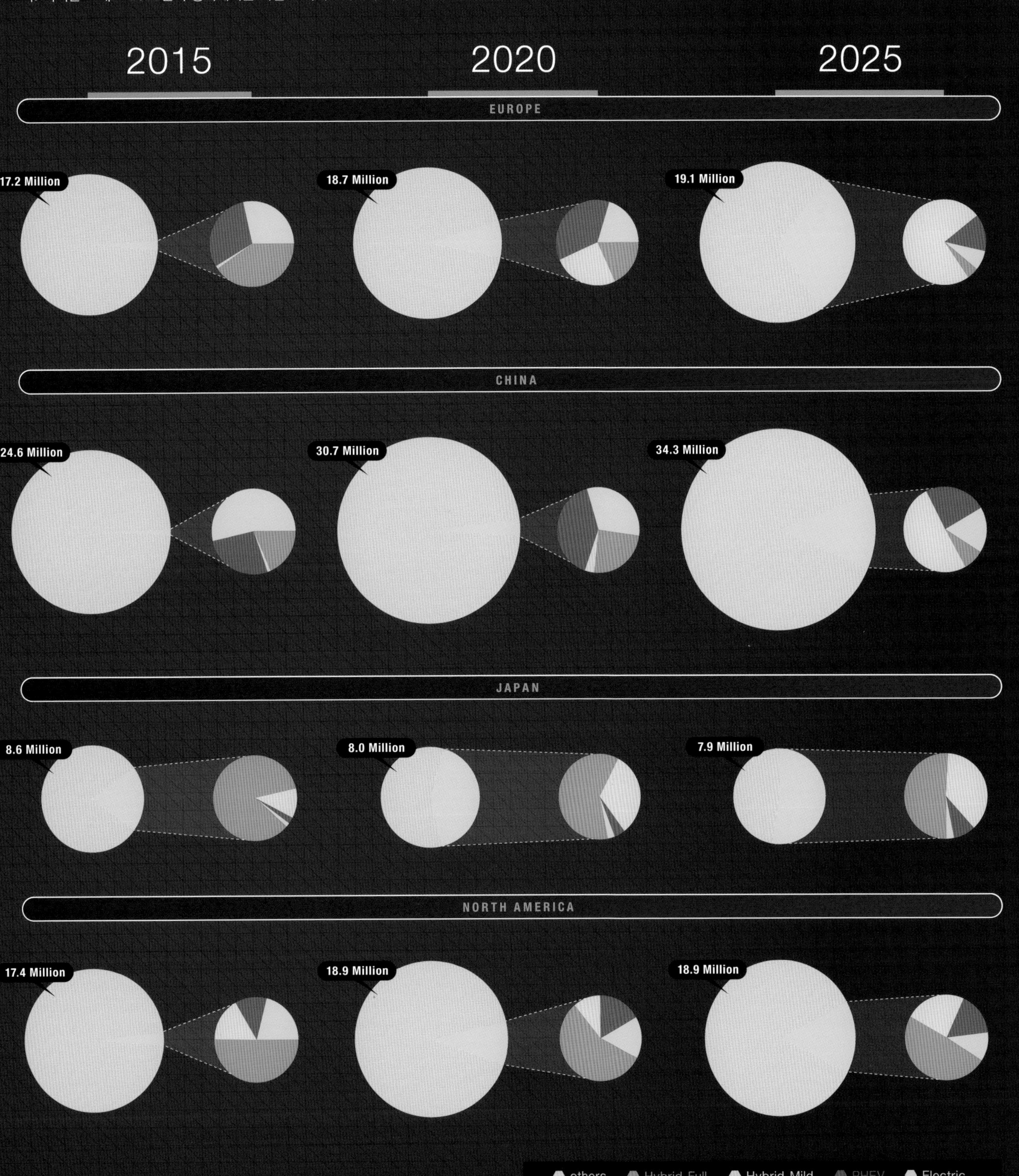

유럽의 과급 다운사이징 흐름은 완전히 본류가 되었다. 기통을 줄이는 경향도 두드러져서 이제는 A, B, C 세그먼트 심지어는 D세그먼트까지 3기통 터보엔진을 장착해 나가는 추세이다.

유럽의 자동차 메이커는 다운사이징, 터보과급, 실린더 감축, 모듈러설계 같은 키워드를 기준으로 신형 엔진 시리즈를 개발을, 현재 새로운 모듈러 플랫폼과 함께 전개해 나가고 있다. 가솔린엔진과 디젤엔진에서 동일한 실린더블록을 사용하는 것도 일반화되어 있다.

BMW는 단기통 행적체적 500cc의 3, 4, 6기통 직렬 터보엔진을 가솔린과 디젤에서 실린더블록을 공용하면서 개발. 장래적으로는 1, 2시리즈뿐만 아니라 3시리즈에도 1.5ℓ 직렬 3기통 터보엔진을 장착할 계획이다.

이런 추세의 최첨단을 이끄는 것이 볼보이다. 앞으로 직렬 5기통, 6기통 생산을 중지하고 모든 엔진을 Drive-E엔진이라는 이름의 2.0ℓ 직렬 4기통 엔진으로 바꿀 계획이다. 그것도 동일한 실린더블록을 사용하여 가솔린엔진과 디젤엔진을 만들고, 파생모델은 과급기 수와 과급압으로 해결하겠다는 콘셉트이다. Drive-E의 도입으로 현행 직렬 5, 6기통 엔진은 그 역할을 마치고 모든 볼보차량이 2.0ℓ 직렬 4기통 엔진을

ABOUT POWERTRAIN

가솔린엔진이나 디젤엔진 모두

주요 격전지는 3기통 터보엔진

VW의 1.4리터 직렬 4기통 DI터보가 선도한 다운사이징 과급.
현재의 흐름은 3기통 터보에 있다. 1.5ℓ 전후의 직렬 3기통을 과급.
D세그먼트까지 3기통으로 커버하는 것이 2020년까지의 주류로 예상된다.

본문 : MFi　사진 : 아우디 / BMW / PSA / 볼보

Petrol

SIDE View

REAR View

VOLVO

Drive-E 3 Cylinder Engine

- Euro7 지원
- 직접분사식
- 97kW/230Nm

볼보는 모든 모델을 2.0리터 4기통 과급엔진(가솔린이나 디젤 모두)인 Drive-E 엔진으로 전환할 것이라 생각했는데, 더 나아가 소배기량 감축실린더인 1.5리터 직렬3기통 디젤도 개발하고 있다고 한다. 상세한 것은 분명하지 않지만 180마력의 최고출력과 신규제 유로7에도 대응한다고 한다.

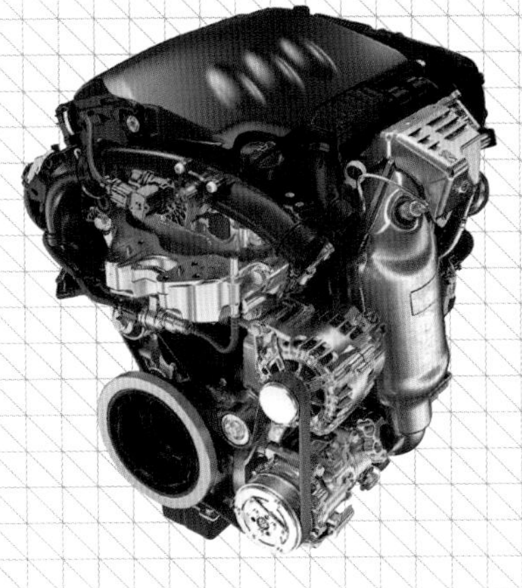

PSA

PureTech 1.2 Turbo

- 1.2ℓ 직렬 3기통 DOHC 직접분사 터보
- 1199cc
- 97kW/230Nm

PSA의 신세대 3기통인 EB시리즈를 직접분사화해 과급한 것이 Pure Tech 엔진이다. 신 플랫폼인 EMP2에 맞춰 등장한 주목받는 엔진이다. NA판도 있지만 과급압으로 파생모델을 만들 수 있는 1.2터보가 주류가 될 것 같다.

BMW

B37

- 1.5ℓ 직렬 3기통 DOHC 직접분사 터보
- 1496cc
- 85kW/270Nm

이 엔진은 BMW의 신세대 B37형 1.5ℓ 직렬 3기통 터보 디젤. 단기통 체적 500cc에, 3기통이 B37형(型)이고 2.0ℓ 4기통이 B47형이다. 가솔린인 B38, B48과 실린더 블록을 같이 쓴다. 가솔린과 마찬가지로 디젤도 6기통 엔진을 개발 중이다.

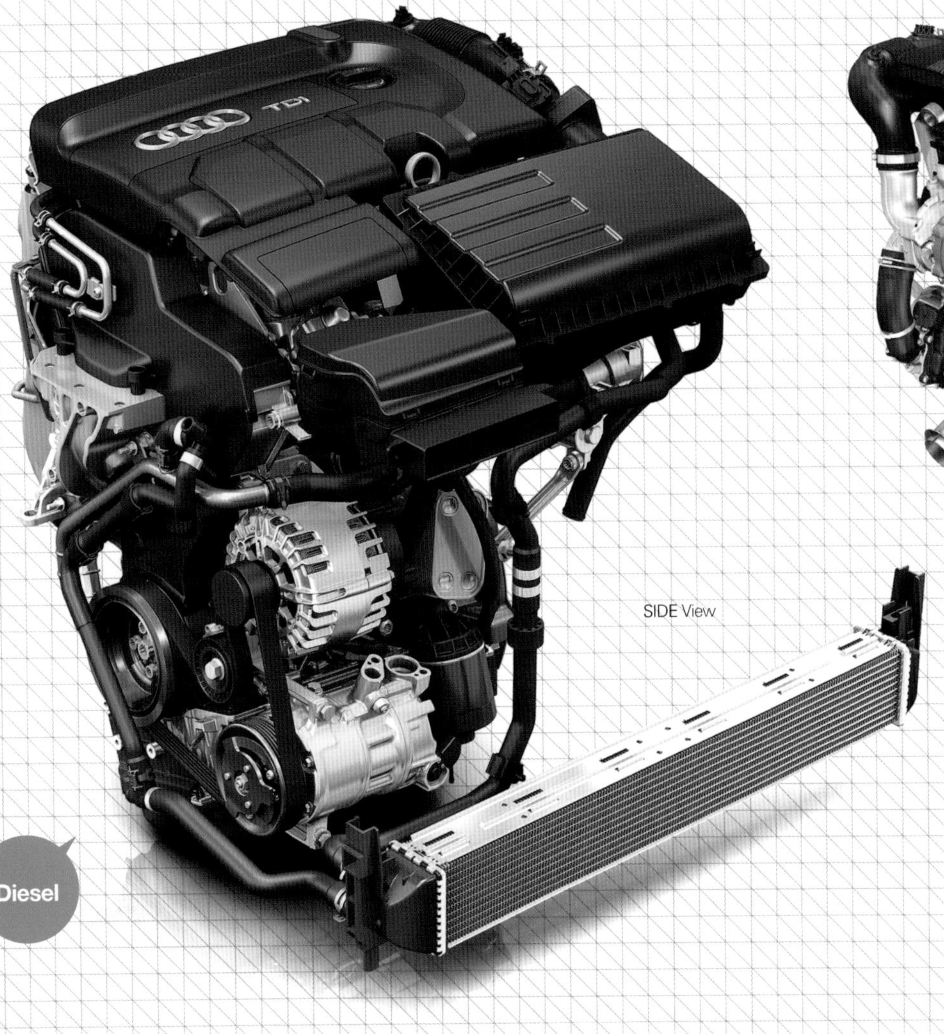

Diesel

SIDE View

REAR View

AUDI

1.4ℓ 3Cylinder TDI Engine

- 1422cc
- 66kW/2750~3500rpm
- 230Nm/1500~2500rpm

아우디의 신형 1.4ℓ 직렬 3기통 디젤엔진은 200MPa의 분사압력 솔레노이드 인젝터와 VG터보 사양으로서, 기존의 1.6ℓ 직렬 4기통 디젤에서 기통수를 줄인 것이다. 1.4ℓ 이면서 230Nm를 발휘한다.

사용하는 것으로 생각했는데, 볼보도 직렬3기통 엔진을 개발하고 있었다. 현시점에서는 배기량을 포함해 발표를 하지는 않았지만 당연히 4기통 중에서 1기통을 줄인 Drive-E의 1.5ℓ일 것이다. 그리고 하이브리드화(PHEV도 포함해서)가 될 것으로 예상할 수 있다. 즉 장래의 CO_2 95kg/km, 나아가서는 그 다음을 내다보고 개발된 엔진인 것이다. 발표된 것은 가솔린 3기통이지만 디젤 사양 가능성도 높을 것이다. 이 1.5ℓ는 볼보의 D세그먼트인 60시리즈까지 탑재하게 된다. 유럽은 D세그먼트까지 3기통 엔진을 장착하는 시대가 바로 앞까지 도래하였다.

아우디도 새로운 3기통 디젤을 개발했다. 1.4ℓ 3기통 DTI로서, VW그룹이 개발하는 모듈러 디젤 엔진 플랫폼(MDB)의 제2탄 엔진이다. 행정 95.5mm MDB의 제1탄이다. 2.0TDI와 똑같다. 내경는 2.0TDI의 81.0mm에서 79.5mm로 축소되었다. 내경 피치는 88.0mm로, 물론 실린더블록은 알루미늄합금이다. 저압EGR을 갖춘 최신 3기통 디젤로 완성되어 있다. 현재는 A1의 환경 스페셜차 Ultra에 탑재되고 있다.

「천연가스는 기본적으로 같은 열량을 내면서도 가솔린보다 CO_2를 25%나 적게 배출합니다. 아무것도 하지 않아도 25%나 낮아지는 것이죠. 더구나 셸가스 혁명으로 가격이 점점 떨어지고 있고, 수소처럼 인프라 정비 문제도 거의 없죠.」

하타무라 박사는 앞으로의 자동차는 천연가스의 가능성을 지금보다 훨씬 진지하게 모색해야 한다고 생각하고 있다. 가장 큰 장점은 앞서도 언급했듯이 CO_2 배출량이 25%나 줄어드는, 천연가스가 가진 연료로서의 성질이다.

기체라서 밀도가 낮아 중량당 체적이 큰 천연가스는 가솔린과 비교해 충전효율 측면에서 불리하기 때문에, 가솔린엔진과 동등한 성능을 내려면 과급이 필수이다. 옥탄가가 높기 때문에 과급하기도 좋고 과급다운사이징에도 딱 알맞다고 한다.

다만 천연가스는 액화하기 어려운 성질도 같이 가지고 있다는 점을 잊어서는 안 된다. 지금까지 많은 자동차 메이커가 연구나 실증실험을 거듭했지만 천연가스가 자동차용 연료로 널리 보급되어 있다고는 말하기 어렵다. 그 원인 가운데 하나는 액화가 어렵기 때문에 자동차에 탑재할 수 있는 양에 한계가 있

COLUMN

Proposal for 2020 >>> 하타무라 고이치

Dr. Koichi HATAMURA

최적의 해법은 천연가스에 있다

하타무라는 차세대 파워트레인으로 천연가스(CNG) 엔진에 주목할 것을 제안하고 있다.
그리고 CNG 전용 엔진으로 엔진구조를 변경함으로서 새롭게 열리는 세계가 있다고 한다.

본문 : 다카하시 이페이 사진 : 폭스바겐 / 마쯔다 / 아우디 / 피너클 엔진스

폭스바겐

골프TGI

7세대 골프의 CNG모델. CNG용 고압탱크 2개에 50ℓ 가솔린 탱크를 탑재한 바이퓨얼 사양으로, CNG로의 주행거리는 940km. CNG를 다 사용하면 자동적으로 가솔린을 사용하는 주행모드로 전환되며 추가로 420km 주행이 가능하다. 엔진은 1.4TSI를 기본으로 밸브나 밸브시트 등을 변경해 CNG의 높은 연소온도에 대응. CNG를 사용할 때의 CO_2 배출량이 불과 92g/km에 불과하다(가솔린을 사용할 때는 119g/km).

마쯔다
SKYACTIV-CNG 콘셉트

악셀라(MAZDA3) 기반의 CNG사양 자동차. 좌측 페이지의 골프와는 달리 실증실험용 콘셉트 모델이다. 특징은 2.0ℓ SKYACTIV-G를 기반으로 한 엔진. 압축비는 14.0으로 SKYACTIVE-G에서 수출용으로 설정되어 있다. SKYACTIVE-G라 가능한 고압축비를 살려 CNG의 장점을 효과적으로 끌어낸다. 많은 CNG사양 자동차와 마찬가지로 가솔린탱크도 장착한 바이퓨얼 사양으로 CNG는 흡기포트 내에 분사하고, 가솔린은 실린더 안에 직접분사한다.

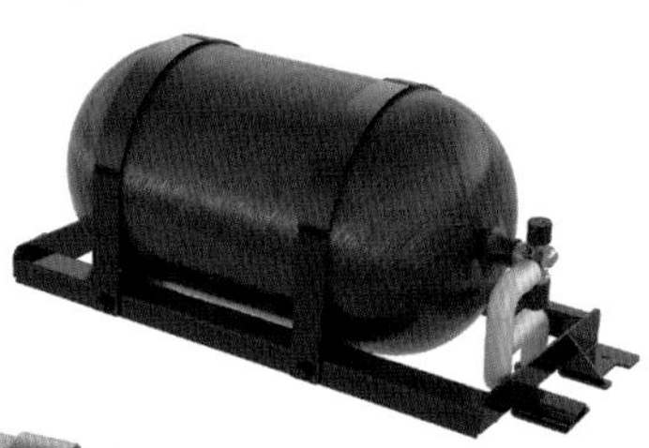

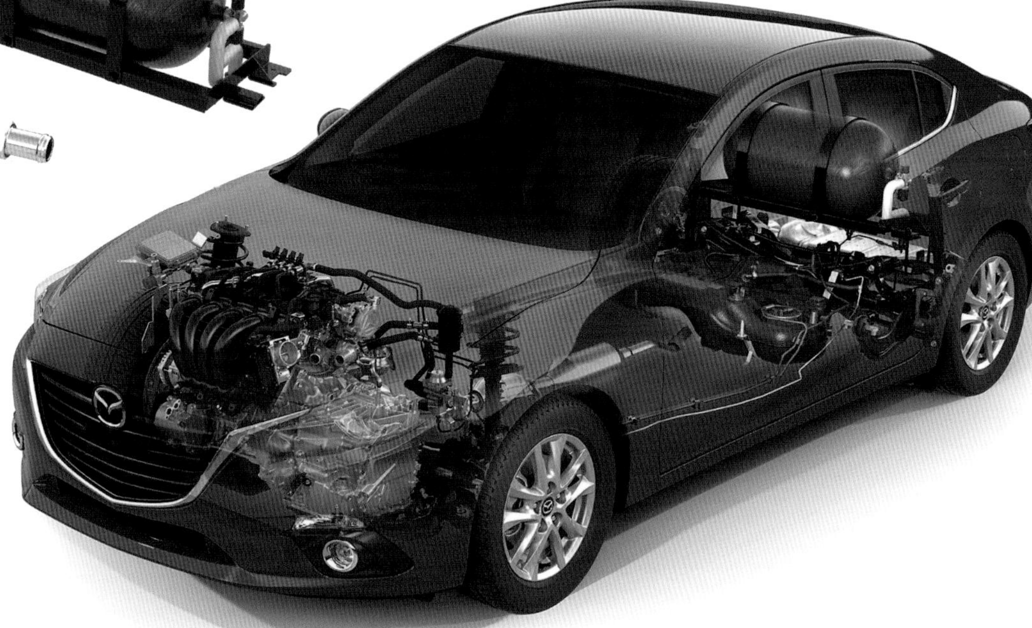

아우디
AG g-tron

천연적으로 유래하는 가스에 의존하지 않고 풍력발전 등과 같은 재생가능 에너지를 이용해 물을 전기분해한 다음, 발생한 수소에 CO_2를 반응시켜 메탈을 합성함으로서 연료로 사용하는 실험(덧붙이자면 천연가스의 90%는 메탄이다). 사용한 것과 똑같은 양의 CO_2를 대기 속에서 회수한다는 획기적 아이디어이다.

을 뿐 아니라 주행거리가 늘어나지 않는다는 점을 들 수 있다.

물론 천연가스의 액화가 불가능하다는 것이 아니고, 실제로 산유국으로부터 해상으로 수송할 때는 액화상태의 LNG(Liquefied Natural Gas : 액화천연가스)로 취급하고 있다(체적은 기체일 때의 1/600). 다만 액화상태를 유지하기 위해서는 극저온(-162℃) 상태를 유지해야 해야 하기 때문에 사실상 소규모 이동물체에서는 이것이 불가능하다. 그래서 기체 상태로 압축한 CNG(Compressed Natural Gas = 압축천연가스)를 이용하는 이유인데, 이것이 앞서 언급한 문제와 연결되어 있다.

현명한 독자라면 눈치 챘을 수도 있지만, 이 압축기체를 다루는데 있어서의 어려움은 근래에 각광 받고 있는 FCV(연료전지차)도 똑같이 가지고 있다. 연료전지에 이용되는 수소도 극저온 하에서만 액체 상태를 유지할 수 있기 때문에 FCV에서는 수소를 압축기체로 취급한다. 그래서 주행거리를 늘리는 핵심기술 중 하나로 개발된 것이 고강도섬유 등과 같은 복합소재를 이용한 고압탱크 기술이다.

현재 CNG를 연료로 하는 자동차(이하 NGV)에

이용되는 일반적인 천연가스용 탱크의 충전압력은 20MPa 정도이지만, 세계최초의 양산 FCV로서 이미 판매되고 있는 도요타 미라이에 이용되는 고압탱크의 충전압력은 70MPa이다. 이 기술을 NGV에 적용하면 주행거리 문제 해결에 큰 진전을 이룰 것은 틀림없다. 더구나 공급망 확보가 큰 문제로 대두되는 수소와 달리 천연가스는 예전부터 도시가스로서 도심지를 중심으로 광범위하게 가정에 공급되고 있다. 실제로 셸가스 혁명이 한창인 미국에서는 가정용 NGV충전기가 일부 지역에서 이미 보급되기 시작하고 있다.

여기까지는 기본적으로 현존하는 엔진이나 그 주변기술을 기반으로 한 이야기이다. 하타무라박사가 내다보고 있는 것은 조금 더 먼 미래이다.

「천연가스 엔진으로 직렬 하이브리드, 엔진의 최대 열효율이 50%까지 올라가면 FCV보다 훨씬 좋아지죠」

최대 열효율 50%가 현재 수준에서 보았을 때는 비현실적으로 들릴지 모르겠지만 물론 이 숫자에는 의미가 있다.

정부에 의해 진행되고 있는 「전략적 이노베이션 창조 프로그램(SIP) 혁신적 연소기술 연구개발 계획」에서 목표로 하고 있는 것이 가솔린엔진에서의 제동열효율 50% 실현이다. 연구기간은 2018년까지이지만 하타무라박사는 이것을 충분히 실현가능하다고 보고 있다고 한다.

「지금까지처럼 가솔린엔진의 "재활용"같은 것이 아니라 천연가스 전용으로 만들면 상당한 성능을 기대할 수 있을 겁니다. 노킹에 대해서도 (천연가스는 가솔린보다 조건이) 유리하구요.」

기본적으로 항노크성이 높은 천연가스의 장점을 이용하기 위해서는 높은 압축비가 필요하다. 하지만 높은 압축비를 확보하기 위해 연소실 체적을 작게 하면 상대적으로 연소실 표면적이 커지고, 그러면 표면적/체적 비율이 커져 냉각손실이 증가한다. 그래서 연소실 면적을 작게 하기 위해 내경을 작게 한 작은 내경×긴 행정이 바람직한 것으로 여겨진다.

문제는 그 행정/내경 비율이 어느 정도이냐 하는 것인데, 가스연료를 이용하는 HCCI엔진 연구에서는 압축비 26, 행정/내경 비율 2(!!)를 이용했다고 한다. 천연가스 연료로 예혼합 압축착화를 실현하기 위해서는 이렇게까지 할 필요가 있다.

그러나 행정/내경 비율=2라고 하면 행정이 내경의 2배나 된다. 이미 일반적인 왕복피스톤 기관에서는 기하학적인 제약 때문에 실현이 어려운 수치이다. 그래서 하타무라박사가 강력하게 밀고 있는 것이 미국 피너클 엔진스의 피너클 엔진이다. 이 엔진에 대해서는 과거 몇 번에 걸쳐 본지에서 소개한 바 있기 때문에 상세한 것은 생략하겠지만, 가장 큰 특징인 대향 피스톤 구성은 앞서 언급한 바로 큰 행정/내경 비율을 만들어낸다. 냉각손실을 낮게 억제할 목적도

CNG 전용인 피너클 엔진이 새로운 세계의 문을 열다

자동차용 내연기관은 착실한 기술개발을 거듭하면서 효율을 높임으로서 지금에 와서 그 존재감이 재조명 받고 있다. 가솔린이나 디젤과 똑같은 혜택을 CNG연료가 향유하기 위해서는 "파생"이 아니라 전용으로 설계한 엔진이 필요하다. 그래서 하타무라박사가 주목하는 것이 피너클 엔진. 고팽창비, 저냉각손실 같은 특징이 CNG에 최적이라고 한다. 형태는 보통 엔진에 익숙해진 눈으로 보았을 때 기묘하게 보일지 모르지만, 반대로 말하면 원래 CNG에는 그만큼 크게 다른 요소가 요구되는 것이다.

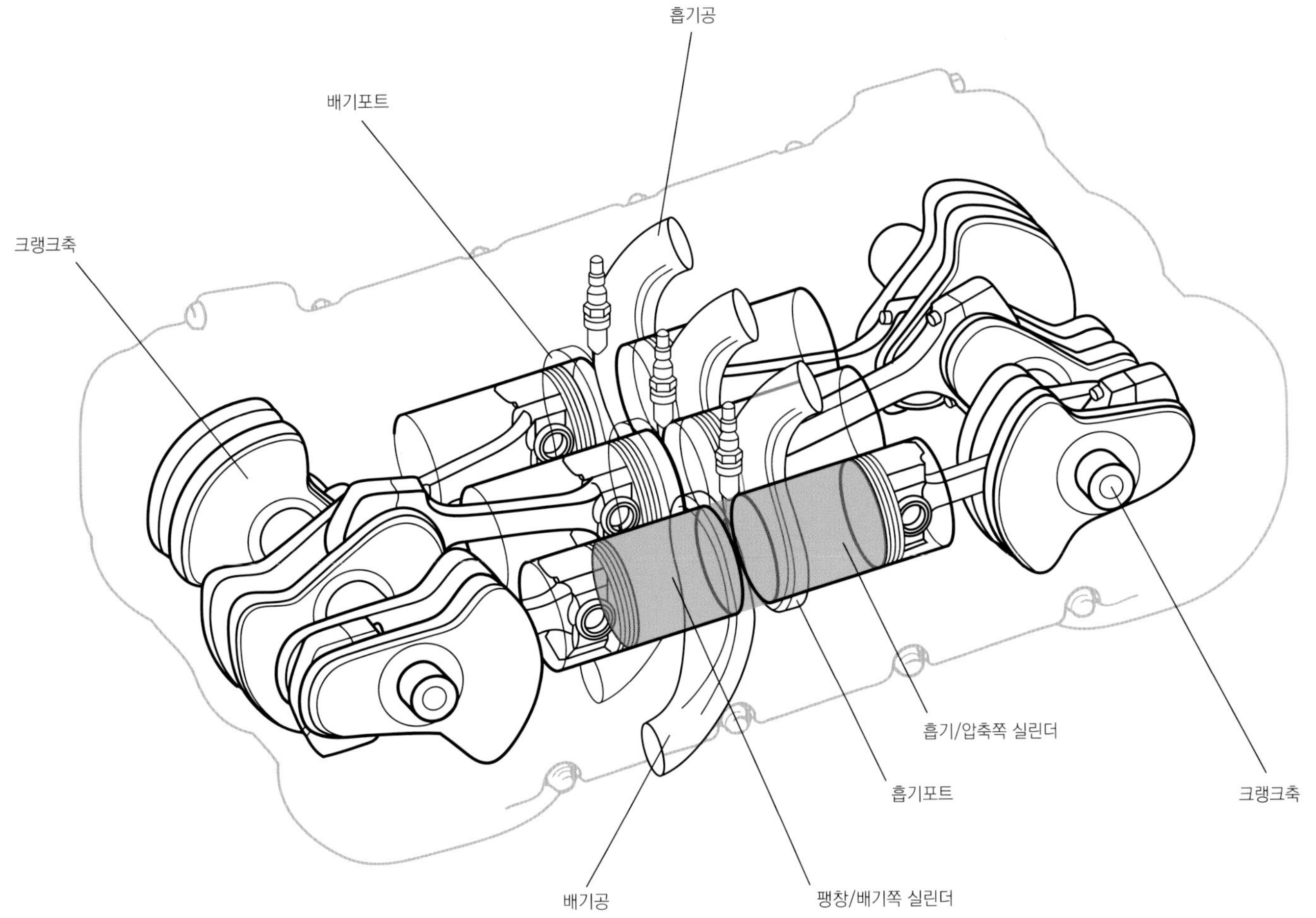

피너클 엔진이란?

미국 피너클엔진스 회사가 연구개발을 진행하고 있는 차세대 고효율엔진. 대향 피스톤이라는 배치구조 자체는 예전의 항공기용 등에서 볼 수 있던 것이지만, 거기에 고팽창비, 저냉각손실이라는 현대의 고효율화 방법을 찾아냄으로서 훌륭하게 새로운 기술로 승화시키는데 성공하고 있다. 독특한 배치구조 때문에 실린더헤드가 없는 한편, 일반적인 포펫밸브를 사용하기가 힘들어 흡/배기포트에 슬리브밸브를 이용하고 있다.

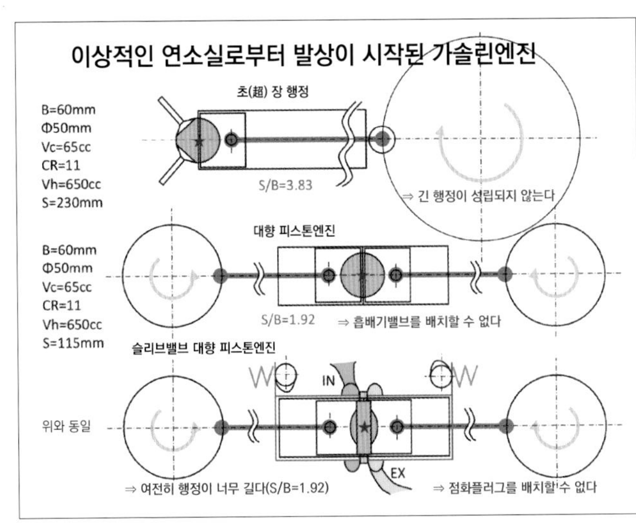

완전 일치할 정도로 모든 의미에서 천연가스 엔진으로 이상적이라고 한다.

이 피너클 엔진을 하이브리드 시스템과 조합하는 것이 하타무라박사가 구상하는 천연가스를 이용한 NGV의 모습이다. 앞서의 박사 말에도 있듯이 엔진으로 발전한 전기를 구동축전지에 저장하고 모터를 사용하는 직렬 하이브리드라면 EV나 FCV처럼 모터 동력다운 상쾌한 주행을 맛볼 수 있을 것이다.

「에너지는 사용하는 장소에서 만드는 것이 바람직하죠.」

이러한 생각을 바탕으로 내연기관에 주목하면서 그 가능성을 모색하고 있는 박사이지만, 실은 자신이 이상적으로 생각하는 주행은 전기차(EV) 주행이다. 그는 젊은 날에 경험한 마쯔다 터보의 EV사양에서 느낀 추억이 있다고 한다.

「현재로선 EV는 원자력발전이 없으면 성립이 되지 않습니다. FCV는 연료가 되는 수소를 천연가스에서 끄집어내는 효율이 70%, 연료전지의 효율이 50%로 전체적으로 35%입니다. 그렇다면 천연가스를 그대로 사용하는 편이 좋은 것이죠.」

평소처럼 때로 나라걱정을 섞어가면서 즐겁게 이야기하는 하타무라박사는 이렇게 말하면서 씽긋 웃었다.

피너클을 추천하는 이유

피너클에서는 일반적인 엔진에서는 실현 불가능할 정도의 대폭적인 작은 내경·긴 행정화가 가능. 고팽창비와 냉각손실 억제는 가솔린에서도 필수이지만, CNG는 그런 경향이 더 극단적이기 때문에 피너클이 아니면 실현이 불가능하다고 해도 과언이 아니다.

수소의 안정적 공급은 가능한가 정부와 싱크탱크의 계산

도요타가 미라이를 발표하면서 갑자기 주목을 모으고 있는 FCEV(Fuel Cell Electric Vehicle).
수소사회로 가는 첫걸음일까? 의견이 갈리는 "수소"의 미래. 우선은 올바른 지식과 정보를 모으는 것부터 시작해 보자.

본문&사진 : 마키노 시게오　　그림 : 자원에너지청(Agency for Natural and Energy)

FCEV(연료전지 전기자동차)의 카탈로그 모델로 등장한 도요타 미라이의 연간 생산규모는 현재 700대이다. 실험적인 FCEV가 아니라 일반 사용자의 사용에 견딜 수 있도록 개발된 모델로서, FC(연료전지) 스택의 제조단가를 낮추려고 다양한 방법을 반영했다. 아직 거리에 충전소가 부족하기 때문에 미라이를 구입하는 사람은 근처에서 수소를 보급 받을 수 있어야 한다는 것이 조건이긴 하지만 어쨌든 수소 자동차는 움직이기 시작하였다.

자원에너지청은 2017년의 자동차탑재 FC용 수소공급량을 140만Nm^3(0℃/1기압 상태에서의 체적)로 예상하고 있다. 이것은 현재 사용되고 있는 공업용 수소 연간수요인 2억Nm^3에 비하면 미미한 양이다. 2030년 시점에서는 이것인 연간 27억Nm^3이 될 것으로 예상되지만, 그래도 새로운 설비투자를 하지 않아도 부산물 수소로 충분히 소화할 수 있는(82p 그래프 참조) 양이다.

한편 미라이의 FC스택 원가가 공표되지는 않았지만 시판가격 7,300만원(세입)은 1세대 프리우스 발표 때와 같이 「팔리면 팔릴수록 적자」는 아니라는 것을 여러 경로를 취재하면서 확신했다. 개인적으로는 「물건 값을 거의 원가」로 보고 있다. 이것을 전제로 계산하면 FC스택의 가격은 리튬이온전지보다 20% 정도 비싼 것이 된다. 기존에 「성형으로는 불가능」하다고 간주되던 영역을 극복하고, 백금사용량은 종래의 3분의 1까지 줄인 노력에 대한 보상이다. 이렇게 전향적인 기술개발이 FCEV의 완성도를 높이고 있다. 완성도가 높아지면 잠재수요는 확대된다.

주목해야 할 것은 셀과 셀을 격리하는 세퍼레이터 형상이다. 리튬이온 전지 등의 세퍼레이터는 양극과 음극이 접촉하지 않도록 분리하는 동시에 전해액이 배어들게 한 부분이지만, FC의 세퍼레이터는 셀끼리 접촉하지 않도록 하는 격벽이다. 도요타의 08년형 셀은 이 세퍼레이터가 함석판 형상을 하고 표면에 공기(산소), 안쪽의 전해질 막에 수소를 서로 정면으로 마주보고 흐르게 했다. 그런데 미라이용 셀의 세퍼레이터는 3차원 입체 메쉬구조로서, 공기가 이곳을 흐를 때 난류가 발생한다. 내부의 전해질 막을 흐르는 수소는 표면의 공기흐름과 90도 직각을 이룬다. 이런 구조를 통해 백금사용량을 줄여도 효율이 좋은 발전이 가능해졌다.

하지만 도요타는 「양산효과만으로는 더 대폭적인 단가하락을 기대하기 어렵다. FC 자체의 개량과 제조방법을 개선해 나가지 않으면 안 된다」고 말하고 있다. 어쩌면 3D 메쉬구조도 더 진화될지 모른다. 할 때는 철저히 한다는, 너무나도 도요타다운 추구 방식이다. 이런 부분이 널리 일반에게 전달될 기회가 없다는 것이 유감스럽다.

각종 수소제조방법의 특징

※ 자원에너지청 및 일본에너지경제연구소, 일본원자력개발기구의 자료를 바탕으로 필자가 작성

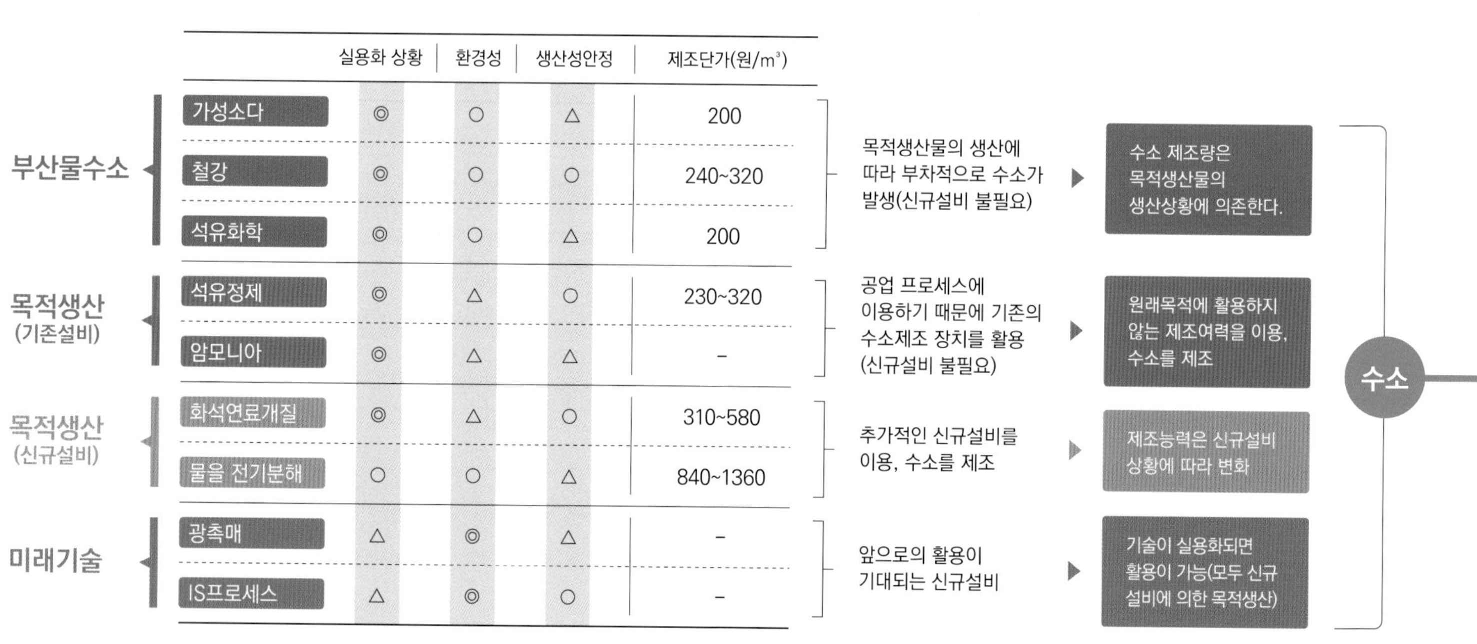

구분	제조방법	실용화 상황	환경성	생산성안정	제조단가(원/m^3)	특징	결과
부산물수소	가성소다	◎	○	△	200	목적생산물의 생산에 따라 부차적으로 수소가 발생(신규설비 불필요)	수소 제조량은 목적생산물의 생산상황에 의존한다.
	철강	◎	○	○	240~320		
	석유화학	◎	○	△	200		
목적생산(기존설비)	석유정제	◎	△	○	230~320	공업 프로세스에 이용하기 때문에 기존의 수소제조 장치를 활용(신규설비 불필요)	원래목적에 활용하지 않는 제조여력을 이용, 수소를 제조
	암모니아	◎	△	△	-		
목적생산(신규설비)	화석연료개질	◎	△	○	310~580	추가적인 신규설비를 이용, 수소를 제조	제조능력은 신규설비 상황에 따라 변화
	물을 전기분해	○	○	△	840~1360		
미래기술	광촉매	△	◎	△	-	앞으로의 활용이 기대되는 신규설비	기술이 실용화되면 활용이 가능(모두 신규설비에 의한 목적생산)
	IS프로세스	△	◎	○	-		

도요타는 FCEV 생산대수에 대해 2020년대에 「연간 수 만대를 목표로 한다」고 공언한바 있다. 오기소 사토시 상무이사는 「월간 1000대는 되야 하는데 이 목표는 달성이 불가능합니다. 현재의 약 10배인데, 그러기 위해서도 단가인하는 필수이죠」라고 말한다. 예를 들면 올해가 1,000대, 18년에 2,000대, 19년에 4,000대 식으로 순조롭게 생산대수를 늘린다 하더라도 상식적으로 말해 「몇 만대」는 적어도 3만대이기 때문에 2020년 이후에도 매년 2배 가까운 증가세를 계속 유지해야 한다.

어느 싱크탱크에서는 FCEV 수요를 2020년에 일본에서만 「연간 약10만대」로 예측하고 있다. 자동차전문 조사회사는 2020년 시점의 전 세계 수요가 「약 1만대」로 예측하고 있다. 예전에 FCEV가 각광을 받던 90년대 말부터 2000년 초기에 걸쳐서는, 예를 들어 다임러 크라이슬러(당시)가 04년부터 FCEV를 양산한다든가 혼다나 GM도 그에 뒤지지 않고 양산을 시작한다든가 하는 보도가 계속해서 나왔었다. 그런 모든 것이 꿈이었지만 어느 싱크탱크는 당시 2015년에 「세계에서 FCEV 보유가 100만대를 초과할 것」등의 예측을 발표하기도 했다. 그에 비하면 2020년 시점에서 일본국내에서의 10만대가 당치 않은 예측이라고는 할 수 없다.

그러면 2020년 시점에서의 수소수요는 어떨까. 자원에너지청은 2030년에 FCEV용 수소수요를 27억Nm^3로 예상하고 있다. 2020년 무렵은 그 4분의 1정도, 즉 7억Nm^3으로 보고 있다. 이 양이라면 부산물 수소로 소화할 수 있다. 석유정제 등으로 자가소비되고 있는 분량은 연간 150억Nm^3로 이야기되는데, 그 가운데 상당한 양이 폐기(연소)되고 있다고도 한다. 어느 사업자한테는 「그 정도 양으로도 FCEV 10만대 정도는 간단히 커버할 수 있다」고 들었다. 실제로는 어느 정도가 폐기되고 있을까. 용도가 없기 때문에 버리는 것인데, 그 총량을 조사하는 것은 불가능할 것이다.

무엇보다 수급관계는 수소공급 수단이 어디까지 보급되어 있느냐에 따라 바뀐다. 수소는 제조보다도 「수요처에 도착하는 과정」이 훨씬 어렵다. 영하 250° 이하로 강하게 액화시킨, 가장 밀도가 높은 수소라도 질량당 저

		2008년형 FC스택	신형 FC스택(MIRAI)
최고출력		90kW	114kW(155ps)
체적출력밀도/중량출력밀도		1.4kW/ℓ / 0.83kW/kg	3.1kW/ℓ / 2.0kW/kg
체적/중량		64ℓ/108kg	37ℓ/56kg(셀+체결부품)
셀	갯수	400셀(2열 적층)	370셀(1열 적층)
	두께	1.68mm	1.34mm
	중량	166g	102g
	유로(流路)	홈유로	3D 파인메쉬 유로

도요타의 FC스택은 최근 6년 동안 급격하게 발전했다. 고분자막 형식 FC에서는 절대로 가격도 떨어지지 않을 것이라고 했지만 그것도 극복했다. 20년 이상을 거친 연구성과로서 그야말로 「끊임없는 연구」가 가져온 실제 사례이기도 하다.

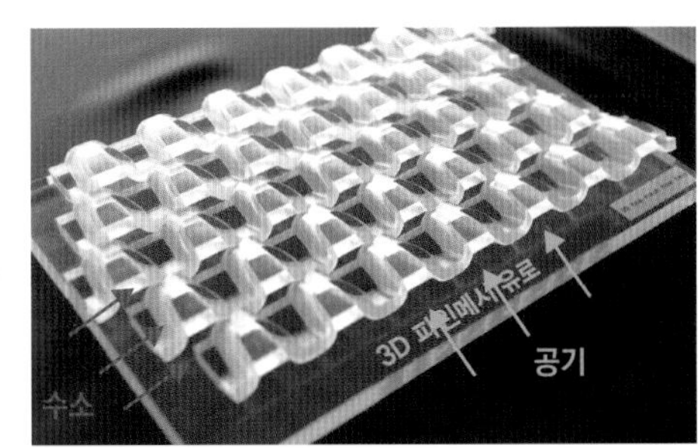

티탄 극박판(極薄板, 이 모형은 수지제품)을 마치 기와를 늘어놓은 것 같이 3차원 격자구조로 가공한 세퍼레이터. 통상은 함석판 같은 형상을 하고 있지만 전극과 세퍼레이터가 접촉하는 부분을 극소화하기 위해 이렇게 만들었다.

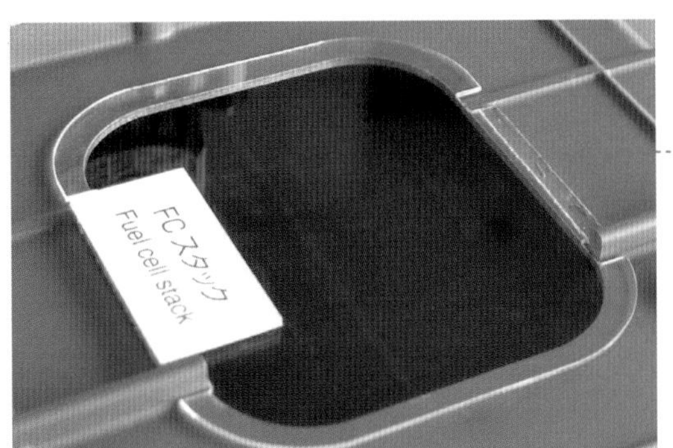

FC스택을 들여다보면 얇은 판 형상의 물건들이 몇 겹이고 겹쳐 있다. 08년형 스택과 비교하면 체적이 반 정도로 줄었다. 망간전지와 니켈수소전지 정도의 차이이다. 그렇다면 앞으로의 발전에 따라서는….

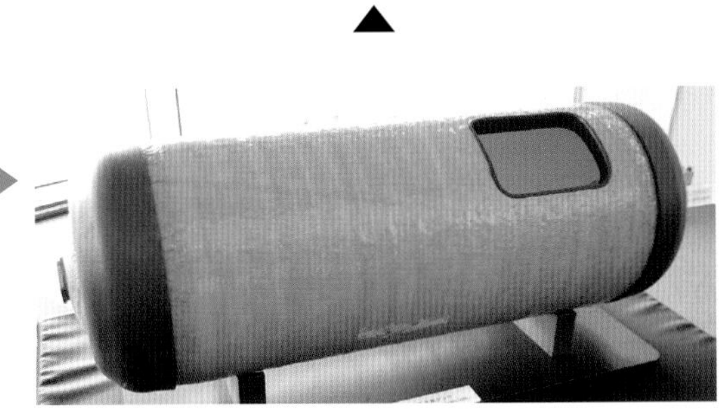
CFRP(탄소섬유강화수지) 제품인 70MPa 대응 수소탱크의 표면에는 GFRP(유리섬유강화수지) 보호층이 감겨 있다. 70MPa이라는 것은 체적이 700분의 1이라는 말이다. 그만큼의 압력을 가두고 있다.

가장 안쪽 것이 FC스택, 바로 앞이 수소순환 펌프와 보조장치, 중앙부분에서 돌출된(화면 우측 안쪽) 승압 컨버터와, 발전 및 전력공급계통이 일체화된 모듈 형식이다. 전에는 FC스택 내의 양이온 교환막을 습하게 유지하는 외부가습기가 필요했지만, 도요타는 스택 내에 물을 순환시키는 방법을 개발해 세계최초로 가습기가 필요 없게 했다. 이 점도 시스템의 가격인하에 기여하고 있다. 이 모듈은 미라이의 운전석과 조수석 아래에 배치된다.

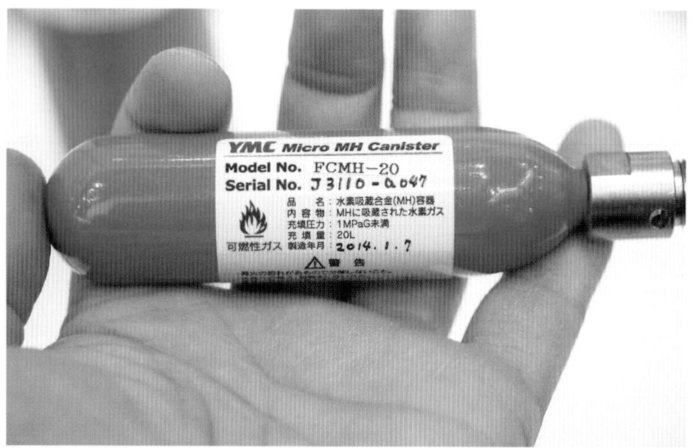

손바닥에 얹을 만큼 작은 수소흡장합금 봄베이지만 이 안에 수소 20ℓ를 저장하고 있다. 실제로 쥐어보면 보기보다 꽤나 무거워 금속덩어리란 것을 실감한다. 대형 흡장합금 봄베를 자동차에 장착하면 고압축탱크보다 몇 배나 무거울 것이다. 하지만 싸다는 점이 특징이다.

수송용 틀에 고정된 CFRP제품의 수소 봄베. 압축수소운송 자동차용 봄베는 기술수준이 45MPa로 정해져 있는데, 45MPa이라면, 상온 시에 비해 체적이 450분의 1이 된다. 미라이의 수소탱크는 70MPa이기 때문에 두꺼운 CFRP로 만들어져 있지만 내압을 45MPa로 낮추면 구조를 간소화할 수 있다. 다만 주행거리는 줄어든다. 운반과 차량탑재는 중요한 해결과제이다.

수소수급의 미래 예측

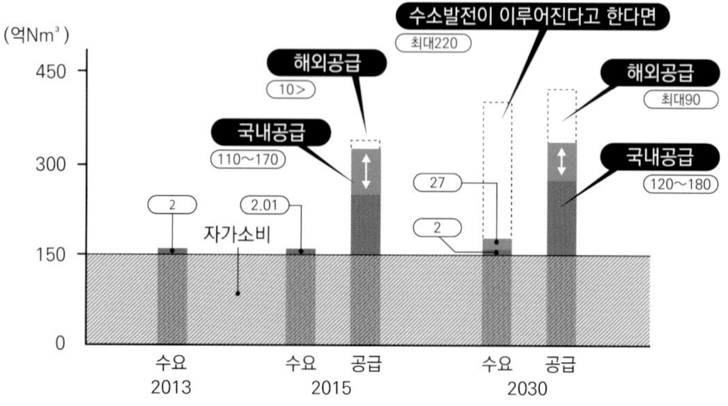

※ 미즈호정보종합연구소에 의뢰한 NEDO 위탁조사 베이스의 자원에너지청 예측

그래프 속의 「국내공급」은 정유공장의 수소제조장치 여력이나 가성소다, 철강 같은 업종에서 만들어지는 부산물 수소까지 포함한 양으로서, 그 하한값은 자가소비 분량을 감안해도 아직 여유가 있는 수소로 상당한 정도를 커버할 수 있다. 새로운 설비투자를 하지 않아도 확보할 수 있는 수소이다.

장밀도는 가솔린보다 30% 감소, 체적저장 밀도에서는 약 5분의 1 밖에 안 된다. 70MPa의 압축수소는 질량저장밀도에서 가솔린의 약 5분의 1, 체적저장밀도에서는 20분의 1 이하이다. 이런 숫자를 보고 있으면 수소를 디젤엔진을 탑재한 화물운반차로 육상수송하는 것이 CO_2 저감효과라는 점에서 약간 의문이 아닐 수 없다.

도쿄가스 등이 검토하고 있듯이 도시가스배관에 「수소+이산화탄소(CO_2 +$4H_2$)」로 제조한 메탄을 흐르게 하고, 수소충전소에서 메탄으로부터 수소만 추출하는 수단은 현실적이 아닐 수 없다. 개인적으로는 가장 기대하는 방법이다. 하지만 이 방법은 세상에는 거의 알려져 있지 않다. 어느 싱크탱크에 물어봐도 「잘 모른다」는 답변이 돌아왔다.

현시점에서 수소이용에 대한 대처상황을 취재한 상황에서만 보면 2020년 시점의 수소 인프라는 「아직 사회 구석구석까지 퍼져나가지 못 했다」라는 인상을 받는다. 자원에너지청에서도 2030년 무렵에나 수소사회에 대한 윤곽이 드러날 것이라는 예상인 것 같다. 다만 2025년 경에 수소발전(發電)이 도입되기 시작해 이것이 순조롭게 확대되었을 경우에는 수소수요가 금방 증가한다. 그러면 수소수입도 이루어져야 할 것이라고 한다. 다른 싱크탱크에서는 「수소사회의 도래는 결코 밝은 미래만은 아니다」라는 흥미로운 예측을 들었다.

여하튼 우리는 아직 수소사회의 입구에도 도달해 있지 않다. 엉덩이를 들고는 "자, 이제 어떻게 하지"하는 단계이다. 그리고 FCEV에 대해 말하자면, 미래를 예상하는 입장에 있는 사람들 사이에서 기술적인 이해가 부족하다는 점이다. 자동차 메이커나 에너지 업계가 더욱 더 정보를 공개해 이해를 높여 줄 필요가 있다.

그러고 보니 얼마 전 도요타는 FCEV의 특허를 무상으로 공개한다고 발표했다. FC스택 관련이 약 1970건, 시스템제어 관련이 약 3,300건 등, 지금까지 부지런히 연구개발해 취득한 특허를 2020년 말까지를 기한으로 무상제공한다는 것이다. 의미를 추축해 보자면 FCEV에서 「도요타 진영」을 만들어가려는 의도도 느껴지지만, 스스로 개발하지 않고 있는 혹은 개발할 수 없는 자동차 메이커에서는 생각해 볼 가치가 있는 제안이다.

이런 움직임이 있으면 FCEV 수요예측이 또 혼란스러워진다. 도요타 시스템에 편승하고 당사는 「자동차의 주행」부분이나 디자인에 특화된 개발을 하겠다는 사례가, 예를 들어 애스턴마틴 같은 회사에서 나타나면 FCEV에 대한 주목도가 올라갈 것이다. 이런 일이 겹치면서 세상은 천천히 하지만 확실하게 수소사회를 향해 갈 것 같은 느낌이다.

도요타자동차의 2020년

미라이로 보는 도요타의 미래. 도요타는 무엇을 생각하고 있을까

세계 자동차의 빅3 중 하나인 도요타자동차는 연간생산규모가 1000만대이다.
새로운 발상으로 추진하고 있는 TNGA=Toyota New Global Architecture는 2015년부터 순차적으로 시판차량에 도입되고 있다.

본문&사진 : 마키노 시게오 그림 : 도요타

오기소 사토시 도요타자동차 제품기획본부 부본부장 섀시기술영역 영역장 상무이사

발전하는 FCEV의 모습과 TNGA 기반의 새로운 모델

Q : 현재의 도요타의 가장 핫한 뉴스는 뭐라 해도 FCEV 미라이의 시판입니다. 시판이 시작된지 3년째를 맞이하고 있는데, 앞으로의 미라이는 보통 자동차처럼 모델 체인지를 하면서 완성도를 높여갈 것으로 예상합니다. 단도직입적으로 묻겠습니다만, 미라이의 모델 수명은 어느 정도로 생각합니까?

오기소 : 일반적으로 FMC(Full Model Change) 사이클이 5~6년, 길면 10년 정도입니다. 미라이의 경우도 이런 일반적 상품범위라고 생각합니다.

Q : 그렇다면 FMC뿐만 아니라 새 모델을 추가하는 선택지도 있다는 것인가요?

오기소 : 현재 상황에서 도요타의 FCV(도요타는 FCEV라고 하지 않고 FCV로 한다)는 미라이뿐이기 때문에 이것을 FMC하든지, 아니면 미라이는 오랫동안 계속해서 만들고 별도의 FCV를 투입하든지, 추진방향은 여러 가지가 될 수 있습니다. 한 가지 분명한 것은 우리가 FCV를 단발로 끝낼 생각은 아니라는 것이죠. 프리우스는 결과적으로 6년 사이클로 진화하면서 앞으로 제4세대를 맞이하게 되는데, FCV에서도 같은 단계를 밟을 겁니다.

Q : 프리우스로 대표되는 HEV(Hybrid Electric Vehicle)는 1997년에 양산하기 시작해 일본에서는 일정 규모를 확보하고 있지만, 세계적으로 보면 메이저 존재는 아닙니다. 도요타로서는 향후 FCEV와 HEV를 어떻게 세계적으로 전개해 나갈 계획인지요?

오기소 : 미라이는 일본국내와 북미, 유럽, 중동에 수출하고 있습니다. 리콜사태까지 있었습니다만 본격 비즈니스 수준까지 올라갈지는 더 두고 보는 상황입니다. 상황이 되면 다른 도요타 상품처럼 현지생산, 현지소비를 계획하고 있습니다. 즉 소비처 우선정책이죠. 우리의 기본 전략은 먼저 지구규모에서 최적의 모터리제이션을 구축하는 것입니다. 하지만 지역마다 에너지사정이나 자동차가 사용되는 환경이 다르기 때문에 지구규모의 전략을 각 지역에 반영함으로서 각각의 지역에 최적인 상품군을 제공합니다. 분명 HEV가 세계적으로 메이저는 아니지만, 유럽에서는 CO_2 규제 때문에 HEV가 주목받기 시작해 야리스와 오리스 HEV가 서서히 판매되면서 도요타

의 판매대수 중 약 30%를 HEV가 차지했습니다. 북미에서는 한 때지만 HEV가 팔리지 않기도 했습니다만, 판매대수는 안정되어 있습니다. FCV와 HEV의 공존관계 측면에서 말하자면 수소를 이용하기 쉬운 지역에는 FCV를 투입하고 싶지만, 당분간은 HEV로 괜찮다고 판단되는 지역에는 HEV를 유지할 계획입니다. HEV의 반은 내연기관이기 때문에 예를 들어 바이오 계열의 액체연료를 사용할 수 있는 지역이라면 HEV로 충분히 환경부담을 줄일 수 있지요.

Q : 순수 전기자동차(Pure EV)는 어떻습니까?

오기소 : 세상에서는 우리가 EV에 대해 한 발 뒤쳐진다고 보고 있지만 그렇지 않다고 생각합니다. 2차전지 연구에 상당한 투자를 해 왔습니다. 결코 EV에 냉정한 것이 아니라 제품 순서에서 EV 이외의 것들이 눈에 띄는 것뿐입니다. 연구개발은 계속 진행하고 있습니다.

Q : 그렇다면 리튬이온의 차세대 2차전지도 연구하고 있다는 얘기인가요?

오기소 : 물론 하고 있습니다. 일부는 히가시후지 연구소의 첨단전지 연구팀이 맡고 있으며, 현재의 리튬이온 전지처럼 극판을 전해액에 담가 세퍼레이터로 격리시키는 구조가 아니라 모두 고체로 해서 에너지밀도를 높이는 방법이나 공기전지, 탈 리튬 후보로 올라있는 마그네슘전지 등, 여러 가지 형식을 연구하고 있습니다. 실험실 수준에서는 스케이트 보드 정도 크기의 차를 움직이는 고체전지를 개발했습니다. 전지에 대한 투자는 어느 회사보다 더 열심히 해왔다고 생각합니다.

Q : 분명히 연료전지도 「전지」라는 이름이 붙어있기 때문에 기술적으로 이어지는 부분이 있겠네요. 제가 처음으로 도요타에서 FC연구를 하고 있다고 들은 것은 94년이었습니다.

오기소 : FC연구도 이미 20년 이상이 흘렀습니다. 사내의 첨단기술연구 중에서도 최우선 주제로 끌고 왔죠. 말씀하셨듯이 FC와 2차전지는 닮은 부분도 있습니다. 특히 생산·가공기술에서는 상호 호환가능한 부분도 있어서, 과거에 2차전지 생산을 담당하다 니켈수소에서 대단한 경험을 했을 뿐만 아니라 리튬이온에서도 고생한 직원들이 지금 FC스택 연구에 참여하고 있기도 합니다.

Q : 그것이 독자주의의 장점이기도 하겠지요. HEV에서는 전지를 직접, FCEV에서도 FC스택을 직접 연구하고 생산도 직접하는 것으로 알고 있습니다. 모든 기술을 손안에 가지고 있다는 것이 매우 힘들다고 생각하는데, 그에 대한 결과물도 결코 적지 않을 것 같습니다.

오기소 : 스스로 연구하다 보면 성공이나 실패 모두 경험을 하게 되는 셈이기 때문에 최종적으로 밖에서 들여온다 하더라도 감정이 가능하지요. HEV를 개발할 때도 모터, 컨트롤러, 인버터, 파워 트랜지스터, 구동축전지 각각에 많은 도요타 직원이 관여했었습니다. 그런 재산이 FCV 개발에서도 도움이 되었죠.

Q : 놀랄만한 것은 인재층이 두텁다는 것인데요. 제가 직접 이야기를 나눈 직원은 소수에 불과하지만 그래도 다양한 분야를 커버하고 있더군요. HEV에 이어 FCEV를 양산하고 그것이 시장에 판매되는 과정에서 반드시 도요타에서 FCEV 연구를 해보고 싶다는 학생도 나타나겠죠.

오기소 : 우리도 그런 점에 기대하고 있습니다. HEV를 세상에 내놓았을 때 이과학생들 사이에서 도요타 인기가 높아지기도 했었죠. 그리고 실제로 우수한 학생들이 우리 회사에 들어오기도 했구요. 미라이도 마찬가지로 주목을 받으면 좋겠습니다.

Q : 가전 메이커나 자동차 메이커 어디라도 좋다는 동기보다 꼭 자동차 쪽을 해보고 싶다는 동기가 저 개인적으로는 중요하다고 생각합니다. 자동차에 대한 잘못된 느낌이 있는 것 같은데요. 「자동차야 어디나 똑같다」든가 「내연기관에 미래가 있을까」하는 식의, 일본에서는 많은 젊은이들이 그런 식으로 보고 있지 않나 싶습니다. 그런데 독일에 가보면 「자동차가 독일을 떠받치고 있다」「자동차를 연구해보고 싶다」는 젊은 친구들이 많은데 놀랐습니다. 자동차야 말로 다양한 전문분야 연구성과의 집합체라는 것이죠.

오기소 : 자동차 개발경쟁은 점점 심화될 것으로 생각합니다. 예를 들면 소재나 해석 등과 같이 특화된 분야에서 전문지식을 몸으로 익힌 학생들이 자동차 같이 총체적인

좋은 자동차를 만들어 세상에 내놓는다.

예전의 도요타는 좋은 의미이든 나쁜 의미이든 팔방미인이라고 해서 차가 한결같다고 이야기되곤 했다. 대규모생산 메이커 입장에서는 어쩔 수 없기는 했지만 근래의 도요타는 「좋은 자동차」를 표방하고 있다. 이 말의 의미는 한 가지가 아니다. TNGA에서는 이 대답이 조금 더 명확하게 드러날 것으로 기대하고 있다.

카자흐스탄에서 SUV 생산을 시작

중앙아시아 최초의 도요타 자동차 생산이 14년 6월에 시작되었다. 당분간은 부품을 현지에서 조립하는 CKD방식이지만 생산부품 대부분은 아세안에서 현지로 운반된다. 도요타의 현지생산, 현지소비 프로젝트는 확실하게 진행 중이다.

일본인에게 사랑 받는 국내용 도요타

「언젠가는 크라운」이라는 광고문구는 경제성장 시대의 일본을 상징했었다. 열심히 벌다보면 크라운을 탈 수 있다는 뜻이다. 지금 크라운은 일본전용차를 벗어나 중국에서 현지생산하고 있다.

집합체를 다루는 기업에 좀처럼 들어오질 않으려고 합니다. 그럼 점에서도 FCV가 젊은 기술자를 끌어당겨 줄 것으로 기대하고 있습니다.

Q : 또 하나, 앞으로의 추세에는 자동운전인데, 이 분야를 도요타에서는 어떻게 보고 있습니까?

오기소 : 운전지원이 점점 고도화되고 지원할 수 있는 영역이 확대될 겁니다. 이 영역이 확대되면 예를 들어 고령의 운전자를 지원할 수도 있으므로 세상 전체가 혜택을 받는 것이라 생각합니다. 고도의 운전지원에 대해서는 얼마나 교통사고를 줄이느냐 하는 부분을 최우선으로 생각하고 있습니다. 도로교통의 안전수준을 향상시키는 것 이어주던 연구가 불필요하게 됩니다. 도요타로서는 인간과 자동차가 관련되는 「연결」부분을 계속적으로 진화시키고 싶습니다. 그것이 우리의 길이라고 생각합니다.

Q : 2020년에는 어느 정도 실현되어 있겠지요.

오기소 : 단언적으로 대답할 수는 없겠지만 2020년이나 2025년 무렵에는 각각 어느 정도 진행되어 있을 것으로 봅니다.

Q : 그리고 TNGA(도요타 뉴 글로벌 아키텍처)에 대해서인데요. 기계적으로나 전자적으로 새로운 플랫폼이 되리라 생각합니다만, 첨단기술이 요구되는 시장이 어느 한편, 요컨대 지금 자동차 수요가 확대되고 있는 곳은 신 별로 진행하는 식이 되기 쉬웠습니다. TNGA에서는 세계전체를 보면서 상품군 이미지를 확정하고, 플랫폼과 파워트레인 구성은 정확도를 높여 결정하는 동시에 지역별로 현지사정에 맞추어야 할 부분은 남겨두는 식으로 생각합니다. 전체적인 최적화를 지향하면서도 개별적 최적화도 하는 것이죠. 2005년부터 순차적으로 TNGA 상품을 투입하고 있지만 새로운 시도가 이상대로 진행되기 어려운 것도 사실입니다. 허우적거리면서 하고 있습니다. (웃음)

Q : 마지막으로 한 가지만 더 묻겠습니다. 지금 유럽과 미국의 메가 서플라이어가 존재감을 높이고 있는데, 그

오기소씨는 20년 동안 HEV를 담당하다가 2009년부터는 FCEV를 담당했다. 도요타의 신형 에너지 자동차와 함께 해 온 엔지니어이다. 필자보다 젊지만 같은 시대를 살아온 연대감을 느낀다. 일본의 자동차산업을 어떻게 끌고나가야 할지에 대한 점을 우리 세대는 더 심사숙고 하지 않으면 안 된다. 어쩌면 마지막 기회일지도 모른다.

이 목적입니다.

Q : 도요타의 고도(高度)운전지원 시스템 실험차량을 타 본 적이 있는데 예상 외로 잘 만들어졌다는 인상이었습니다. 솔직히 말하면 자동조향은 더 서투를 거라고 생각했거든요.

오기소 : 이미 크루즈 컨트롤은 자율적으로 기능하고 있습니다. 자동은 아니지만 부분적인 자율은 가능하죠. 여기에 조향을 반영하면 고속도로 같이 닫힌 공간에서는 자동차 쪽이 운전자를 지원할 수 있는 영역이 확대됩니다. 그러나 지원영역이 확대되면 운전자가 지루해지면서 운전조작 이외의 것을 하게될 가능성이 있습니다. 종국적으로 「무인」을 지향하게 된다면 인간과 기계 사이를 흥국 시장이므로 이쪽에도 팔릴 만한 상품을 준비해야 하고, 그냥 놔두면 상품 종류가 많아져 개발이 비효율로 흐르게 될 텐데요. 그 점을 잘 처리하기 위해서도 TNGA가 필요하다고 생각하는데, 앞으로 향후 도요타의 상품군이나 시장별 상품기획, 상품구성은 어떻게 바뀌게 될까요?

오기소 : 우리가 TNGA라고 말하기 시작한 것이 6년 쯤 전입니다. 개발체제도 거기에 맞춰 움직이고 TNGA기획실 같은 기능을 갖게 한 것은 바로 말씀하신 부분에 대응하기 위해서입니다. 예전으로 거슬러 생각해 보면 플랫폼 구상이나 파워트레인 기획을 하기는 했지만, 지역별로 어떤 상품을 투입할 것인가 하는 단계에서는 각 지역 에 비해 일본세는 동력이 약해 보입니다. 도요타에도 일부 책임이 있는 거 아닐까요?

오기소 : 팀 저팬 안에 활발한 회사가 많으면 도요타도 든든하죠. 이것은 확실합니다. 부가가치가 높고 기술적으로도 도전할 만한 것을 일본국내에 뿌리내리도록 하고 싶습니다. 도요타는 현지생산, 현지소비로 글로벌하게 상품을 전개하고 있지만 기원은 일본입니다. 일본의 생산제조 기반을 튼튼히 하여 그것을 해외에 생산기술 별로 위탁해 현지생산하는 것이 이상적입니다. 그것을 팀 저팬 전체에서 할 수 있다면 좋겠다는 생각을 항상 하고 있습니다.

다단화로 나아갈 것인가, 변속비 폭 확대로 나아갈 것인가

자동차 주행방법이 바뀌면 그에 적합한 변속기도 달라진다. 또한 위급한 과제인 배출가스 규제대응에도 변속기 기여도가 높다. 개별 변속기는 증가할 것인가 또는 감소할 것인가. 데이터를 통해 살펴보자.

본문 : MFi 데이터 : JATCO / IHS오토모티브

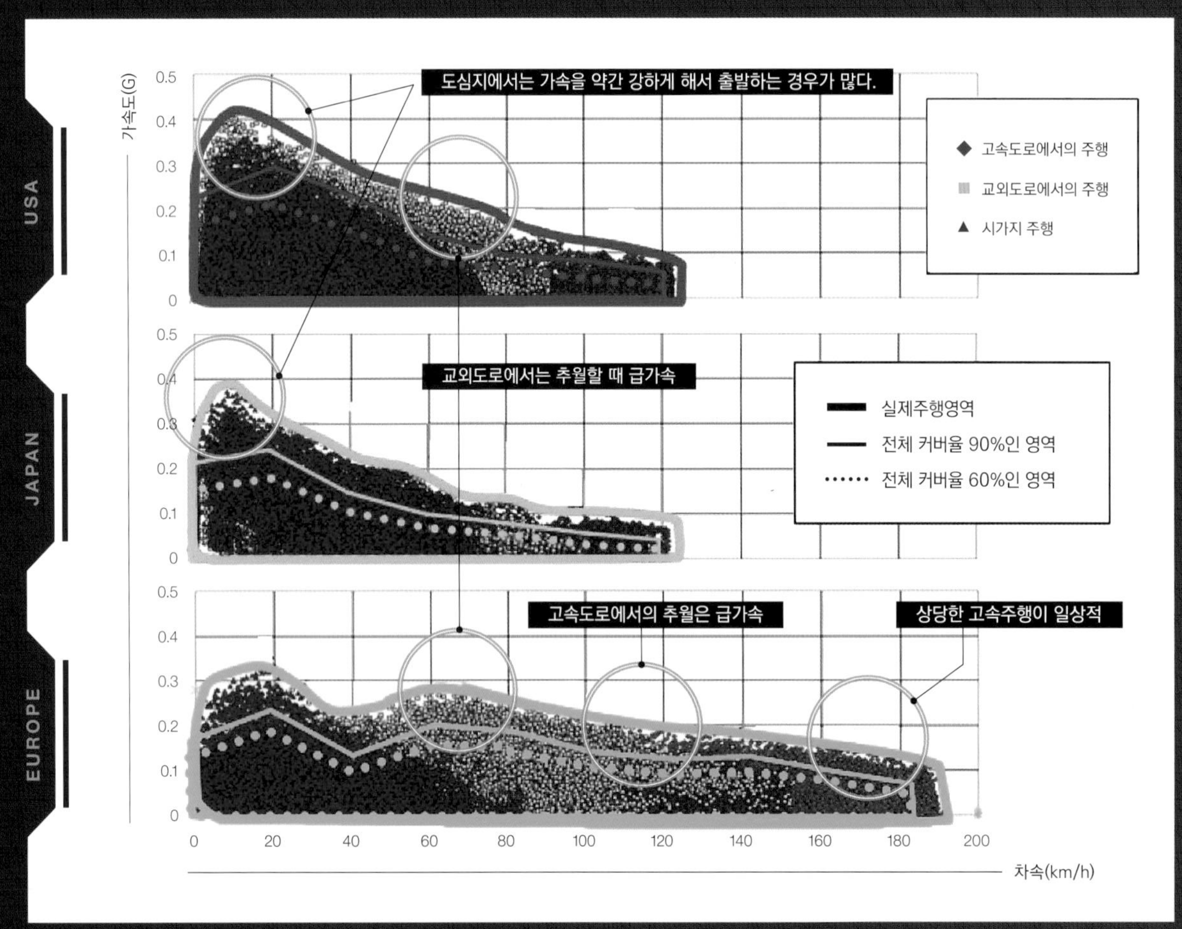

자동차가 사용되는 방법은 천차만별이다. 같은 상황에 처해도 운전자에 따라 원하는 가속도나 속도영역이 다를 뿐만 아니라 토크를 얻을 때까지의 소요시간도 기량이나 경험에 따라 다양하기 때문이다. 당연히 주행환경이나 시장에 따라서도 다르다. 각종 변속기에 준비되어 있는 것은 이지/펀(Easy/Fun) 드라이브 외에 그 시장에서 효율적으로 자동차를 달리게 하고 싶다는 목적의식이 강하게 작용한다. 각국의 연비규제를 맞추는데 있어서 변속기의 기여도가 높다는 배경도 무시할 수 없을 것이다.

위 그래프는 유럽과 미국, 일본의 주행상황에 있어서 가속도×차량속도를 그래프화한 것이다. 유럽은 200km/h에 이르는 고속영역까지 자동차를 사용한다는 것을, 다른 미국과 일본에서는 저속영역에서의 가/감속 빈도가 매우 높다는 것을 알 수 있다. 이런 주행상황과 사용자 요구를 모두 만족시킬 수 있는 변속기라는 것이 그렇게 현실적이지 않은데, 그런 결과 AT와 CVT, MT, HEV 유니트 같이 다양한 수단이 등장하게 되었다.

대체로 일본은 부드러움과 정숙성을 강하게 요구하는 경향을 보이는 CVT가 어울리는 시장이다. 그리고 HEV가 강세를 나타내는 시장이기도 하다. 북미시장도 그에 준하긴 하지만 고속도로에서의 합류가속 등에서는 강한 가속도가 필요해 AT와 CVT가 선호되는 경향이 있다. 중국시장도 북미와 비슷한 지향인 것 같다. 유럽은 리스폰스와 직접적인 느낌이 일단 필요. 따라서 MT가 아직도 주류를 차지한다. 그렇긴 하지만 어디까지나 이런 것들은 경향에 관한 이야기이다. 예를 들면 일본시장에서는 MT차를 구입하기가 어렵고, 유럽에서는 CVT를 살 수 없다는 등의 요인도 있다. WLTP(세계공통 배출가스연비시험법)이 실제로 시행된다면 변속기 분포도 변화할 가능성이 높다.

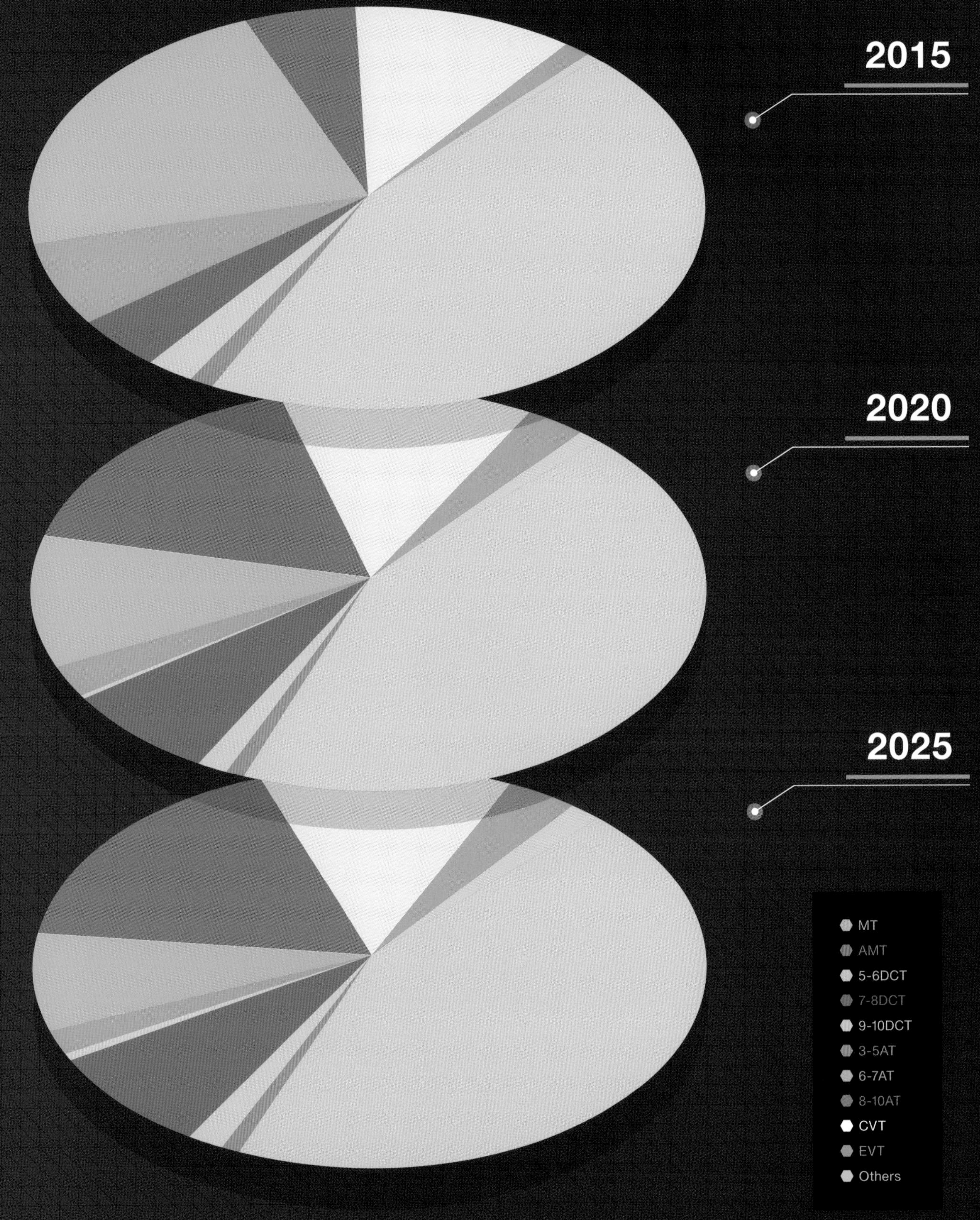

세계시장에서의 승용차용 각종 변속기의 생산대수 분포

압도적 다수가 MT(수동변속기)인 것은 시간이 지나도 변함이 없다. 신흥국 수요가 대부분을 차지하기 때문이다. 싸게 자동변속기화할 수 있는 AMT(클러치 및 시프트/실렉트를 자동화)는 여의치 않은 상황인데, 아무래도 이것은 변속할 때의 토크 끊김을 피할수 없기 때문일 것이다. CVT도 초창기에는 고무밴드 느낌이라고 해서 꺼려했는데 과연 AMT(자동화된 수동변속기)의 진화는 어떨지 궁금하다. 한편 듀얼AMT라고도 말할 수 있는 DCT는 수를 늘릴 것으로 예상된다. 유성기어+토크컨버터 구조인 AT(자동변속기)는 배출가스저감 관점에서 다단화가 진행되어 6단 이상이 정상상태가 된다. 일본시장에 거의 특화되어 갈라파고스로 비유되는 CVT는 선전하면서 착실히 대수를 늘려가고 있다.

9 th gear 1313 rpm

JEEP

CHEROKEE

지프 체로키

- Tire size : 225/65R17
- 9th gear ratio : 0.48
- Final gear ratio : 3.734

ZF·9HP를 처음 탑재한 지프 체로키. 알파로메오 줄리에타, 닷지 다트와 공통 플랫폼을 사용하는 SUV이다. V6와 직렬4기통 2종의 엔진과 FF/4WD 구동방식이 있지만 9HP 변속비는 공통. 여러 가지 타이어 사이즈 중 가장 회전속도가 낮은 것은 FF의 17인치 사양이지만 다른 사양도 일률적으로 1300rpm 정도이다.

REAR View

ABOUT **TRANSMISSION**

초(超)다단화의 장점을 계산으로 살펴보자.

7, 8, 9 그리고 10…. 변속기의 다단화가 멈출 줄을 모른다. 총 변속비 폭은 계획대로 증가하고 있다. 하지만 주행속도가 100km/h로 제한된 일본 도로에서는 최다단으로 주행할 기회를 좀처럼 얻을 수 없다. 그렇다면 계산으로 산출해 보는 수밖에. 과연 각 기어비의 숫자는 어느 정도일까.

본문 : MFi 그림 : 크라이슬러 / 랜드로버 / 다임러 / GM / 미즈카와 마사요시

유단 자동변속기(Step AT)의 다단화(多段化)가 멈출 줄을 모른다. 아이신 8단이 데뷔했을 당시는 FR용이어서 최신형이라는 측면이 적지 않았다. 자트코는 굳이 7단을 선택했고, ZF가 8HP를 등장시켜 경쟁을 펼쳤다. 매우 한정적인 값비싼 차량용 장치로 생각되었지만 BMW가 8HP를 대량으로 적용하였다. 1시리즈부터 7시리즈까지 풀 라인업에서 8단 AT를 탑재하게 되었다. 그를 전후해서 폭스바겐 그룹과 재규어·랜드로버, 크라이슬러 등도 8HP를 적용. 결코 최신형·최고급 자동차용이라고 단언할 수 없는 상황을 맞고 있다. 그런 상황에서 다임러가 9단 AT를 발표하면서 메르체데스 벤츠 E클래스에 처음으로 탑재하게 되었다.

FF용은 얼마동안 아이신 6단을 중심으로 해서 다단화가 진행되지 못하다가 ZF가 4HP(4단) 이후에 뛰어들게 되면서 9단을 개발. 북미에서 생산한다는 소식과 대체 어떤 메이커와 브랜드가 사용하기로 결정했는지가 화제를 모았지만(변속기는 기본적으로 현지생산이기 때문에) 결국 크라이슬러가 첫 걸음을 내딛었다. 그 후 랜드로버, 혼다 등이 명함을 내민다. 아이신도 8단을 시장에 투입. 6단 시절부터 많은 브랜드에 사용된 실적이 있듯이 바로 볼보가 게트락의 DCT·파워시프트에서 대체하는 동시에 신형 T5 엔진과 조합해 데뷔시킨다. DCT로 화제를 옮겨보면, 폭스바겐은 드디어 DSG를 10단 무대에 올리면서 조만간 등장을 예고하고 있다.

세로배치, 가로배치를 불문하고 이미 6단이라는 숫자는 완전히 보급형 변속기라는 인상을 주게 되었다. 몇 년 전까지는 「8단도 필요 없다, 6단으로 충분하다」등의 분위기였지만 역시나 경쟁회사가 다단화로 나아가면 상품성 문제 때문에 추월하고 추월당하게 된다. 이렇게 해서 다단화는 끊임 없이 진행된다.

하지만 원래의 목적은 총변속비 폭의 확대이고, 다단화는 그를 위한 수단이다. 200km/h 근방의 초고속영역에서 정속주행할 때 어떻게 엔진 회전속도를 가져갈 것인가. 그래서 근래의 다단변속기는 변속비가 1 이하 단수가 많다. 그것은 다시 말하면 적어도 법규상으로 100km/h를 상한으로 제한하는 일본에서는 무용지물일 수 밖에 없다는 점이다. 실제로 9단 AT를 탑재한 자동차를 운전하더라도 수동으로 높은 기어로 변속하지 않는 한 9단으로 변속할 일이 거의 없다.

그래서 다단변속기를 장착한 차량이 100km/h로 주행 할 때는 최고단수에서 엔진회전속도가 어느 정도인지를 계산해 보았다. 이 숫자는 어디까지나 이론값이다. 실제로는 주행저항을 비롯해 여러가지 요인이 많기 때문에 회전속도는 제시한 것보다 높지만 어떤 상황인지는 알 수 있을 것이다. 예전의 공전속도와 같은 회전속도로 달리는 차도 있어서 총변속비 폭 확대가 잘 전달될 것이다.

9 th gear 1289 rpm

LAND ROVER

RANGEROVER EVOQUE

레인지로버 이보크

- Tire size : 235/55R19
- 9th gear ratio : 0.48
- Final gear ratio : 3.75

등장했을 당시 아이신 6AT를 탑재했던 레인지로버 이보크는 2014년 모델의 후기형 이후에 ZF·9HP를 선택. 프리랜더의 플랫폼을 이용하는 만큼 당연히 가로배치의 파워트레인 레이아웃이다. 새롭게 등장한 디스커버리 스포츠도 9HP를 탑재.

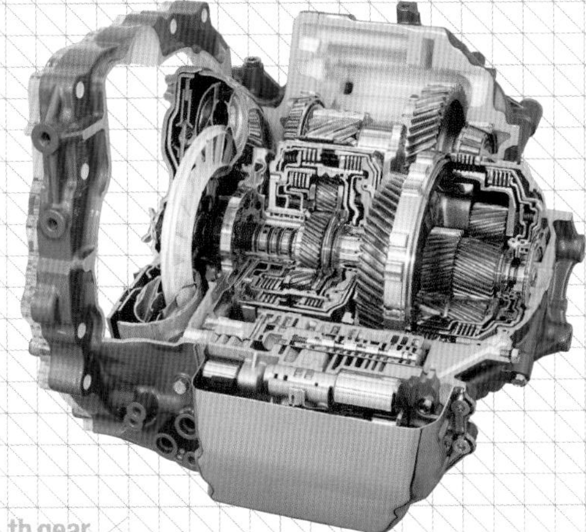

8 th gear 2217 rpm

VOLVO

S60 볼보 S60

- Tire size : 235/55R19
- 9th gear ratio : 0.48
- Final gear ratio : 3.75

파워유닛에 따라 게트락의 DCT나 아이신 6AT를 구분해서 사용했던 볼보는 새로운 엔진 시리즈의 등장에 맞춰 아이신 8AT를 선택. S60, V60, XC60의 T5 차량에 탑재하고 있다. 가로배치 레이아웃의 경우 무엇보다 유닛의 전폭이 제일 중요하다. 아이신AW는 기존의 6AT와 거의 동일한 치수인데도 8단 변속기이다.

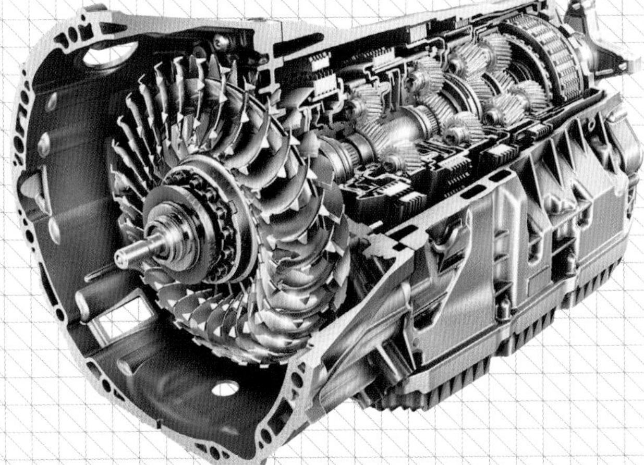

9 th gear 1091 rpm

MERCEDES-BENZ

E350 BlueTEC

메르세데스 벤츠 E350 블루텍

- Tire size : 235/55R19
- 9th gear ratio : 0.48
- Final gear ratio : 3.75

세로배치 9단의 첫 주자인 다임러의 9G-TRONIC은 먼저 메르세데스 벤츠 E350 블루텍에 탑재되어 등장. 기존의 7G-TRONIC+는 순차적으로 이 9G로 대체될 것이다. AMG가 탑재하는 스피드 시프트 MCT(토크컨버터 대신에 습식다판 클러치를 구비)사양이 9G-TRONIC에서도 등장할지 궁금하다.

8 th gear 1219 rpm

CHEVROLET

CORVETTE

쉐보레 콜벳

- Tire size : 285/35R19
- 9th gear ratio : 0.65
- Final gear ratio : 2.41

신형 등장과 함께 7단MT가 화제 가운데 하나였던 콜벳은 AT도 새로 설계. 8단 사양으로 시장에 투입했다. 판매비율도 AT가 다수를 차지하고 있다고 한다. 큰 토크를 발휘하는 V8 엔진 덕분에 저회전속도로 달려도 매우 부드럽다. 역시 다단화를 지향하는 것은 두터운 토크를 발생하는 엔진이다.

아이신AW가 생각하는 변속기의 진화방향

효율 상승은 당연, 그 다음을 내다보고 개발을 진행한다.

야마구치 고조 아이신AW 주식회사 대표이사 사장

토크컨버터 방식의 유단 자동변속기(Step AT)에서 CVT, 하이브리드 자동차용의 전기부하변속기 등, 다양한 종류를 바탕으로 사업을 전개하는 아이신AW는 차세대 변속기를 어떻게 생각하고 있을까?

본문&사진 : 마키노 시게오　그림 : MFi / BMW / 볼보

AT생산누계 1억대를 돌파

도요타 그룹의 서플라이어인 아이신AW는 해외 자동차 메이커에 대한 변속기 납품실적도 많다. 원래가 미국 보르그워너와 아이신정밀기기의 합병회사로 출발했다는 배경도 있겠지만, MT 일변도를 벗어나 가로배치 유단 자동변속기 수요가 강해진 유럽에서 아이신AW 제품의 AT가 호평을 받은 결과이다. 2012년에는 AT생산누계 1억대를 달성했다. 현재는 유단 자동변속기 외에도 도요타의 하이브리드 자동차용 변속기구나 CVT도 취급하고 있다.

Q : 유단 자동변속기는 현재 다단화로 나아가고 있습니다. 불과 몇 년 전까지만 해도 아이신AW의 8단 제품이 최다단(最多段)이었습니다만, VW(폭스바겐)이 10단 DCT의 상품화를 발표했습니다. 하이 기어 쪽을 세세하게 나누어 다단화하는 것인데요. 이런 경향을 어떻게 생각하고 있습니까?

야마구치 : 다단화의 배경에는 유럽의 CO_2 규제로 대표되는 연비목표가 있습니다. 9단, 10단으로의 변화는 유럽세가 중심이죠. 유럽은 세계에서 가장 상용 변속영역이 높다는 사정이 있는데, 현재의 모드시험영역에서 보자면 8단을 10단으로 해도 연비에 대한 반대급부는 적다고 생각합니다. 우리는 최신 6단AT를 8단화함으로서 2% 정도의 연비저감효과를 얻었을 뿐, 이 이상의 다단화로 나아가면 효과는 더 작아질 것으로 생각합니다.

Q : 유럽을 중심으로 검토되고 있는 새로운 테스트 사

변속특성 만들기

야마구치 부사장이 「변속의 정수를 모은다」라든가 「변속 하모니」라고 말하는 제어측면의 연출은 기존에 언급해 왔던 「변속 충격」이라는 표현을 뒤집은 것이다. 이것은 BMW용 AT 등과 같이 유럽 메이커와의 사업에서 배양되어 온 감각이다.

다운사이징 대응

볼보는 5기통과 6기통을 4기통 터보로 바꾸고 있다. AT에는 필연적으로 진동대책이 요구되어 펜듈럼방식 댐퍼의 연구개발이 진행되었다. 다방면으로 사업을 펼쳐가는 속에서 키워온 기술이다.

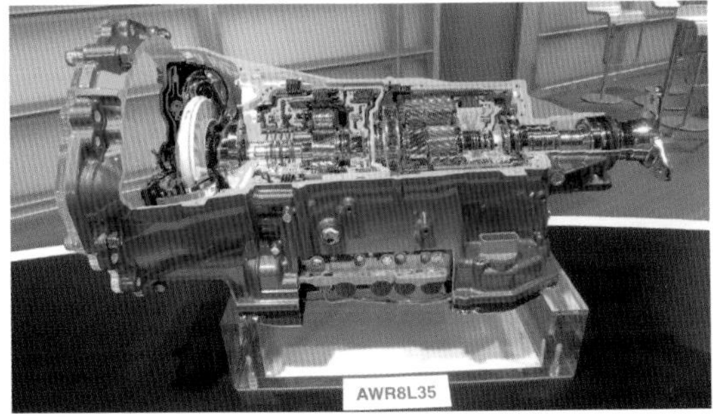

세로배치용 8단AT

7단이 최다단이었던 AT 세계에 최초로 8단을 투입한 것은 아이신AW이다. 여기에 자극받아 독일 ZF도 8단을 제품화하고, 심지어 유럽세는 9단, 10단으로 진행 중이다.

이클인 WLTC(Worldwide harmonized Light duty Test Cycle)에서는 엑스트라 하이라고 하는 130km/h 부근의 모드시험이 있습니다. 이 영역에서는 다단화 효과가 있지 않을까요?

야마구치 : 그 영역은 뭐라고 말하기 어렵긴 하지만, 130km/h 부근에서는 공기저항도 크기 때문에 너무 오버 드라이브 쪽으로 치우치면 달리기가 힘들다고 생각합니다. 엔진의 여유 구동력이 필요합니다. 10단 AT를 가지고 있느냐 아니냐가 변속기 메이커의 우열을 결정하는 것이라고는 생각하지 않습니다.

Q : 다만 라이벌 회사가 9단, 10단으로 가면 판매현장에서는 요구가 있겠죠.

야마구치 : 그렇지요. 순수한 효과는 별도로 치더라도 「팔기 힘들다」는 말을 들으면 자동차 메이커는 생각하게 되죠. 우리도 대비 차원에서 연구개발을 진행해 둘 필요가 있습니다.

Q : 유럽에서는 130g/km이라는 CO_2 배출규제가 있고, 앞으로는 95g/km로 낮추도록 이미 정해져 있습니다. 자동차 메이커마다 평균해서 130g/km라는 것도 고급차나 스포츠 카가 주체인 자동차 메이커에 있어서는 대단히 엄격한 규제인데, 그렇기 때문에 변속기가 주목받게 되는 사정이 있지 않을까요?

야마구치 : 그 점은 동감입니다. 일반적으로는 엔진기술이 「성숙된 기술」로 생각되었지만, 작금의 연비향상에 대한 대응에 있어서는 엔진의 대폭적인 개선이 컸던 것 같습니다. 유단 자동변속기에 있어서도 근 몇 년 동안의 대응이 종래보다 10% 정도 연비를 향상시키는데 공헌했습니다. 그 결과 동력전달효율이 90~95% 영역에 들어가긴 했지만 더 효율을 높이기 위한 개발에 나서고 있습니다.

Q : 근래에는 엔진배기량의 다운사이징과 기통수 감소가 두드러집니다. 이것이 변속기 설계에 영향을 끼치나요?

야마구치 : 기통수가 줄면 진동이 증가합니다. 더구나 연비 요구 때문에 토크컨버터의 단속(Lock-up)영역을 넓게 잡을 필요가 있기 때문에 진동을 억제시키기 위한 댐퍼설계가 중요합니다. 유럽에서는 넓은 직결영역이 요구되었다는 점, 나아가 엔진진동이 큰 디젤엔진이 많았기 때문에 댐퍼기술도 원래부터 앞서 나갔죠. 우리도 그런 요구에 대응하기 위해 단속영역 확대나 진동대책 기술을 연구해 왔습니다.

Q : 유럽에서는 심지어 차량전원 48V화가 실현될 것 같은데, 변속기에 대한 영향은 어떨까요?

야마구치 : 48V로 바뀌면 언제든지 엔진을 끌 수 있고, 언제든지 재시동을 걸 수 있는 식의 사용방법이 예상됩니다. AT쪽은 그때마다 체결요소를 잡거나 놓거나, 그것도 신속하게 할 필요가 있기 때문에 기계제어 부분에서 새로운 장치를 모색할 필요가 있다고 생각합니다. 아이들링 스톱에 대한 대응책으로는 유압제어계통의 밸브 보디 안에 들어가는 작은 솔레노이드 방식 오일펌프를 개발했습니다. 그 이전의 펌프에 비해 훨씬 낮은 가격으로 소형화가 가능해졌죠. 이런 예처럼 변속기가 단순히 전달효율뿐만 아니라 자동차 전체의 효율향상에 공헌할 수 있는 장치로 보고 다양하게 생각하고 있습니다.

Q : 신흥국을 대상으로 하는 AT는 어떻습니까. 유럽 같은 8단, 9단의 다단화와는 다른 요구가 있을 것으로 생각되는데요.

야마구치 : 현재 이미 제품의 최종 종착지는 3분의 1이 중국입니다. 도요타를 비롯해 VW이나 PSA(푸조/시트로엥)의 현지생산 차량용뿐만 아니라 중국메이커에도 공급하고 있습니다. 6단AT의 기술을 좀 더 개량해 단가를 낮추면서 CVT와의 공존까지 포함해서 제안해 나갈 계획입니다. 그런 의미에서 CVT의 계속적인 기술개발도 중요하지요.

COLUMN

Proposal for 2020 >>> 사와세 가오루 교수

Prof. Kaoru SAWASE

토크·벡터링장치의 본질

일본세가 선두를 달려온 토크·벡터링 기술. 2000년대에 들어 유럽세가 추격해 왔지만 근래에 들어 도요타, 혼다가 새로운 기술을 개발했다. 미쓰비시 랜서 에볼루션 시리즈 개발에 관련해 온, 토크벡터링의 사나이로 불리는 사와세 가오루 교수가 설명한다.

본문&그림 : 사와세 가오루 사진 : 렉서스 / 혼다

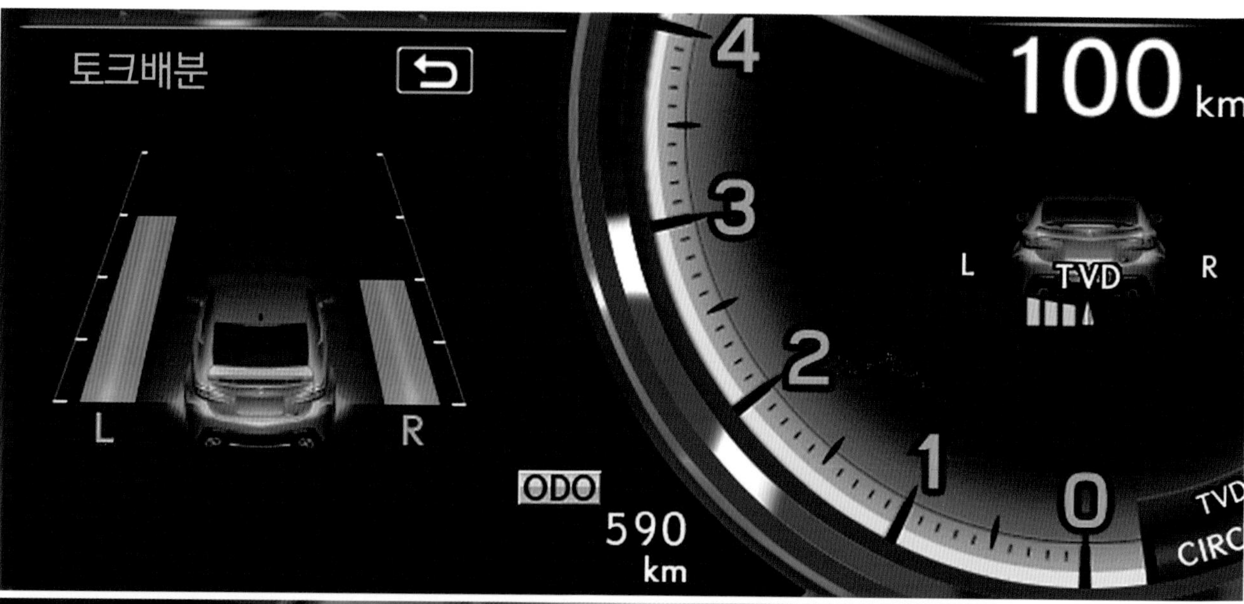

2014년 여름 무렵이었을까, 자동차기술에 관해 약간 놀라운 정보가 필자한테 전해졌다. 도요타 자동차에서 토크·벡터링·디퍼렌셜(TVD)을 시판차량에 탑재한다는 것이다. 그해 여름 그 정보는 렉서스 RC-F에 적용되는 형태로 현실이 되었다. 후륜구동(FR)차량에 사용하는 것은 세계 최초로서, FR차량에 왜 TVD를 장착할까 하고 이상하게 생각하는 사람도 많을지 모르겠지만 TDC의 본질을 이해하고 있다면 실은 이상할 것이 아무 것도 없다.

또한 마찬가지로 2014년 가을, 예전부터 기술적 콘셉트로만 모터쇼에서 선보였던 혼다의 스포츠 하이브리드 SH-AWD에 대한 상세한 기술이 신형차량 기술발표보다도 빨리 자동차기술회의 학술연구회에서 발표되었다. 이 기술은 4WD에 대한 혼다의 정책에 따른 것으로, 하이브리드나 EV 등의 전동승용차용으로 생각해 탄생했다고 하는, 나름 납득이 되는 토크·벡터링 장치이다.

1996년에 미쓰비시 자동차가 4WD 차량의 후륜에 AYC(액티브 요 컨트롤)로, 혼다가 전륜구동(FF) 차량에 ATTS(액티브 토크 트랜스퍼 시스템)로 세상에 처음 제품화한 이후, 토크·벡터링 장치에 관한 기술은 일본이 세계를 선도해 왔다. 2000년대 후반에는 아우디나 BMW가 연달아 제품화하면서 이 기술분야에 있어서도 일본의 우월성이 상실되는 위기감에 휩싸이기도 했지만 근래에 와서 부활의 조짐이 보이기 시작했다.

이 글에서는 토크·벡터링 장치의 본질, 기능측면에서 본 기존형(내연기관) 승용차용 TVD의 분류와 특징 그리고 TVD에 의한 주행성능 향상에 대해 살펴보겠다. 이것을 이해함으로서 뒤에서 언급하는 렉서스 RC-F의 TVD, 신형 혼다 레전드의 스포츠 하이브리드 SH-AWD를 충분히 이해할 수 있을 것이라 생각한다. 이 기술분야에 대해 미래의 자동차기술자를 꿈꾸는 독자들의 흥미를 기대해 본다.

우력에 따른 직접 요 모멘트

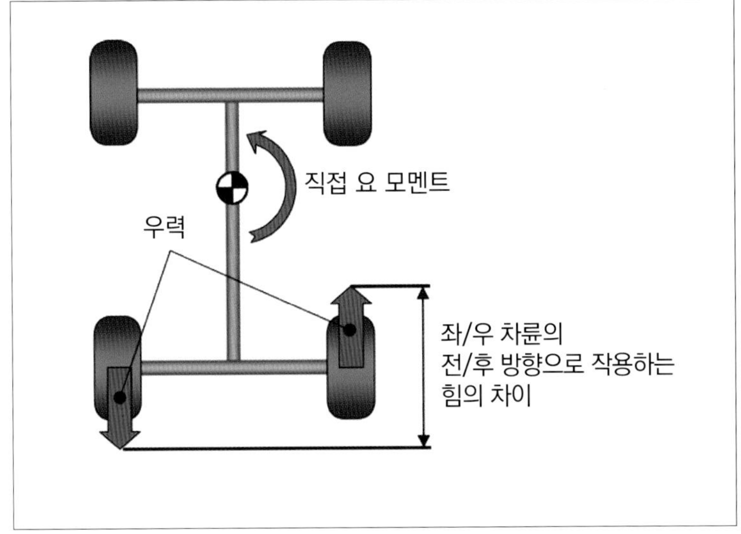

선회 중인 자동차에 작용하는 힘

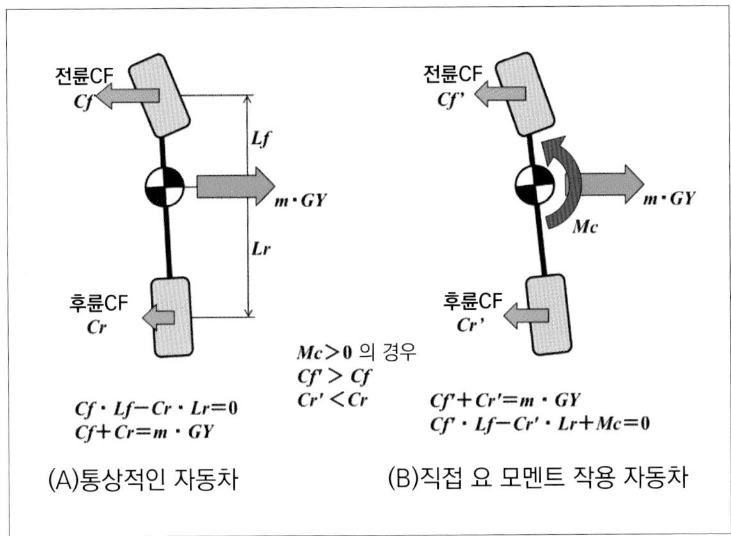

자동차 진행방향을 조종해 전/후륜 타이어의 부담을 바꾼다! 직접 요 모멘트 제어

방향이 서로 반대이고 크기가 같은 힘을 우력(偶力:짝힘)이라고 한다. 좌우바퀴 사이에 우력을 만들어주면 자동차의 무게중심 Z축 주변으로 직접 요 모멘트만 작용시키는 것이 가능하다.

자동차의 선회를 2륜 모델로 생각해 보자. 커브를 선회할 때 자동차의 질량m과 횡G(GY)에 비례하는 원심력에 대항하기 위해 자동차의 전륜과 후륜 각각에 코너링 포스(CF)가 발생하고, 그 합계로 원심력과 균형을 이룬다. 또한 일반적인 자동차에서는 전륜과 후륜이 일으키는 CF(Cf, Cr)의 크기 비율이 무게중심에서 전륜 및 후륜까지의 거리 비율에 역비례함으로서 Z축 주변의 요 모멘트가 균형을 이루면서 일정한 속도와 횡 가속도(G)로 선회하게 된다.

여기에 선회방향의 직접 요 모멘트Mc가 작용하면 Z축 주변의 균형이 바뀌기 때문에 일반적인 자동차보다 전륜의 CF(Cf')가 작아지고, 반대로 후륜의 CF(Cr')가 커진다. 즉 앞 타이어의 부담이 줄어드니까 잘 도는 것이다.

사실은 이때 뒤 타이어의 CF가 크다는 것에 주목하기 바란다. 타이어가 발생하는 CF는 그립 영역에서는 슬립각도에 비례한다. 따라서 조향기구가 없는 후륜의 그립각도가 크다. 왜 그럴까. 중심 슬립각도가 커짐으로서 자동차 방향이 통상보다 안쪽을 향해 있는 것이다.

이것과는 반대로 선회와 반대방향인 직접 요 모멘트가 작용하면 이번에는 후륜의 CF가 작아져 뒤 타이어의 부담이 줄어듦으로서 차량의 안정화를 도모할 수 있다. 그러는 동시에 자동차 진행을 통상보다 바깥쪽으로 할(무게중심 슬립각도를 줄일) 수 있다.

즉, 운전자의 조작에 맞춰 적절하게 직접 요 모멘트를 제어할 수 있으면 누구나가 랠리 드라이버처럼 쉽사리 마음먹은 대로 자동차 진행을 조종하는 수단을 손에 넣을 수 있는 것이다. 이런 즐거움은 4WD, FF, FR 모두 똑같다.

7종류의 한 방향 TVD에 관한 대표 개략도

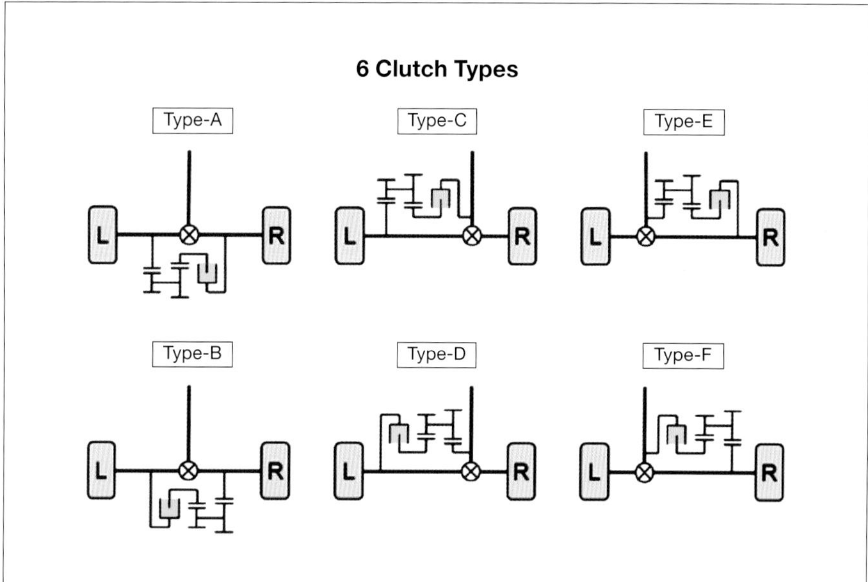

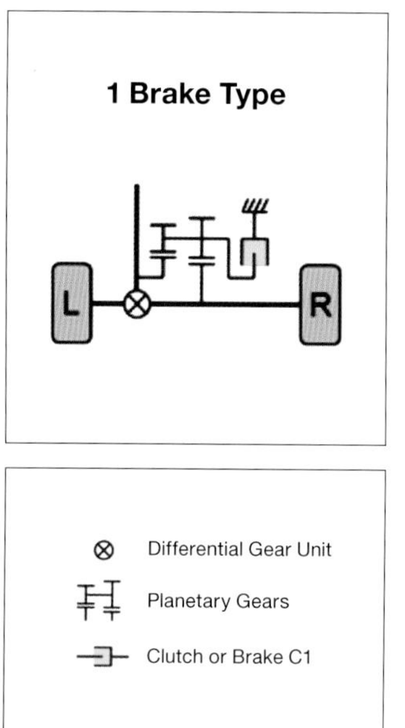

위 그림은 좌측바퀴에서 우측바퀴 한쪽 방향으로 토크가 이동되는 7종류의 한 방향 TVD를, 스텝드 피니언 방식 유성기어장치와 습식다판 클러치(또는 브레이크)와 함께 디퍼렌셜장치에 추가하는 구성 사례로 나타낸 것이다. 6종류 클러치 형식의 유성기어장치는 모두 유성기어 캐리어를 고정해 사용한다. 브레이크 형식도 구성 사례로는 클러치 형식 6종류에 대응해 그릴 수 있지만, 어떤 구성 사례도 토크이동에 관한 특성방식을 기구학적으로 표현할 수 있는 속도선 그림으로 나타내면 같은 형태가 되기 때문에 1종류로 분류하고 있다. 상세한 것은 K.Sawase and K.Inoue : Classfication and analysis of lateral torque-vectoring differentials using velocity diagrams, Proc IMechE part D : J. Automobile Engineering, Vol.222 No.9 : p1527-1541, (2008) 참조.

TVD콘셉트

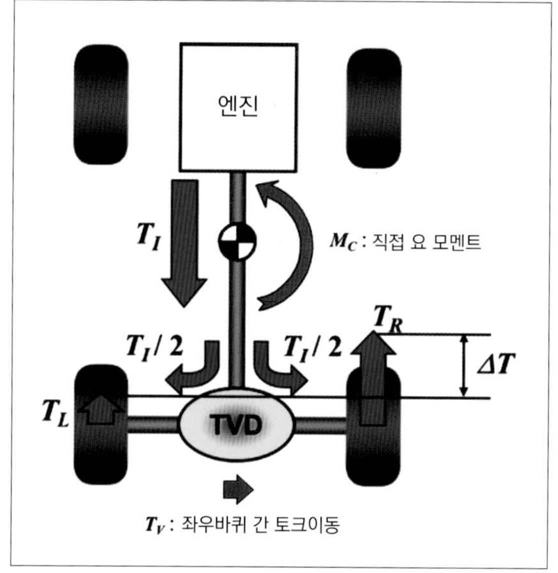

우력발생장치! 이것이야 말로 진짜 토크·벡터링 장치

운전자의 방향전환 의지만을 반영해 직접 요 모멘트를 작용시키기 위해서는 좌우바퀴로의 구동력 배분이나 제동력 배분만으로는 부족하다. 운전자가 조작하는 가속페달이나 브레이크페달을 밟는 양에 따라 발생되는 직접 요 모멘트의 최대값이 제한을 받게 된다. 또는 운전자 조작과는 관계가 없는 가/감속 가속도(G)가 발생해 운전자와 충돌하게 된다. 이래서는 자동차를 생각대로 조종하는 재미가 실현되지 않는다.

레전드의 구형 SH-AWD나 닛산 주크의 ALL MODE 4×4-i(토크벡터 장착)는 진짜 우력발생장치가 아니라 좌우구동 토크배분장치이기 때문에 적잖이 위와 같은 제한이 다소 있다.

생각한 대로 주행방향을 전환하기 위해서는 순수하게 우력만을 발생시키는 장치가 필요하다. 이것을 실현하도록 필자가 25년 전에 생각한 것이 「좌우바퀴 사이의 토크를 이동시키는」, 나중에 AYC로 제품화된 내연기관 승용차용 TVD의 콘셉트이다.

이 콘셉트에서는 슬립 결합하는 클러치(또는 브레이크)가 속도가 빠른 쪽에서 느린 쪽으로 구동토크를 전달하는 성질을 이용하기 때문에, 클러치 상에 슬립 결합이 생기도록 감속기를 좌우바퀴 사이에 클러치와 함께 설치한다. 그리고 이것들을 우→좌측으로의 토크이동용과 좌→우측으로의 이동용 2개를 디퍼렌셜 기어에 추가함으로서 자유자재로 우력을 발생시키는 TVD를 구현할 수 있다.

이 TVD의 한 방향으로의 토크이동 기능에 주목해 부분적으로 파악해 토크이동 특성방식으로 종류를 분류하면 불과 7종류 밖에 없다.

실제 감속기로 이용하는 기어장치 차이 때문에 보기에는 많은 TVD가 있는 것처럼 보이지만 미쓰비스 자동차의 AYC는 그림 속의 Type-D와 E, 수퍼AYC는 Type-A와 B, 혼다의 ATTS, BMW의 DPC 디퍼렌셜 그리고 이번에 제품화된 렉서스 RC-F의 TVD는 Brake Type×2개, 아우디의 스포츠 디퍼렌셜은 Type-F×2개의 조합으로, 모두 이 7종류 중 하나에 해당한다. BMW와 렉서스 RC-F의 TVD는 구조적으로도 완전히 똑같고, 이것과 보기에는 다른 ATTS도 사실은 기구학적으로는 완전히 똑같은 것이다.

누구나가 안심하고 드라이빙을 즐길 수 있다! 주행성능 잠재력의 향상

아래 그림은 4WD, FF, FR 각각의 자동차 후륜에 TVD를 장착해 최적으로 제어했을 경우의, 자동차의 주행성능 잠재력 향상을 나타낸 것이다. 가로축에는 전/후차륜 가속도, 세로축에는 최대 횡가속도를 표시하였다. 주행성능 잠재력이 높으면 더 빨리 혹은 안정적으로 주행할 수 있다. 4WD와 FF에서는 자동차가 정지했을 때 전후 분담하중이 60:40, FR차는 이상적으로 여겨지는 50:50에서 측정했다. 감속 쪽은 구동바퀴를 사용한, 이른바 엔진 브레이크에 의한 감속상태(전동차량의 경우는 감속회생에 상당)를 나타낸다.

4WD의 경우는 원래부터 주행성능 잠재력이 높지만 TVD를 장착함에 따라 전 영역에서 잠재력이 향상되어 있다. 미쓰비시 자동차의 랜서 에볼루션이나 BMW, 아우디의 TVD는 충분한 전후 구동력배분과의 조합을 통해 이 효과를 내려 하고 있다. 신형 레전드의 스포츠 하이브리드 SH-AWD도 저중속 영역에서는 TVD와 동등한 잠재력이 있을 것으로 생각된다.

FF의 비구동 바퀴인 후륜에 TVD를 장착해도 전후 G가 약 3m/s² 이하인 가속 쪽 영역에서는 잠재력 향상효과가 있다. 사실은 이것이야 말로 신형 레전드의 스포츠 하이브리드 SH-AWD의 차량속도 120km/h 이상의 상태로서, 목표한 것이라고 생각된다.

FR의 TVD가 없는 경우의 가속 쪽 약 2m/s² 부근에 변곡점이 존재하는 것에 주목해 주기 바란다. 사실 이 2m/s² 이하의 가속 쪽 영역에서는 전륜이 후륜보다 먼저 그립한계에 도달하면서 언더 스티어 상태에서 잠재력한계에 이르는 상태이다. 반대로 2m/s² 이상의 가속 쪽 영역에서는 후륜이 먼저 그립한계에 도달하면서 오버 스티어 상태에서 한계에 이른다. 이것은 FR에서 가속페달을 조금 밟으면 언더 스티어 경향을 나타내는데, 가속페달을 끝까지 밟아 WOT(=全開)로 하면 오버 스티어 경향이 나타난다는 현상을 설명하고 있다. 때문에 FR 주행을 즐기기 위해서는 운전자의 운전실력이 필요하다. 이에 반해 후륜에 TVD를 장착하면 감속 쪽 영역까지 포함한 전 영역에서 잠재력이 향상되어 뉴트럴 스티어 감각의 운전하기 쉬운 특성을 구현할 수 있다.

또한 FR에 리미티드 슬립 디퍼렌셜를 장착했을 경우 감속 쪽 영역과 2m/s² 이상의 가속 쪽 영역에서는 TVD에 가까운 잠재력 향상을 보이지만, 가속 쪽 2m/s² 이하 영역에서는 LSD가 없는(TVD가 없는) 것보다 잠재력이 떨어진다. 즉 일반 운전자에게는 이 2m/s² 부근의 변곡점 존재가 LSD를 장착한 차량의 운전을 어렵게 한다.

이상이 렉서스 RC-F가 TVD를 장착한 목적이라고 생각된다.

4WD, FF, FR 각 후륜에 TVD를 장착했을 경우의 효과

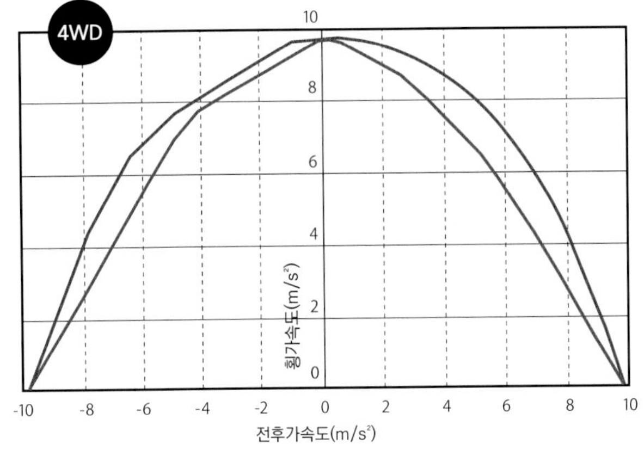

적절한 차체 슬립각도를 유지하면서 코너링을 하는 랜서 에볼루션 X. 4WD의 후륜용 TVD인 AYC는 에볼루션 Ⅳ부터 시작한 다음 Ⅷ에서 구조를 변경해 최대토크 이동량을 약 2배로 강화한 수퍼AYC로, X에서는 제어시스템을 쇄신해 S-AWC로 진화했다. 결국 누구나가 의도한 대로 자동차 주행방향을 조종해 안정적으로 주행을 즐길 수 있는, 주행성능 잠재력 그대로의 특성을 구현했다.

FF

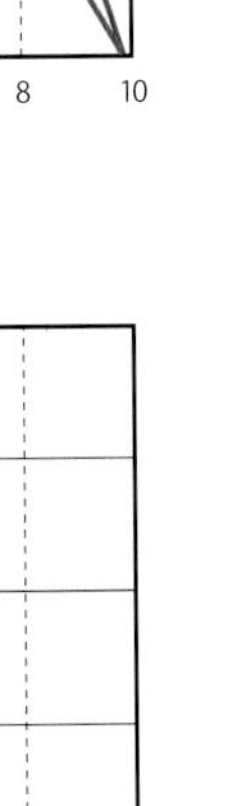

전후가속도(m/s²)

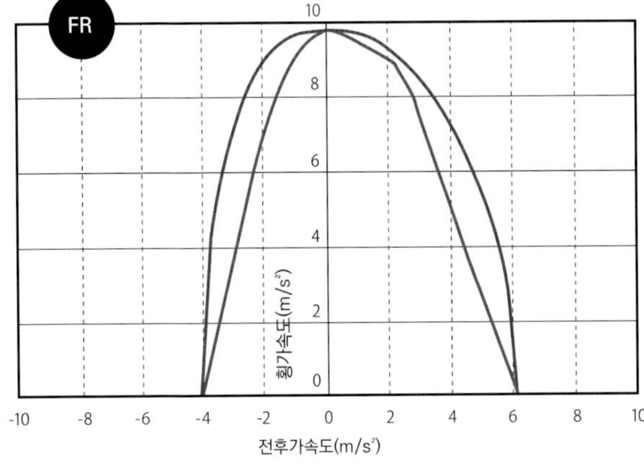

TVD 있음 TVD 없음

LEXUS RC-F 토크벡터링 디퍼렌셜

렉서스 RC를 기반으로 엔진을 5.0ℓ V8 엔진으로 바꾸고 서킷주행을 본격적으로 즐길 수 있는 수준까지 고성능화시킨 것이 RC-F. 표준은 5피니언 방식 토르센(Torsen)이 장착되고, TVD는 옵션사양이다.

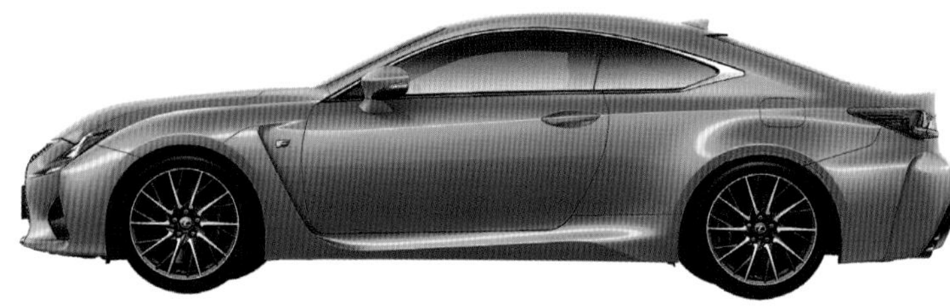

랜서 에볼루션 AYC의 DAN를 계승? 렉서스 RC-F의 TVD

렉서스 RC-F의 TVD 좌우에 배치된 토크 트랜스퍼 모듈이라고 하는 클러치+감속기 장치는 BMW용과 마찬가지로 GKN제품의 Brake Type으로, 습식다판(濕式多版) 클러치(브레이크)의 마찰특성요구 때문에 ATF가 들어가 있다. 한 가운데의 하이포이드(Hypoid) 기어+디퍼렌셜 기어 부분은 하이포이드 기어유(油)로 윤활되지만, BMW용에서는 ZF제품이었으므로 RC-F용은 도요타에서 직접 만든 것인지도 모른다.

이 방식의 TVD에서는 앞서의 윤활유로 인해 3개의 방으로 나뉜 구조로 되어 있기 때문에 각각의 방마다 필러 플러그, 드레인 플러그 그리고 브리더가 합해서 3개씩 설치된다. 화려한 사양이 아닐 수 없다.

토크 트랜스퍼 모듈 내의 감속기에 같은 잇수의 유성기어 피니온에 잇수가 다른 2개의 선 기어가 맞물리는 의문의 유성기어를 사용. 사실 이 의문의 유성기어는 필자가 AYC 디퍼렌셜 최초의 시작기(試作機)를 Type-C×2개의 방식으로 설계했을 때에도 이용한 기어로서, 유성기어 피니온을 스텝 기어화할 필요가 없기 때문에 가공성이 뛰어나다는 장점이 있다. 반면에 비교적 큰 기어 전위(轉位)를 필요로하기 때문에 기어 면이 잘 미끄러짐으로 전달효율과 내구성에 주의가 필요하다.

렉서스 RC-F의 TVD 시스템 제어와 랜서 에볼루션 IX용 수퍼AYC 제어개요를 비교해 보는 것이 좋다. RC-F의 조향각도 피드포워드(Feedforward) 제어가 랜서 에볼루션의 가속선회 제어에, 감속할 때의 LSD제어가 감속선회 제어에, 차(差)회전억제 제어는 N 제어에 각각 해당하며, 요 레이트 피드백 제어는 랜서 에볼루션의 경우 X가 S-AWC로 진화하면서 사용되었다.

랜서 에볼루션의 AYC(S-AWC)처럼 3종류의 모드를 가진 렉서스 RC-F용 TVD 제어. 랜서 에볼루션으로 말하자면 TARMAC이 SLALOM, GRAVEL이 STANDARD, SNOW가 CIRCUIT에 해당하는 것으로 여겨진다.

그렇게 보면 필자에게는 4WD와 FR이라는 차이는 있지만 RC-F의 TVD에는 랜서 에볼루션의 AYC 같은 DNA가 계승되고 있는 것처럼 느껴진다.

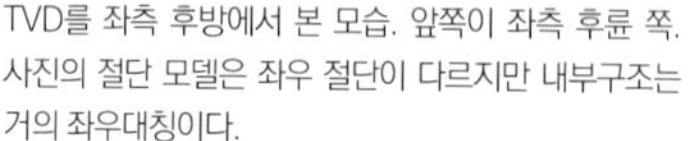

TVD를 좌측 후방에서 본 모습. 앞쪽이 좌측 후륜 쪽. 사진의 절단 모델은 좌우 절단이 다르지만 내부구조는 거의 좌우대칭이다.

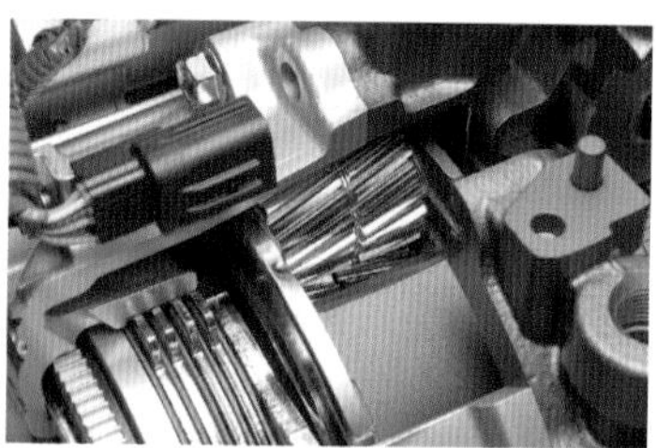

토크의 이동을 담당하는 의문의 유성기어. 언뜻 같은 기어 2개가 나란히 배열된 것 같이 보이지만 기어 잇수는 좌측 바깥쪽이 55개, 안쪽이 61개로 서로 다르다.

토크 벡터링 디퍼렌셜

토크 벡터링 디퍼렌셜을 차량 뒤쪽에서 본 모습. 한 가운데의 하이포이드 기어+디퍼렌셜 기어 부분은 도요타 제품으로 생각된다. 좌우바퀴 쪽 근처에 습식다판 클러치가 배치되어 있다.

RC-F용 TVD 시스템 제어일람

제어	개요
조향각도 포드포워드제어	조향각도에 대해 선회 어시스트 방향으로 벡터를 이동시킴으로서 조향 응답성을 향상시킨다.
감속할 때의 LSD제어	감속할 때 차량이 안정되는 방향으로 토크를 이동시킴으로서 LSD와 똑같은 차량제어 성능을 확보한다.
카운터 스티어 때의 LSD제어	카운터 스티어 상태를 판정해 선회하는 바깥바퀴 쪽으로 토크를 이동시킴으로서 LSD와 똑같은 차량제어 성능을 확보한다.
요 레이트 피드백제어	이상적인 요 레이트에 대한 실제 요 레이트의 편차(오버 스티어 쪽 및 언더 스티어 쪽)를 해소하는 방향으로 토크를 이동시킴으로서 가속 또는 감속할 때의 선회 트레이스(Trace) 성능을 향상시킨다.
차(差)회전억제 제어	뒤쪽 좌우바퀴의 과대한 차회전을 해소하는 방향(슬립이 적은 쪽)으로 토크를 이동시킴으로서 한 쪽 바퀴가 슬립할 때 트랙션성능을 확보한다.
VDIM협조제어	토크 벡터링 디퍼렌셜의 구동력에 의한 요 레이트 부여와 VDIM의 제동력에 의한 요 레이트 부여를 최적으로 제어함으로서 구동력과 제동력의 협조를 통해 차량거동 안정성을 확보한다.

우측 상단의 랜서 에볼루션IV용 수퍼AYC의 제어개요와 비교하면 RC-F와 랜서 에볼루션에는 FR과 4WD라는 구동방식 차이가 있지만, 개념적으로는 공통점이 있다는 것을 알 수 있다.

RC-F용 TVD 시스템 제어 개요

- N제어(포드백 제어부분)
  - LSD에 가까운 작용 : 특성을 강하게 하면 트랙션이 향상
- 가속선회 제어(포드포워드 제어부분)
  - 횡G가 큰 선회일수록 또한 가속할수록 선회 바깥 쪽 바퀴의 구동력을 강하게 해 선회성능을 향상.
- 감속선회 제어(포드포워드 제어부분)
  - 횡G가 큰 선회일수록, 가속페달에서 급하게 발을 떼었을 때 선회 바깥 쪽 바퀴의 엔진 브레이크를 강하게 해 차량의 안정성을 향상.
- 조향 과도 응답제어(피드포워드 제어)
  - 빠르게 핸들을 조작할 때 요 모멘트를 제어해 응답성을 향상.
- 각 제어는 각각 차량속도나 조향각도, 조향속도에 따라 보정하고 상황에 맞춰 최적화.

TVD의 제어모드는 3종류. 운전자가 똑같은 조작을 했을 경우 가장 개입정도가 높은 것이 「슬라롬」이고, 「서킷」모드는 고속 서킷을 상정한 세팅이라고 한다.

TVD제어 모드		TVD모드 표시
STANDARD	경쾌감과 안정감을 고차원적으로 균형 잡음. 이상적인 차량거동을 구현한다.	▶ 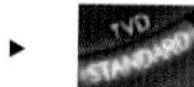
SLALOM	스티어링 응답성을 중시. 자동차가 작아진 것 같은 경쾌감을 느낄 수 있다.	▶ 
CIRCUIT	서킷에서 단련된 모드. 고속 서킷에서의 안정성을 중시하고 있다.	▶ 

Honda LEGEND 스포츠 하이브리드 SH-AWD

5세대 레전드는 3.5ℓ V6 엔진과 앞쪽 1대, 뒤쪽 2대의 모터를 배치한 3모터 하이브리드 시스템을 적용. 이것을 스포츠 하이브리드 SH-AWD라고 한다. SH는 수퍼 핸들링의 약자.

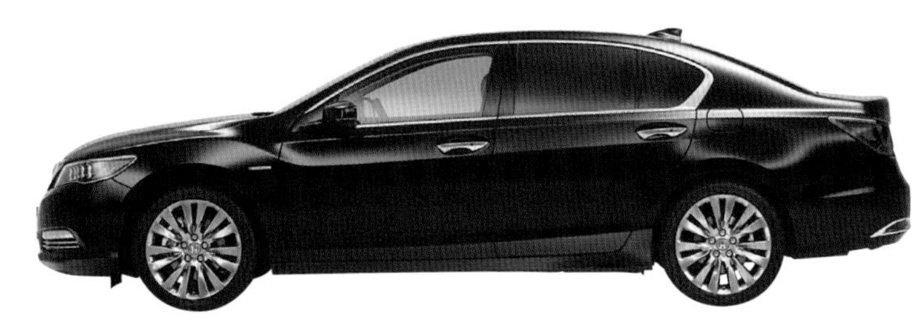

4WD 상태를 필요최소한으로 유지한다는 혼다의 정책 때문에 탄생한, 세계 최초의 종동륜(從動輪) 토크 벡터링?

전천후 스타일 스포츠카에 요구되는 주행성능 관점에서 보면 미쓰비시 자동차나 스바루는 센터 디퍼렌셜 풀타임 4WD의 구동방식을 이상적으로 하고 있다고 생각된다. 그에 반해 혼다의 구동방식에 대한 정책은 FF 2WD가 안정성과 효율 측면에서 이상적이기 때문에 2WD에서 부족한 장면만 4WD로 하면 된다고 하는, 온 디맨드(On Demand) 4WD방식이 기본이다. 이런 차원에서 생각하면 스포츠 하이브리드 SH-AWD를 이해할 수 있다.

차량속도 120km/h 이하에서는 원웨이 클러치 및 브레이크를 필요에 따라 연계시켜 유성기어 감속기구를 유효하게 함으로서 후륜 좌우를 독립적으로 전기모터로 구동한다. 필요에 맞춰 좌우후륜 모두를 구동해 4WD로 주행하는 동시에, 한 쪽을 구동하고 나른 쪽을 회생함으로서 전기적인 토크 벡터링을 통해 우력을 발생시킨다.

차량속도 120km/h 이상에서는 4WD 주행이 필요 없다고 생각해 전기모터의 과회전을 방지하기 위해서도 유성기어 감속기의 브레이크를 차단한다. 이때 바퀴 회전속도가 모터 회전속도보다 빠르기 때문에 원웨이 클러치도 풀려 있다. 그 때문에 좌우후륜 양쪽을 구동하는 것이 불가능해 앞쪽 2WD 주행이 된다. 하지만 좌우 유성기어 감속기의 링 기어가 서로 연결되어 있기 때문에 한 쪽을 구동하고 다른 쪽을 회생해 우력을 발생시키는 것이 가능하다. 세계 최초의 FF 종동륜용(從動輪用) TVD로서 기능한다. 그 효과는 앞서 말한 바와 같다.

혼다의 구동방식 정책에 따라 전동 승용차용 토크 벡터링장치를 감안하면 이 해법에 도달한다. 그러나 미쓰비시 자동차나 스바루가 그 이상(理想)을 추구했을 때 다른 전동 승용차용 토크 벡터링 장치를 제품화하는 날이 올지도 모른다.

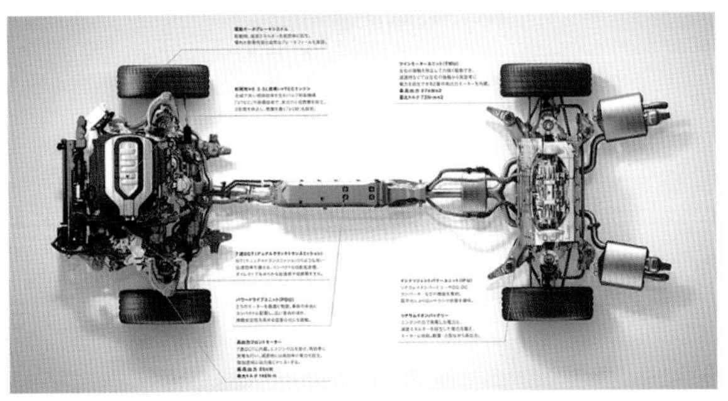

트윈 모터 유닛(TMU)을 뒷차축에 탑재. 모터 출력은 각각 27kW/148Nm나 되는 고출력 형식을 사용한다.

스포츠 하이브리드 SH-AWD의 TMU(트윈 모터 유닛)

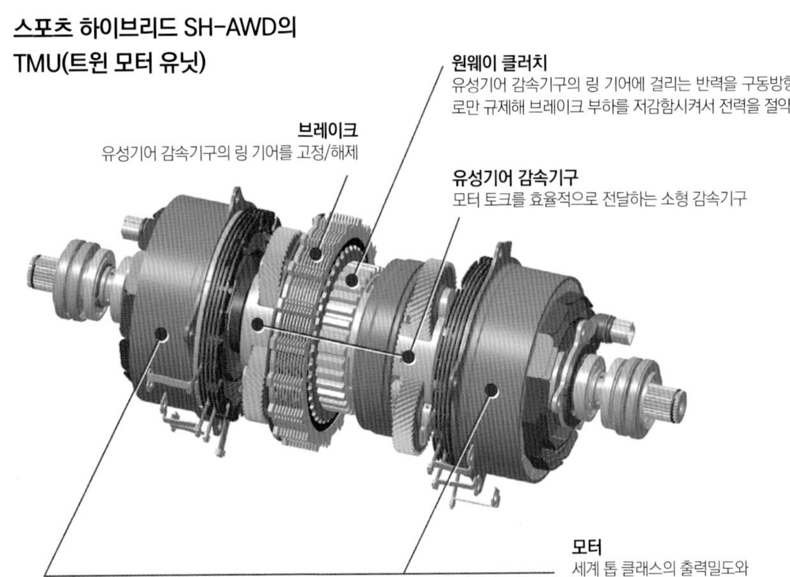

토크 벡터링 이미지 그림

선회감속 시(Turn in)

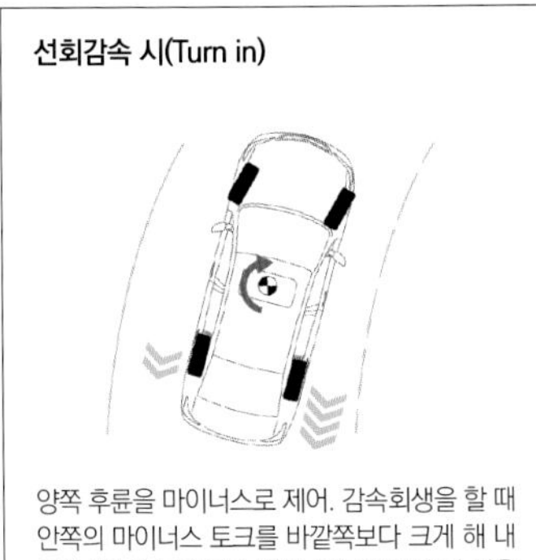

양쪽 후륜을 마이너스로 제어. 감속회생을 할 때 안쪽의 마이너스 토크를 바깥쪽보다 크게 해 내향(內向) 요 모멘트를 발생. 제동하면서 턴 인을 하더라도 뛰어난 회두성(回頭性)을 실현.

선회 시(중간 코너링)

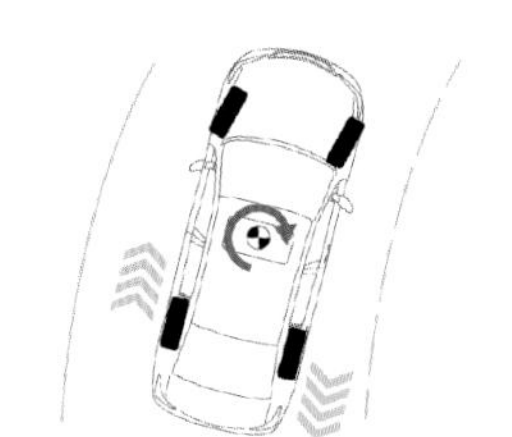

바깥쪽 후륜은 플러스 토크로, 안쪽 후륜은 마이너스 토크로 제어함으로서 큰 내향 요 모멘트를 발생. 선회반경이 작은 코너에서도 뛰어난 차선 추종성을 발휘.

선회가속 시(코너탈출 시)

양쪽 후륜을 플러스 토크로 제어해 강력한 가속 추진을 실현하는 동시에 코너에 맞춘 최적의 토크 벡터링을 통해 안정성을 향상.

기존SH-AWD

엔진토크를 추진축을 통해 후륜으로 배분하고 심지어 좌우에서 가변. 엔진의 플러스 토크만 동력원으로 하기 때문에 선회가속을 할 때만 토크 벡터링이 가능.

선회가속 시

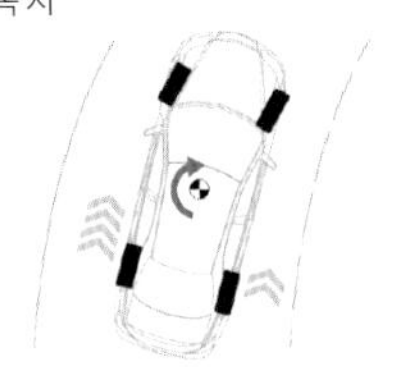

바깥쪽 후륜에 큰 토크를 배분함으로서 내향 요 모멘트를 발생.

기존의 SH-AWD에서는 엔진토크를 후륜으로 배분한 다음 좌우에서 가변시켰지만, 신형에서는 엔진출력과 관계없이 좌우 2개의 모터를 사용하기 때문에 제어 자유도가 비약적으로 향상되었다. 필요에 맞춰 한 쪽을 구동하고 다른 한 쪽을 회생제동함으로서, 전기적인 토크 벡터링을 통해 우력을 발생시킨다.

브레이크 시스템은 진화한다, 유압에서 전동&유압 하이브리드로

바이 와이어화와 각 바퀴의 개별제어를 통한 고도화 그리고 자동운전으로

고토 다카히로 주식회사 애드빅스 기술개발부문 전무이사

EPB=전기식 주차 브레이크 부문에서 일본은 뒤처져 있다. 하지만 기술이 없어서 그런 것은 아니다. ADVICS의 EPB는 장래의 하이브리드 브레이크를 감안한 설계이다. 그리고 결국에는 브레이크의 완전 전동화도 예상된다.

본문&사진 : 마키노 시게오

캘리퍼 일체형 EPB장치

렉서스 NX에 적용된 전기식 주차 브레이크는 피스톤을 내장한 원통 부분에 모터 동력으로 작동하는 기구를 추가한 것이다. 검은 원통 안에 전기모터가 들어가 있어서 그 회전을 기어로 감속해 피스톤을 밀고 당기는 힘으로 변환한다. 주차 브레이크 레버나 페달을 조작하는 일 없이 스위치로 작동이 가능. 위 사진은 피스톤 위쪽으로, 이 끝에 패드가 장착된다.

Q : 예전의 브레이크는 모두 운전자가 조작하는 것이었습니다. 비로소 제어가 시작된 것이 ABS(Anti-lock Brake System)로 공전(空轉)을 회피함으로서 제동자세를 안정화시키는 것이 가능해졌죠. 나아가 VDC(Vehicle Dynamics Control)에서는 각 바퀴의 제동력을 조정함으로서 주행자세를 안정화할 수 있게 되었습니다. 근래에는 위험을 감지하고 자동적으로 작동시키는 충돌경감 브레이크가 보급되고 있습니다. 브레이크가 담당하는 역할이 점점 늘어나고 있다는 인상인데요.

고토 : 인간의 조작은 단순히 브레이크 페달을 밟는 것만이 아닙니다. 눈으로 주위 상황을 살피거나 몸으로 중력가속도(G)를 느끼는데서 정보를 얻고 거기서 순간적으로 판단해 답력을 미세하게 조정하죠. 제어 브레이크에서는 이제 준하는 것이 가능합니다. 또한 인간은 브레이크 페달의 첫 접촉으로 제동력을 걸 준비를 하는데, 이것도 제어 브레이크로 가능합니다. 유압모터를 회전시켜 미세한 압력을 얻은 다음, 먼저 브레이크의 「유격」을 제거하도록 밟는 것을 재현할 수 있습니다. 하지만 무엇이든 할 수 있기 때문에 바로 제어방법을 생각할 필요가 있다고 생각합니다. 즉각 자동차를 세우는 것이 좋은 것이 아니라 어떻게 세우느냐 하는 것이죠. 감성적인 영역이 중요합니다.

Q : 그런 의미에서는 지역에 따라 브레이크에 요구되는 성능과 오감적인 평가가 다릅니다. 일본차의 브레이크는 절대로 「소리」를 내지 않습니다. 이것은 훌륭하다고 생각하는데요.

고토 : 유럽은 어쨌든 멈추는 것이 우선이라 멈추기만 하면 소리는 이러니저러니 말하지 않습니다. 미국은 브레이크 더스트에 대한 저감 요구가 의외로 심하고, 「효능」측면에서는 고속영역에서 브레이크를 힘차게 밟아야 하는 상황에서의 성능에 대한 요구가 높은 경향을 보입니다. 일본은 상용속도가 낮기 때문에 브레이크 페달을 살며시 밟는 운전자가 많아 처음 페달을 밟을 때의

유압과 전동의 하이브리드 브레이크에서 둘 중 하나는 완전한 전동으로 바뀔 겁니다.

북미에 있다가 귀국해 현재는 시설개발부문 통솔업무를 맡고 있는 고토씨. MFi가 처음 애드빅스를 취지했을 당시에 비해 해외 사업이 계속 증가하고 있다. 「우리가 도요타와 함께 쌓아온 브레이크 기술이 해외에서도 높이 평가 받고 있다는 것을 실감했다」고 고토씨는 말한다.

이미 실용화되어 있는 시스템의 개량

하이브리드 자동차용 ECB(전자제어 브레이크 시스템)에 사용되고 있는 페달 시뮬레이터와 ECU를 내장한 밸브 보디. 회생브레이크와 유압브레이크를 제어한다. 3세대 프리우스부터 도입되어 순차적으로 개량되고 있다.

유압발생용 모터, 솔레노이드 밸브, 축압(畜壓)어큐뮬레이터, ECU를 작게 일체화한 VSC장치. 초기 제품에 비해 내부구조와 프로그램이 개선되었다. 유압계통의 노하우를 세세한 부분까지 축적해 왔다.

감각에 상당히 신경을 씁니다. 살짝 밟았는데도 잘 들으면 안심이 되죠. 이처럼 주행환경에 따라 브레이크에 대한 요구도 제각각입니다. 우리는 어떤 요구에도 대응해 왔습니다. 해외 자동차 메이커와의 거래가 증가하는 이유도 그런 우리의 개발능력이 평가받은 결과라고 자부하고 있죠.

Q : 인간의 발로 조작하는데도 불구하고 브레이크 조작력을 매우 섬세하게 만들었죠.

고토 : 페달을 밟는 면의 각도나 개개의 모델 패키징에서 기인하는 착석자세에서의 제동력 증가방법, 다리 힘을 뺐을 때의 제동력 안정화방법 등을 세세하게 개선하고 있습니다. 그것이 가능해진 배경 중 하나는 유압발생원의 진보입니다. 기존에는 솔레노이드 밸브로 했던 것을 듀티제어로 바꾸면서 제어폭을 아주 미세하게까지 할 수 있게 된 것이죠. 기어 펌프 설계도 진보해 현재는 17기통이나 됩니다. 펌프를 구동하는 모터도 마찬가지이구요.

Q : 새로운 브레이크 장치로 전동모터방식의 주차 브레이크(EPB)가 있습니다. 가까스로 일본에서도 적용하게 되었습니다.

고토 : EPB 적용은 일본이 좀 뒤져 있죠. 렉서스 NX에서 처음 모터방식을 채용했기 때문에 앞으로는 기대를 하고 있습니다. 모터를 작동시키고 그 회전속도를 감속시켜 증폭된 회전력을 직선운동으로 변환해 패드를 디스크에 밀착시키는 힘으로 삼는 방식입니다. 예전 렉서스 LS에 적용된 EPB는 케이블을 전동으로 당기는 방식이었는데, 이번에는 캘리퍼와 일체화된 전동유닛이 피스톤을 직접 작동시키는 방식입니다. 앞으로 이것은 EMB(Electric Mechanical Brake)로 발전해 나갈 것입니다.

Q : 유압배관이 필요 없는 전동 브레이크 말씀이군요. VSC기능을 내장한 ABS도 부분적으로 전동이긴 하지만 EMB화되면 마지막으로 남은 브레이크가 바이 와이어(By Wire)가 됩니다.

고토 : 무엇을 위해서 EMB로 하느냐를 말씀 드리자면, 유압배관 불필요라는 특징이 가져오는 자동차 자체의 패키징 개선 때문입니다. 전동장치를 4바퀴에 장착해 전기 커넥터를 연결하는 것만으로도 브레이크가 됩니다. 섀시 어셈블리에 장착하기만 하면 되는 브레이크이죠. 동시에 4바퀴 각각의 장치를 개별적으로 제어할 수 있는 상태에서 통합제어를 하면 안전보조장치(Fail Safe) 측면에서도 유리해질 것으로 생각합니다.

Q : 전원이 48V가 되면 더 유리해질까요?

고토 : 물론입니다. 전압이 높아지는 만큼 모터를 소형화할 수 있기 때문에 장점이 많다고 생각합니다. 또한 이미 엔진과 변속기는 통합제어되고 있는데 여기에 EMB 제어를 추가하면, 예를 들어 앞으로의 자동운전을 생각할 때 큰 장점이 되는 것이죠.

Q : 평소에 생각하는 겁니다만 브레이크는 페달부터 캘리퍼, 마찰재, 제어계통까지 전체적으로 설계되어야 하죠. 또 고도화되는 자동차 기능을 감안하면 서플라이어끼리 서로 협력해 자사의 전문성을 최대한으로 발휘할 수 있는 체제를 만들어야만 합니다. 도요타 그룹의 서플라이어가 결속하면 굉장히 재미있는 것이 가능하지 않을까 싶은데 어떻게 생각하십니까.

고토 : 독일은 분명 그런 것을 지향하고 있지요. 우리도 준비해야 한다고 생각합니다.

Q : 그리고 2020년의 브레이크 시스템을 예상할 때 EMB 이외에 다른 것도 계획하고 있는 것이 있습니까.

고토 : 브레이크의 「실제 토크」를 계측할 수 없을까하고 생각하고 있습니다. 각 바퀴에서 브레이크 패드가 브레이크 디스크에 밀착될 때의 토크, 엔진에서의 구동 토크, 제동 토크를 알면 그리고 차량자세를 비교해 각 바퀴로 제동력을 더 정확하게 배분할 수 있기 때문입니다.

Q : EMB에서는 제동력을 강하게 하거나 약하게 하는 제어를 모터의 정·역회전으로 하기 때문에 순간적인 토크 값과 그 변동을 알면 제어 폭이 넓어지겠죠.

고토 : 브러시가 없는 모터를 사용하면 위치검출이 가능하기 때문에 EPB의 모터로 브러시 없는 형식을 사용해서 발전시키는 방법도 있습니다. 한 가지 유감인 것은 지금까지 유압 브레이크에서 축적한 노하우가 무용지물이 되지 않을까 하는 우려인데, 유압은 유압 나름대로 신흥국 수요가 있어서 당분간 없어지지는 않습니다. 고성능 유압 브레이크 수요를 싸게 흡수할 수 있도록 저희도 노력해 나갈 계획입니다.

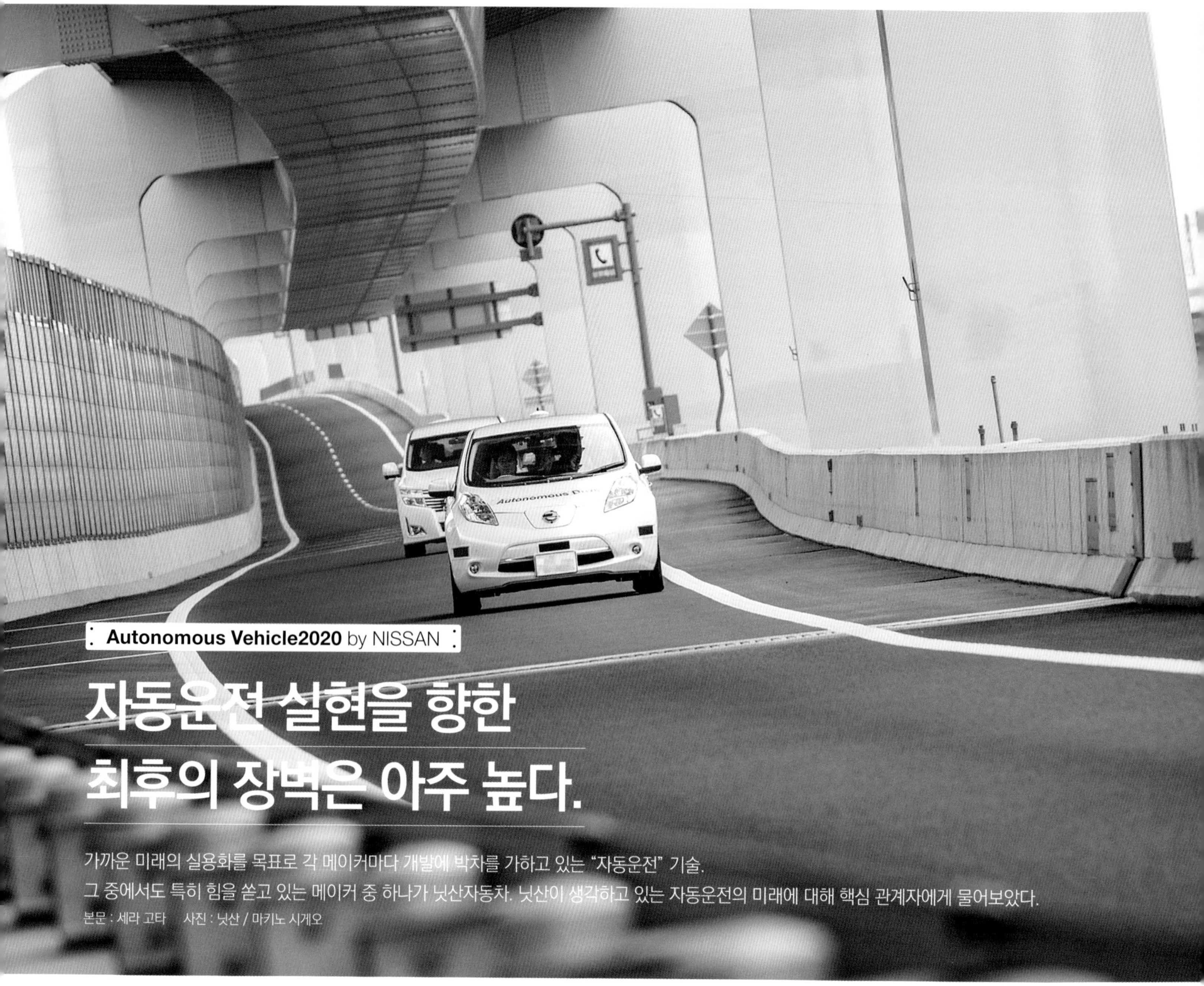

Autonomous Vehicle2020 by NISSAN

자동운전 실현을 향한 최후의 장벽은 아주 높다.

가까운 미래의 실용화를 목표로 각 메이커마다 개발에 박차를 가하고 있는 "자동운전" 기술.
그 중에서도 특히 힘을 쏟고 있는 메이커 중 하나가 닛산자동차. 닛산이 생각하고 있는 자동운전의 미래에 대해 핵심 관계자에게 물어보았다.

본문 : 세라 고타　사진 : 닛산 / 마키노 시게오

닛산자동차의 자동운전 기술투입 스케줄

2016년 말까지 → **트래픽 잼 파일럿을 투입**
혼잡한 고속도로(단일 차선)를 자동주행
(완전정지~출발에도 대응)

2018년 까지 → **고속도로 파일럿을 투입**
복수의 차선을 넘나들며 자유롭게 자동주행
(합류/분기/차선변경/추월에 대응)

2020년 까지 → **운전자의 조작이나 개입 없이 시가지 교차로를 횡단할 수 있다.**
고도의 예측기술이 필요

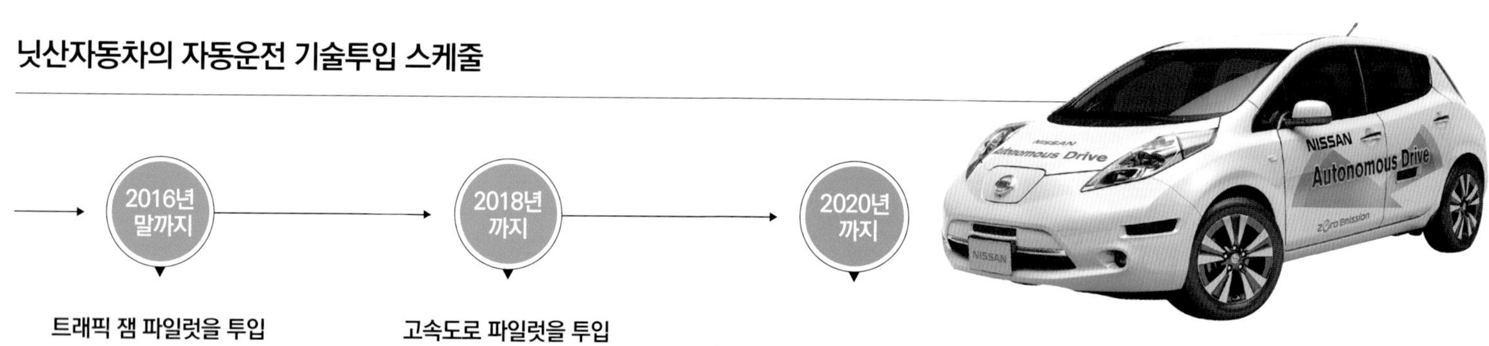

닛산자동차는 2014년 7월 17일, 카를로스 곤사장이 스스로 자동운전기술 투입 스케줄을 발표했다. 2020년까지 시가지에서 고속도로까지 끊김이 없는 자동운전(운전조작의 자동화)을 가능하게 할 예정. 어느 시점에서 바로 실용화하는 것이 아니라 단계적으로 기술을 도입해 나간다.

닛산은 2016년에 혼잡한 고속도로에서의 자동운전을 가능하게 하는 기술, 즉 트래픽 잼 파일럿(TJP)을 도입했다. TJP는 고속도로의 단일 차선에서 기능한다. 이미 실용화되어 있는 인텔리전트 크루즈 컨트롤(ICC)과 차선이탈방지 시스템(LDP)을 조합하면 현시점에서도 추종주행과 차선관리는 가능하다. 하지만 저속 쪽 까지는 커버하지 못해 40km/h를 밑돌면 시스템이 자동적으로 해제되면서 속도와 차선관리가 운전자에게 넘겨진다. 현행 시스템의 경우 비어 있는 고속도로 상에서 그것도 같은 차선을 달리는 상황에서만 유용하다. 마찬가지의 단일 차선에 한정된 이야기지만 TJP는 기본적으로 종래의 ICC와 LDP 조합을 기본으로 하면서 완전정지부터 고속영역까지 커버한다.

40km/h 이하를 커버할 수 있느냐 없느냐의 차이는 예측정확도 차이이다.

「저속영역까지 커버할 때의 어려운 점은 정체시 끼어들기가 있다는 겁니다. 자동차 주변을 항상 감시해야 하고, 주변교통 예측을 좀 더 정확하게 할 필요가 있죠.」

이렇게 설명하는 것은 자동운전기술 개발을 이끌고 있는 후타미 도오루씨이다.

「완전정지와 자동출발 판단도 어려운 부분입니다. 고속도로에서 멈추는 것은 위험이 많고, 맘대로 달려나가는 것도 기존에는 없던 것이죠. 자동발진, 자동정지는 자율성 수준이 다릅니다.」

2018년까지는 하이웨이 파일럿(HP)의 실용화를 지향한다. 역시 고속도로 상에서 기능하는 자동운전기술이지만 HP가 실용화되면 ETC(한국의 하이패스) 게이트 입구에서 출구까지 거의 자동으로 이동할 수 있게 된다. TJP는 차선변경에 대응하지 않지만 HP의 경우는 차선변경은 물론이고 인터체인지 주행, 본선 합류와 분기, 추월 등에 대응한다. 그 결과 ETC 게이트에 진입하는 순간부터 빠져나오는 순간까지가 초광속 우주여행처럼 워프(Warp)상태가 된다. 운전에 대한 재미를 빼앗는다는 의견도 있겠지만, 자동차로 쾌적하게 이동할 수 있게 된다면 철도나 비행기에서 자동차로의 회귀를 촉진할 가능성도 있다. 그런 움직임은 ICC의 보급에 따라 이미 나타나고 있다고 한다.

「개인적인 공간에서 보낼 수 있다는 점과 도어 투 도어로 이동할 수 있다는 점이 호감을 받겠죠. 디소 시간은 걸려도 쾌적성은 자동차 쪽이 더 위입니다. 2018년 이후에는 장거리 이동 승용물 선택에 있어서 변화가 가속될 가능성이 있습니다.」

2020년에는 운전자의 조작이나 개입 없이 십자로나 교차로를 자동적으로 횡단할 수 있는 자동운전 기술을 도입할 것이라 발표한 바 있다. 이 점에 대해 후타미씨는 「2018년과 2020년의 갭은 상당히 커서 완전히 다르다」고 말한다. 왜 그럴까.

「2016년과 2018년은 고속도로 상의 기술입니다. 고속도로의 경우 주위는 거의 자동차일 뿐만 아니라 모두 한 방향을 향하고 있죠. 그래서 물체를 자세하게 인식하거나 상대의 움직임을 예측하는 기술을 그다지 필요로 하지 않습니다. 하지만 일반도로에서는 뭐가 나타날지도 모르고, 구별이 안 되는 것들도 많이 있습니다. 2020년까지라고 선언했기 때문에 어쩔 수 없이 기술 담당자들이 풀어내야 하겠지만 난이도가 상당히 높은 것도 사실입니다.」

자동운전은 인식~판단~조작 과정을 거친다. 인지라는 것은 바로 센싱(Sensing)으로서, 카메라나 밀리파레이더, 레이저 레이더를 이용한다. 닛산의 경우 인지를 두 가지로 분류하는데, 센싱으로 특화한 영역과 센싱해서 얻은 정보로부터 대상물을 인식(Cognition)하는 영역으로 구분하고 있다. 이 인식에는 고도의 인공지능(AI)이 필요해서 실용화로 나아가는 난이도가 높다. 마찬가지로 인지에 기초한 판단(Decision)에도 고도의 지능이 요구된다.

시가지에서 인지와 판단이 어려운 것은 테일 램프와 적신호 같은 것들이다. 평지라면 위치 차이 때문에 인식이 가능하지만, 경사도로 상황에서는 구별이 어려워지기 때문에 고도의 처리가 필요하다. 또 흰 차선 감지도 어렵다. 교차로에는 흰 차선이 없는 곳이 많아서 어디로 진입하면 되는지, 「진로」를 순간적으로 찾아내는 것이 어렵다. 큰 교차로에서 보행자가 어디로 가려고 하는지, 그

자동운전에 필요한 프로세스

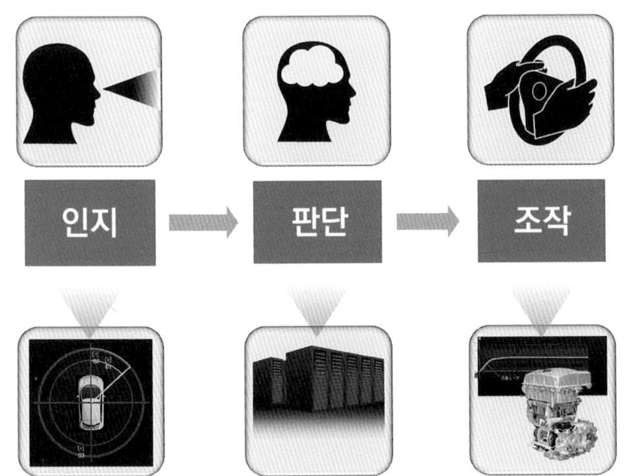

자동운전에 필요한 프로세스는 「인지~판단~조작」으로 분류하는 것이 일반적이지만, 닛산은 인지를 순수한 센싱기술과 「식별」로 세분화하고 있다. 예를 들면 각종 센서로 감지한 물체가 자동차인지 사람인지, 사람이면 그 사람이 어른인지 어린이인지 혹은 사람이 아니라 작은 동물인지, 대상물이 무엇인지를 인식하는 것인데 거기에는 뛰어난 지능이 필요하다. 식별한 다음에는 「판단」을 하게 되는데 이때 센싱한 정보에만 의존하지 않고 도로정보도 이용한다. 조만간 도입이 예정된 기술은 고속도로의 같은 차선만 달리는 수준이라 현상의 레벨에서 문제가 될 것은 없지만, 차선변경이나 합류를 하려면 고정밀도의 자동차 위치 정보가 필요하다. 「2018년에 몇 십cm, 2020년까지 몇 cm까지를 계획하고 있다」(후타미씨)

카메라, 밀리파레이더, 레이저 레이더가 3대 센싱 장치

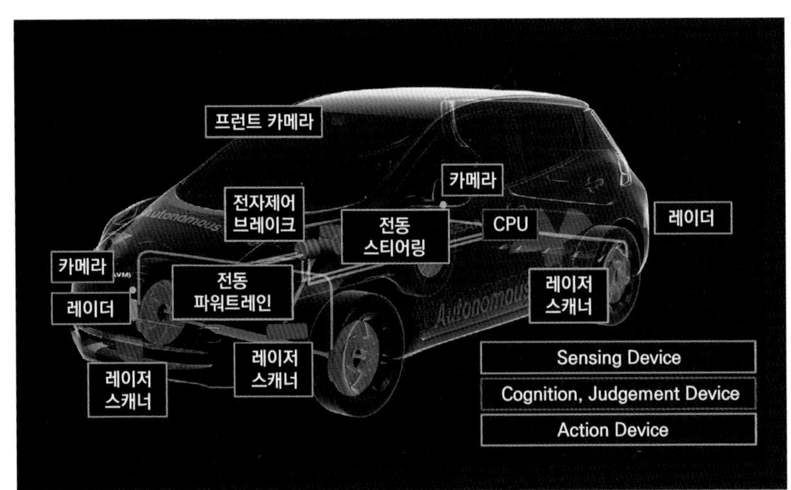

기계에 대해 인간이 뛰어난 점은 앞으로의 상황을 얼마만큼 읽을 수 있느냐이다. 반대로 기억용량이나 반응속도, 멀리까지 보는 힘은 기계가 뛰어나다. 자동운전 기술을 성립시키는데 필요한 센서는 주로 3종류이다. 바로 카메라, 밀리파레이더, 레이저 스캐너. 카메라는 물체의 형상이나 색 식별이 가능. 거기에 무엇이 적혀 있는지 알 수 있다. 한편으로 거리를 정확하게 계측하는 기능은 부족하며 비나 안개에 약하다. 밀리파레이더는 악천후에 강하고 멀리까지 볼 수 있다는 것이 특징. 다만 물체의 형상이나 크기 인지에 약하다. 레이저 스캐너는 대상물이 3차원적으로 어떤 형상을 하고 있는지 파악하는 것이 장기. 연석이 어디에 있는지, 폴이 어디에 서있는지를 식별하는데 도움을 준다. 이 3가지 센서를 통해 얻은 정보를 조합해 컴퓨터에서 처리한 다음, 필요한 판단을 내린다.

움직임도 하나하나 예측할 필요가 있다.

「도로정보를 활용함으로서 정확도가 더 높은 예측이 가능하지만, 예측해야 할 장면이 어느 정도인지를 보면 쉽게 1000가지가 넘습니다. 더구나 하나하나의 장면에 대해 100번 정도 실험을 한다고 해도 100번 다 합격하지 않으면 안 되죠. 정말로 갈 길이 먼 테스트가 필요합니다.」

닛산은 실리콘밸리에 자동운전기술 개발거점을 두고 있다. 여기에 자동운전전용인 고정밀도 시뮬레이터를 배치하고는 1000가지 이상의 장면에 대해 가상 테스트를 한다. 이 테스트에 통과된 장면은 자동 운전 전용 코스에서 현실적으로 확인해 나갈 예정이다. 테스트 코스에서의 시험에 통과되면 일반도로에서의 시험으로 넘어간다.

「인간이 베테랑 운전자가 될 때까지는 수 만km, 수 십만km를 달리면서 위험도가 높은 장면도 많이 경험함으로서 자신의 데이터베이스를 만듭니다. 그것과 똑같은 작업을 단기간에 해야 하기 때문에 연습이 상당히 필요합니다.」

이런 개발 결과 2020년에 자동운전 자동차를 여러 대 보급하게 되면, 차량 간 통신의 실용화가 가시권에 들어오게 된다. 차량 간 통신이 이루어지면 자동차와 자동차의 차간거리를 상당히 줄일 수 있다. 청신호로 바뀐 순간, 자동차 대열 전체가 일시에 움직이는 것도 가능하다. 그렇게 되면 도로용량을 물리적으로 늘리지 않아도 실질적으로 늘린 것과 같은 효과를 얻을 수 있게 된다.

「2020년보다 더 뒤인 2030년 무렵이 될지도 모르지만 상당한 고밀도의, 정확하고 정체가 없는 교통 시스템이 만들어져 있을 가능성이 있습니다.」

자동운전은 궁극적인 안전시스템이라는 것이 닛산 자동차의 생각이다. 최근의 닛산 자동차와 관련된 국내 사망·중상자 수가 약 4000명이데, 현행 ADAS(Advanced Driver Assist Systems)로 예방할 수 있는 것은 50%가 조금 안 된다. TJP나 HP를 도입해 나가면 「계산상으로는 90% 정도 사고를 줄일 수 있다」고 예상하고 있다. 궁극적으로는 교통사고 제로로 만드는 것이 목표로서 「목표를 지향하는데 있어서의 기반기술」로 자동운전기술을 자리매김하고 있다.

또한 자동운전이 궁극적인 안전시스템이긴 하지만 운전하는 즐거움을 뺏는 것은 아니다. 오히려 새로운 형태의 운전하는 즐거움을 가져올 것이라는게 후타미씨의 생각이다.

과제는 100%의 예측 정확도

일반도로를 달릴 때는 다양한 예측을 하지 않으면 안 된다. 예를 들어 보행자가 자동차와 같은 방향을 향하고 있고 앞에 횡단보도가 있다는 것을 알면 횡단보도를 건널 가능성이 있다고 예측할 수 있다. 예측해야할 장면에 대해 100% 오류가 없는 작동을 하도록 정확도를 높일 필요가 있다.

고속도로 상의 자동운전기술

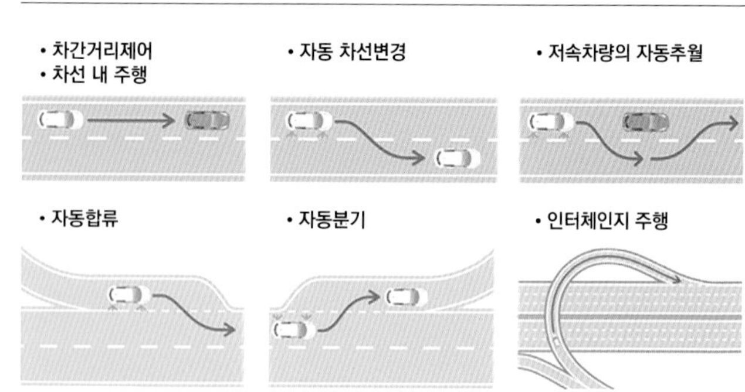

「차간거리제어, 차선 내 주행」은 2016년에 도입한 트래픽 잼 파일럿을 실현하는데 필요한 기술. 다른 기술은 2018년까지 도입을 예정하는 하이웨이 파일럿(HP)을 실현하기 위해 필요.

2016년에 실용화된 자동주차 시스템

2014년 7월 발표 때는 트래픽 잼 파일럿과 거의 같은 시기에 「운전조작이 필요 없는 자동주차 시스템도 폭넓은 모델에 적용할 예정」이라고 선언한 바 있다.

자동운전은 능력확장을 가져올 것

기계의 힘을 빌려 자동차를 더 즐길 수 있게

후타미 도오루 닛산자동차 전자기술개발본부 IT&ITS개발부 엑스퍼트 리더

자동차를 재미없게 만든다.
이런 식으로 자동운전에 회의적인 생각을 가진 사람도 적지 않을 것이다.
하지만 후타미씨는 자동운전이 운전자로부터 일체의 조작을 뺏는 것이 아니라고 말한다.
오히려 운전자의 의도를 파악해 초인적인 성능을 즐기게 해줄 가능성이 있다는 것이다.

자동운전은 일종의 모바일 슈트와 같죠. 새롭게 운전하는 즐거움을 만들어 낼 것이라 생각합니다.

자동운전은 「무인 택시를 타는 것 같은 감각」이 아니라 인간의 능력을 확장시키는 방향으로 살리는 것도 가능. 자동운전기술의 도움을 받아 GT-R이 가진 잠재력을 끌어낸 고속주행이 가능할지도….

Q : 자동운전이 자동차를 재미없게 만들거라는 의견도 있습니다만….

후타미 : 이건 개인적인 의견이고 전망입니다만, 그렇다고는 생각하지 않습니다. 자동운전 자동차가 실용화되면 상당히 수준이 높은 운전을 누구나 할 수 있게 됩니다. GT-R이 250km/h 또는 300km/h로 달릴 수 있는 잠재력을 가지고 있다고 치면, 고속도로의 자동운전노선에서 모두가 250km/h나 300km/h로 달릴 수 있게 될 가능성이 생기는 것이죠.

Q : 우리 개인의 역량으로는 불가능한데 말이죠.

후타미 : 그렇습니다. F1 드라이버가 아니면 할 수 없는 영역이지만, 자동운전 자동차라면 자동차가 가진 성능의 한계까지 사용할 수 있겠죠. 기계에 맡기면 고속도로상의 이동이 더 빨라질 가능성이 있습니다. 이것도 2020년 이후의 모습 중 하나라고 생각합니다. 프라이비트 익스프레스(Private Express)라고 하는 개념이죠.

Q : 목적지를 세팅하면 그 다음은 자동차가 알아서 데려다 주는 것만은 아니라는 뜻인가요.

후타미 : 이동성 자유도가 상당히 올라갈 것이라는 생각입니다. 자동운전 자동차라고 하면 마치 무인택시처럼 운전하는, 자주성을 없애는 것이라 생각하기 쉬운데, 우리는 그렇게 생각하지 않습니다. 오히려 GR-R로 상징되듯이 아마추어는 실현 불가능할 것 같은 퍼포먼스가 기계와 결합하면서 실현될 것이라 생각하고 있습니다. 일종의 모바일 슈트, 능력확장이 실현될 것이라는 생각이죠. 그래서 나이 들어서 반사신경이 떨어진 사람도 그 점은 자동차를 통해 보완이 되니까 젊었을 때처럼 운전할 수 있게 되는 겁니다. 그것이 새로운 형태의 운전하는 즐거움이 아닐가 생각합니다.

Q : 자동운전이 되면 운전하는 즐거움이 없어진다는 것이 오류라는 것인가요?

후타미 : 그렇습니다. 오히려 즐거움이나 시간적 여유가 증가하죠. 그 증가된 여유를 어떻게 사용하느냐가 중요하다고 생각합니다.

Q : 기계에 태워져 있다는 느낌을 갖지는 않을까요?

후타미 : 어떻게 인간답게 판단하는지도 중요하고, 어떻게 인간다운 운전을 하느냐도 매우 중요합니다. 예를 들면 추월한 다음에는 중간 가속을 해서 기분 좋게 달리도록 제어하는 것이죠. 그런 동작이 없으면 인간은 기계를 신용할 수 없습니다. 자동운전 자동차라고 하면 (자동주행하는) 골프장의 카트 같은 이미지를 가진 사람도 많은데, 그렇지 않고 사람이 운전하는 느낌을 갖습니다.

Q : 클라우드라는 측면은 어떨까요.

후타미 : 정보공간과의 접촉 차원에서 말하자면, 정보를 받아 가본 적이 없는 장소를 갈 수 있게 되죠. 예를 들면 초소형 전기차 같은 EV에 자동운전 기능을 넣음으로서 좁고 후미진 장소에까지 갈 기회가 생깁니다. 기존 자동차의 활동영역은 간선도로를 중심으로 하고 있었기 때문에 모세혈관 같은 곳은 기회가 있는데도 단절되어 있었죠. 그런 곳까지 가게 하려는 움직임이 나타날 겁니다.

단독 부품 → 유닛, 그리고 모듈로

2020년을 앞두고 높아지는 존재감

지금은 메가 서플라이어의 존재감이 어느 부분에서는 자동차 메이커를 능가하기도 한다.
단독부품이 아니라 유닛으로, 더 나아가서는 복수의 유닛을 묶은 모듈, 모듈들의 통합…
2020년을 앞두고 이런 흐름은 가속될 것이다.

본문&그림 : 마키노 시게오

2014년에 독일의 ZF(프리드리히스하펜)가 미국의 TRW을 매수함으로써 메가 서플라이어의 세력 지형에 변화가 일어났다. TRW를 매수한 신생 ZF는 매출액 기준으로 덴소 및 마그나 인터내셔널과 어깨를 나란히 하면서 2위 다툼을 향한 3파전이 형성되었다. 결코 매출규모가 전부는 아니지만 ZF는 자동운전분야에서 「부족한 부분」 전부를 TRW매수를 통해 해결했다.

아래 차트는 본지가 창간된 2006년 당시부터 현재에 이르기까지 세계 주요 서플라이어의 연간 매출액 추이이다. 연간 매출액을 달러로 환산한 것인데, 환율을 어떻게 적용하느냐에 따라 숫자가 상당히 바뀐다. 그런 의미에서는 정확한 순위라고는 할 수 없지만, 2006년 당시 세계 톱이었던 보쉬도 연간 300억 달러에 미치지 못했던 사실이나 21008년 가을의 리먼쇼크가 2009년 결산에 초래한 영향 등을 파악할 수 있다.

또한 예전에는 존재했던 회사가 사라진 것도 알 수 있다. 독일 지멘스의 자동차 전자기기부문이었던 지멘스VDO는 2007년에 콘티넨탈에게 넘어갔다. 또한 GM의 부품부문인 AC델코가 독립된 델파이, 포드의 부품부문이 독립한 비스테온은 분리 당시 거대기업이었지만 양사의 북미 매출하락이나 델파이의 경우는 심지어 GM의 경영파산에 따른 사업매각이 겹치면서 규모가 점점 축소되어 갔다. 독일 티센크루프는 철강 메이커인 티센과 중기계 및 군수 메이커인 크루프가 1999년에 합병하면서 탄생해, 한 때는 자동차부문에 큰 투자를 하기도 했지만 리먼쇼크 이후에 공장매각 등을 하면서 어쩔 수 없이 부분적으로 규모축소가 단행되었다.

그렇긴 하지만 대형 서플라이어에 의한 기업매수는 현재도 계속되고 있다. 자사의 미래상을 그릴 때 부족한 사업분야가 있으면 매수로 보완하는 경우는 아주 많다. 그 배경에는 자동차부품이 단독부품이 아니라 유닛판매로, 더 나아가서는 복수의 유닛을 결합한 모

회사명	나라	2013	(지역별 매출비율%) 북미	유럽	아시아	2012	2011	2010
로버트 보쉬	D	402	18	54	24	368	398	346
덴소	J	358	19	12	67	342	341	329
마그나 인터내셔널	C	344	51	40	5	330	305	248
콘티넨탈	D	338	22	50	25	305	283	246
아이신정밀기기	J	272	16	8	75	301	272	236
현대모비스	K	246	20	10	68	226	225	182
포레시아	F	240	27	54	13	225	213	166
존슨 컨트롤즈	US	235	47	41	12	212	189	158
ZF프리드리히스하펜	D	205	18	58	18	187	179	145
리아	US	163	38	38	18	159	160	144
TRW오모토티브	US	161	36	40	20	146	156	138
야마자키총업	J	157	–	–	–	144	147	125
델파이	US	155	34	40	15	141	142	120
발레오	F	138	20	50	25	132	140	112
스미토모전공	J	130	–	–	–	128	132	105
BASF	D	124	20	60	15	112	124	104
JTEKT	J	114	17	13	68	105	106	83
도요타방직	J	95	16	6	76	98	81	80

단위 : 억달러

듈판매로, 그리고 복수의 모듈을 결합하는 소프트웨어를 포함한 전체 시스템 판매로 사업 모델이 바뀐 것이 사실이다.

유럽과 미국은 일본보다 훨씬 전부터 노동시간에 대한 규정이 존재했다. 그 대부분이 법제화되어 있었기 때문에 개발작업 대부분을 외부에 위탁하지 않을 수 없었다. 이것이 메가 서플라이어와 산학연대를 낳은 토대라고 말할 수 있다. 일본도 21세기에 들어올 무렵부터 똑같은 환경이 되면서 필요한 연구개발 작업을 사내에서 소화하기가 힘들었다. 외주가 늘어난 최대 이유는 거기에 있다.

유럽의 메가 서플라이어도, 예를 들면 1980년대에는 「메가」라 부를 수 있을 정도의 규모는 아니었다. 그것이 현재는 개발하청부터 시스템까지 제안하는 정도가 되었다. 맡겨진 작업량의 누적은 그대로 노하우로 축적되고 그것이 사업 모델의 변화를 촉구했다. 일본도 어느 쪽이든 같은 길을 걸으리라 생각한다. 엔지니어들이 불철주야로 일을 했던 것이 일본의 60~80년대이고, 그런 연장선상에서 노동시간의 총합계가 일본의 자동차산업을 세계적인 수준으로 끌어올린 추진력이었다고 생각한다. 노동시간 제한과 서비스 잔업금지는 지금 연구개발 현장에 있어서 최대의 딜레마이다. 개인이 「서비스라고 생각하지 않는다. 하고 싶어서 하는 것이다.」라고 주장해도 회사는 묵인할 수 없다. 결국은 모든 경쟁은 맨파워이다. 산학관 연대는 거기에 자본이 따라 온다. 그래서 강한 것이다.

유럽에서는 자동차 메이커가 개발부터 시작, 시판단계의 어플리케이션 작업 등, 모든 것을 서플라이어에게 하청을 주는 경우가 증가하고 있다. 자동차 메이커에 신기능을 제안하고 그것을 전체적으로 하청 받는 식이다. 이를 위한 개발 툴도 서플라이어가 개발하고 있다.

ZF프리드리히스하펜은 2015년에 설립 100주년을 맞이했다. 변속기나 섀시 부품이 중심이었지만 TRW매수로 메가 서플라이어로 불릴 정도의 규모로 커졌다. 보쉬 등과 마찬가지로 대주주는 재단과 사원지주회이다.

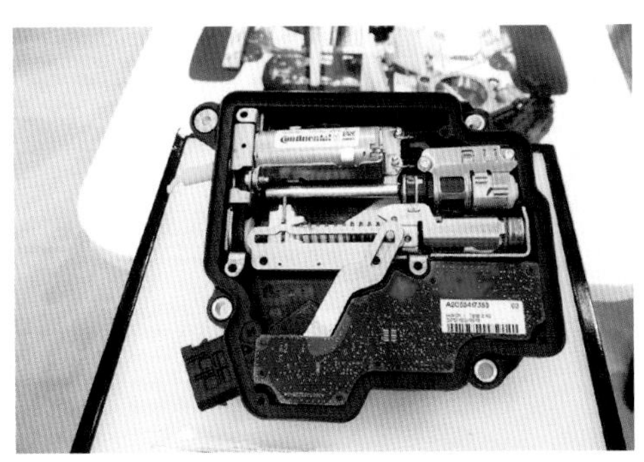
콘티넨탈 제품의 다이렉트 시프트 모듈은 시프트 바이 와이어를 위한 ECU와 액추에이터를 내장. 이렇게 모듈끼리 직접 만든 소프트웨어로 연결하는 사업이 현재의 유행이다.

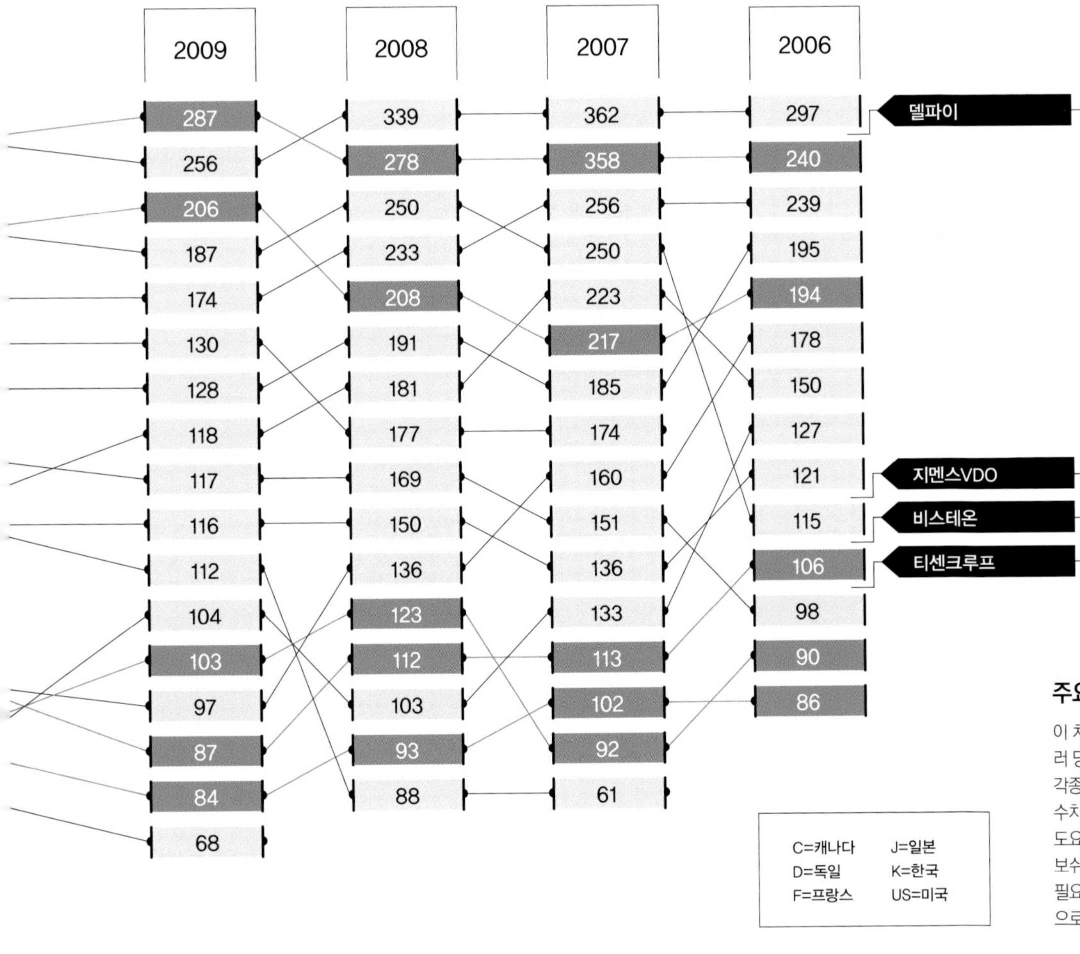

2009	2008	2007	2006	
287	339	362	297	델파이
256	278	358	240	
206	250	256	239	
187	233	250	195	
174	208	223	194	
130	191	217	178	
128	181	185	150	
118	177	174	127	
117	169	160	121	지멘스VDO
116	150	151	115	비스테온
112	136	136	106	티센크루프
104	123	133	98	
103	112	113	90	
97	103	102	86	
87	93	92		
84	88	61		
68				

GM의 부품부문이었던 AC델코를 중심으로 1994년에 발족한 ACG는 1999년에 분사된 이후 2002년에 사명을 델파이 코포레이션으로 변경했다. GM 대상의 매출액이 높았기 때문에 GM경영파산 전에 파산되면서 현재 재건 중.

계기장치를 제조하던 VDO를 지멘스가 매수하면서 지멘스 VDO가 탄생. 2007년에 콘티넨탈이 매수하면서 회사명은 소멸. 이 매수를 계기로 콘티넨탈은 메가 서플라이어가 된다.

포드의 부품부문이 2000년에 분리독립한 기업이지만, 2014년 11월에 자동차 내장사업을 매각하고 대신에 존슨 컨트롤즈에서 전자기기사업을 매수했다. 미래를 내다 보고 업태를 대전환한 것이다.

1891년에 창업한 티센과 19세기 초반에 창업한 크루프가 1999년에 합병하면서 거대한 중공업 다국적 기업으로 탄생. 자동차관련 사업에서는 스티어링이나 댐퍼 등을 만든다. 현재는 다시 자동차 분야에 경영자원을 투자하고 있다.

C=캐나다	J=일본
D=독일	K=한국
F=프랑스	US=미국

주요 글로벌 서플라이어의 연간 매출액

이 차트 안에 표시된 숫자는 각사의 결산발표를 토대로 그 해의 평균적인 달러 당 환율비율로 계산했다. 지역별 사업비율은 오토모티브 뉴스의 데이터와 각종 보도를 참고로 했다. 정확한 숫자보다 기업끼리 비교한다는 관점에서 수치를 선택했다. 항상 생각되는 것은 만약 덴소, 아이신정밀기기, JTEKT, 도요타방직, ADVICS 5사가 연합을 맺는다면 어떨까 하는 것이다. 매출액이 보쉬의 2배를 넘는 수퍼 메가 서플라이어가 바로 탄생한다. 무엇보다 정말로 필요하다면 어떠한 연대가 자연발생적으로 생겨날 것이다. 그런 의미에서 앞으로가 주목된다.

보쉬가 생각하는 앞으로의 자동차 개발 키워드는

Electrification, Automated Driving, and Connected.

오치 준이치 보쉬 주식회사 테크니컬센터 자동차시스템 통합부 부장

자동차는 최근 10년 동안 크게 바뀌면서 에너지소비를 억제하면서도 안전하고 쾌적하게 기능을 발휘하는 방향으로 발전하였다. 그리고 그 다음은 더 발전된 기능확충과 자동운전 실현에 대한 프로세스가 기다리고 있다.

본문&사진 : 마키노 시게오 그림 : 보쉬

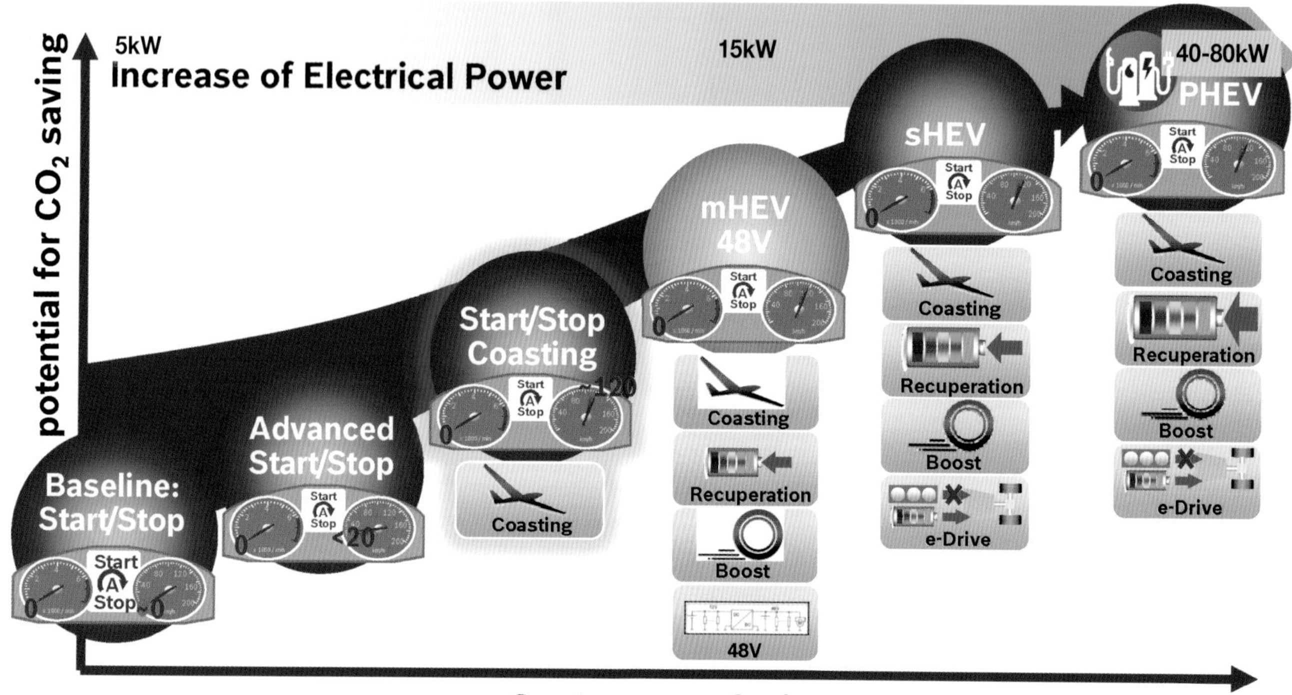

Electrification | 2020년대에 필요한 테크놀로지

앞으로 유럽의 CO_2 배출규제는 95kg/km로 강화된다. 달성하기 쉽지 않은 수치라 향후 어떠한 전동화 같은 선택지가 필수라고 생각된다. 그래서 보쉬는 간단한 스타트&스톱(공전 정지)부터 타행(Coasting) 중의 엔진 정지, 48V전원을 사용하는 마일드 HEV(하이브리드), 심지어는 스트롱 HEV, EV로도 사용할 수 있는 플러그인 HEV화같이 2020년대를 향한 로드맵을 그리고 있다. CO_2 저감효과에 비례해서 상승하는 차량 가격을 어떻게 낮추느냐가 개발경쟁의 과제이다.

Q : 세계최대의 메가 서플라이어 그룹인 보쉬는 모든 분야의 연구개발에 관여하고 있다고 생각합니다. 자동차 메이커의 이야기를 들어보면 2020년 무렵에 등장할 차세대 모델이 상당히 지난한 도전이 될 것이란 생각을 갖게 되는데, 보쉬 입장에서는 앞으로의 자동차에 중요한 기술, 중점적으로 개발해야 할 기술이 무엇이라고 생각합니까?

오치 : 일렉트리시티(전동화), 오토메이티드(자동운전), 커넥티비티(접속) 3가지라고 생각합니다. 전동화부터 말하자면 장기적으로 보았을 때 파워트레인의 주력이 될 것으로 생각합니다. 우리는 이미 스타트&스톱, PHEV(플러그 인 하이브리드), 순수EV(전기자동차)를 커버하고 있습니다. 유럽에서는 48V 규격이 생겼기 때문에 이에 대한 대책도 진행 중입니다.

Q : 그런데 현상적으로 말하면 순수EV는 아직 조금 부족하지 않은가 하는 인상인데요.

오치 : 분명 그렇습니다. 고객이 자신의 감각이나 기호에 맞춰 자유롭게 전동 파워트레인을 선택할 수 있는 상황까지는 아닙니다. 보조금 혜택을 받아야 비로소 경쟁력을 갖는다는 느낌입니다. 보조금이 없어도 자유롭게 선택할 수 있어야 하죠. 그것이 2020년 무렵에는 실현되

지 않겠느냐하고 생각합니다.

Q : 유럽에서는 CO_2 규제가 엄격해지고 있는데요.

오치 : 현재는 ICE(내연기관)이 주력이지만 엔진을 아무리 개선해도 그것만으로는 CO_2 규제를 맞추기가 힘듭니다. 48V 기반의 마일드HEV(하이브리드 자동차)가 당면한 동기부여 역할을 하고 있습니다. 거기에 다른 부품과 장치가 따라가는 단계에서 가격이 어떻게 될지가 초점입니다. 메이커마다 CO_2 기준을 달성하지 못하면 벌금을 내야 하기 때문에 벌금과 48V화에 따른 비용적인 측면을 비교해 봐야할 겁니다.

Q : 파워트레인을 보면 보쉬는 타타의 나노 엔진을 개발한 실적이 있는데, 일릭트리시티(Electricity)와는 아주 반대쪽입니다.

오치 : 그렇습니다. 우리의 존재감은 「타타의 나노부터 다임러까지」라고 할 만큼 폭이 넓다는 것입니다. 일렉트리시트는 그 최전선의 기술입니다만, 저가격 파워트레인부터 배운 것을 전동차량 보급에도 살릴 수 있을 것으로 생각합니다.

Q : 오토메이티드(Automated)도 필수겠죠. 특히 독일세가 본격적으로 나서는 느낌인데요.

오치 : 법규적인 움직임이 있을 것이라는 기대감이 자동차 메이커에는 있습니다. 센서 등과 같은 개별 장치의 기술은 상당히 진보했기 때문에 우리도 사람과 공정 수를 투입해 수요가 발생했을 때 바로 대응할 수 있도록 준비하고 있습니다.

Q : 오토메이티드는 복수 기능이기 때문에 보쉬의 노하우가 잘 드러날 것 같은데요.

오치 : 그렇게 생각합니다. 새로운 기술을 시장에 투입하기 위해서는 무엇이 필요하고, 그러기 위해서 어떻게 해법을 만들어나가면 좋을지에 대해 입체적으로 제공할 수

내연기관용 부품매출은 점차 줄어들고 전자분야 매출비율이 서서히 확대될 것입니다.

Driving on the freeway | 오토매틱 파일럿을 향한 로드맵

고속운전지원부터 고속도로 같이 폐쇄된 환경에서의 부분적인 자동운전, 그리고 미래에는 자율형 자동운전으로. 유럽 쪽은 이미 본격적으로 나서고 있다. 그를 위한 기능개발이 지금 진행 중이다.

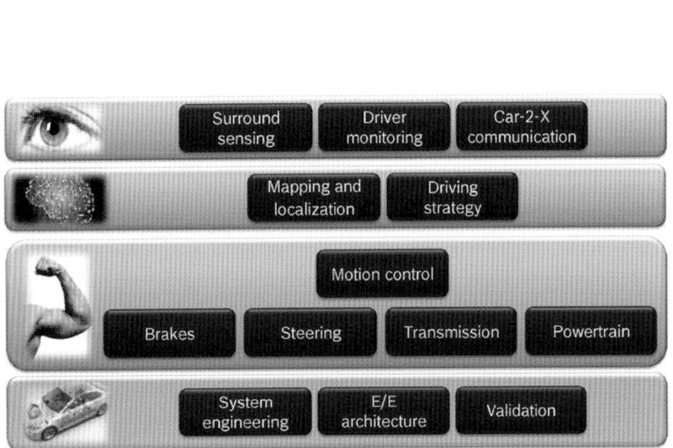

Automated Driving | 자동운전을 위한 기본성분

카메라나 레이더 등의 센서를 통한 인지, 거기에 기초한 행동판단, 실제로 자동차를 움직이는 액추에이터로의 지시, 정확한 이행지시와 그 성패의 판단, 그에 기초한 동작의 수정지시. 자동운전 하에서는 모든 것이 순간적으로 이루어진다.

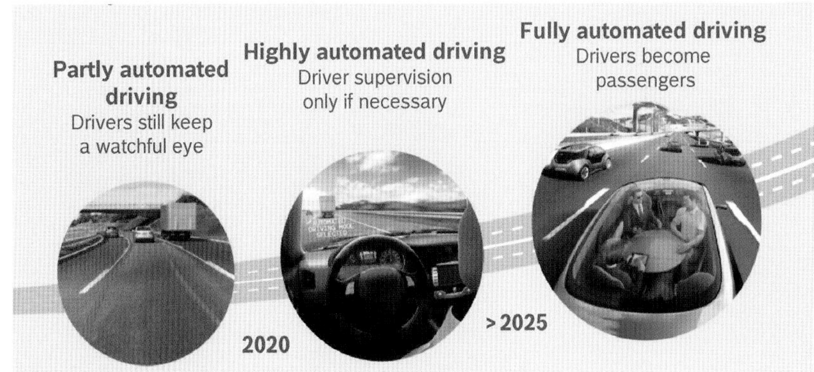

Driving on the freeway | 오토매틱 파일럿을 향한 로드맵

보쉬에서는 2020년 무렵에 고속도로에서 자동운전이 가능할 수 있도록 개발을 진행 중이다. 2025년 이후에는 기술적으로는 「운전자가 불필요」한 자율형 자동운전을 목표로 하고 있다. 정보처리와 연산속도에 맞춰 전자 플랫폼도 진화한다.

있는 것이 우리의 강점이라고 생각합니다. 센서나 제어 뿐만 아니라, 예를 들면 운전자에게 위화감을 주지 않는 제어는 어떻게 해야 할지, 그러기 위해서 브레이크나 구동력, 조향을 포함해 어떤 식으로 기능을 협조시키면 좋을지 등등의 것들이죠.

Q : 액추에이터 부분은 거의 가지고 있습니다. 없는 것은 변속기 정도이죠. 향후 변속기까지 자체적으로 가질 필요가 있다고 보십니까?

오치 : 반드시 가질 필요는 없다고 생각하지만 어떻게 통합제어하느냐는 기술은 필요합니다. 다만 2020년 시점에서 자동운전이 실현될 것인가를 예상해 보면 거기까지는 가지 못할 거라 생각합니다. 동시에 모든 자동차 메이커가 직접 자동운전에 대응할 수 있으리라고는 생각하지 않기 때문에 우리는 필요한 것을 패키지로 제공할 수 있도록 개발을 진행할 것입니다.

Q : 그리고 커넥티비티(Connectivity)에 대해서는요.

오치 : 우리는 유럽에서 「e-콜」의 콜센터를 운영하고 있습니다. 지금까지는 차량탑재 기기를 제공해 왔지만 앞으로는 연결되는 쪽, 자동차 바깥을 포함한 서비스도 발전시키고 싶습니다.

Q : 유럽은 커넥티비티가 의외로 빠른 속도로 보급이 진행될 것 같습니다. 자동차가 어떤 의사소통 수단을 갖는 것이 법규화되는 것을 보면요.

오치 : 그렇습니다. 그것을 단일 기능으로 팔 것인지, 부가가치가 높은 것으로 할 것인지 다양한 방법을 생각해 볼 수 있습니다. 우리는 일렉트리시티, 오토메이티드, 커넥티비티 애플리케이션을 얼마나 효율적이고 싸게, 그리고 운전자에게 도움이 되도록 제공할 것인지를 생각하고 있습니다. AUTOSAR 같은 소프트웨어나 CAN의 진화 버전인 CAN-FD를 추진하는 것도 이를 위해서입니다.

Q : 자동차의 전자 플랫폼은 어떻게 구성해야 할까요?

오치 : 예를 들면 기본기능은 가능한 저가로 하고, 자동운전 등은 시스템 전체에 영향을 주지 않는 추가 모듈로 하는 방법도 있습니다. 반대로 자동운전의 보급을 지향한다면 자동운전기능의 추가를 전제로 기본을 짜는 방법도 있죠. 자동차 메이커마다 전술이 다를 테니까 우리는 어떤 개발도 지원할 수 있는 체제를 갖추고 있습니다.

Q : 그 점이 유럽 쪽 메가 서플라이어의 강점이라고 생각합니다. 아쉽지만 일본의 서플라이어는 전체적인 시스템 제안이 안 되는데요.

오치 : 그런 작업을 요구 받아 왔다는 배경도 있습니다. 자동차 메이커의 자동차 제작을 지원하는 것은 우리의 일이기 때문에 가능하면 시스템으로 제공할 수 있도록 노력해 나갈 것입니다.

Connected Vehicle | 자동차의 배후에 있는 다양한 기술

2020년을 향해 커넥티비티 분야에서는 어떤 기능을 준비할 수 있을까. 그 가운데는 선진적 진단기능에 기초한 예방정비권고 같은 기능도 들어가 있다. 외부와 연결됨으로서 자동차는 새로운 기능을 갖게 된다. 물론 이 안에는 엔터테인먼트 계통의 기능도 포함된다.

Connected World Solutions

외부와 연결된 자동차는 단순히 이동물체로서의 기능에 충실해야 할뿐만 아니라 사회 전체와의 관계가 강화된다. 어떻게 에너지 효율적으로 개인의 이동을 지원하고, 그것을 산업발전에도 연결할 것인가. 그런 과정에서 자동차를 어떻게 유도해 나갈지는 사회전체의 합의가 필요할 것이다.

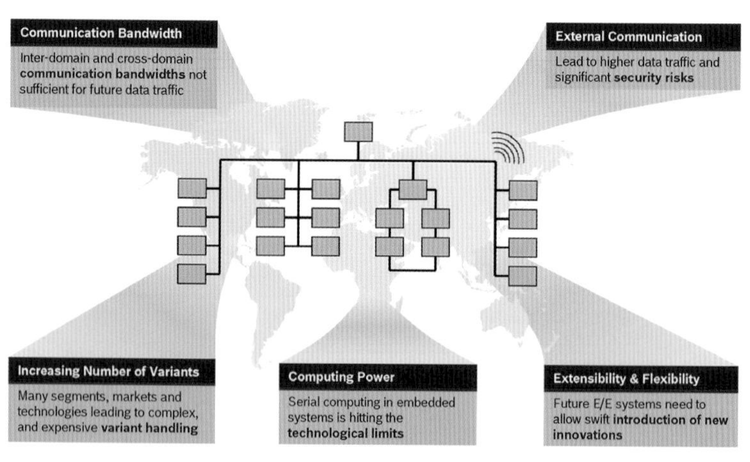

현재의 E/E 아키텍처의 병목

날로 증가하는 전자장비를 어떻게 통합할 것인가. 기본이라 할 수 있는 「주행, 선회, 정지」 기능을 바탕으로 고도의 운전지원이나 의사소통 툴을 전자모듈로 추가하려는 흐름이 예상되지만, 필수적으로 비용과 기능의 균형을 맞추어야 한다. 전자아키텍처 자체의 진보가 열쇠이다.

Functional Safety for Automotive ISO26262

can FD

Standardization(표준화)

보쉬는 차량탑재 ECU가 사용하는 소프트웨어나 통신 프로토콜, 통신버스 용량 등, 자동차의 고도화를 대전제로 하는 부분의 표준화에도 관여하고 있다. 미래에는 모든 데이터가 이더넷(Ethernet)으로 소통될 것으로 예상되기 때문에 이미 준비를 시작하였다.

주류는 연비향상과 안전성·자동운전기술

TRW를 매수한 ZF가 생각하는 기술전략

헤럴드 나운하이머 박사 연구개발책임자 ZF프리드리히스하펜 AG

2014년에 TRW를 매수한 ZF사에게는 지난 2015년은 창립100주년을 맞은 기념비적인 해였다. ZF는 앞으로 자동차 기술개발을 어떻게 생각하고 있을까? 사진 : ZF

이노베이션을 위해서는 자동차 메이커와 서플라이어 사이에 파트너쉽이 필요합니다.

Q : 몇 년 전 TRW를 매수한 이유는 바로 「미래의 기술개발」「테크놀로지 제품들」을 위한 것이라고 생각합니다. ZF사는 2020년 무렵의 테크놀로지 경향을 어떻게 읽고 있습니까? 그리고 핵심이 될 테크놀로지는 뭐라고 생각합니까?

나운하이머(이하 ZF) : ZF와 TRW는 함께 R&D의 글로벌 리더가 될 것이라 확신하고 있습니다. 그것은 양사가 앞으로의 자동차 업계를 만들 메가트렌드(주류)에 있어서 아주 이상적인 제품들을 갖추고 있기 때문입니다. 양사는 각 분야에 있어서 뛰어난 기술력을 가지고 있어서 메가트렌드인 연비향상, 안전성과 자동주행기술 같은 분야에서 높은 위치에 있습니다.

Q : 2020년 정도에 자동차는 어떤 종류의 탈 것이 되어야 한다고 생각합니까? 그것을 위해 지금은 부족하다고 보고 개발을 진행하는 테크놀로지는 무엇입니까?

TRW를 매수함으로서 보쉬와의 합병회사인 ZFLS사(스티어링 시스템 서플라이어)에서 손을 떼었지만, TRW가 스티어링 부문을 가지고 있기 때문에 운신 폭이 더 넓어졌다고도 할 수 있다.

2015년에 설립 100주년을 맞은 ZF사는 TRW를 매수해 명실상부 메가 서플라이어에 진입하였다. 자동운전에 필요한 기술 포트폴리오를 갖추었다고 할 수 있다.

ZF : 파워트레인은 앞으로도 계속해서 개량되어 나갈 것입니다. 나아가 향후 시장에서는 새로운 형태의 파워트레인도 나타나리라 생각합니다. ZF는 이들 분야에서 매우 우월한 위치에 있습니다. 운전지원이나 커넥티비티 같은 분야에도 미래의 잠재력이 있다고 보며, 새로운 가능성은 충분히 있습니다. 감지와 적응 시스템 같은 새로운 기술이 더 늘어나 차량의 안전성 및 역동성, 효율성 향상으로 이어질 겁니다. 이런 것들을 네트워크로 연결함으로서 더 큰 가능성이 생깁니다. 우리는 메카트로닉스와 전자제어에서 센서나 소프트웨어 같이 폭넓은 기술적 전문지식을 갖추고 있습니다. TRW의 매수는 포트폴리오 차원에 있어서도 양사의 장점을 조합해 서로 보완하고 있습니다.

Q : 향후 메가 서플라이어는 자동차 개발에서 어떤 위치를 있을 것이라 생각합니까? 자동차 메이커와 메가 서플라이어의 관계는 앞으로 변화해 갈까요?

ZF : 혁신을 위해서는 자동차 메이커와 서플라이어 사이의 동반자 관계가 필요합니다. 많은 경우 자동차 메이커한테 있어서 서플라이어 수가 너무 많지 않은 쪽이 효율적이라고 말하곤 합니다. 오늘날에는 자동차 메이커가 주요 컴포넌트에 주력함으로서 차별화를 꾀한다는 새로운 부가가치전략이 있죠. 한편으로 표준 컴포넌트는 비용이 중요과제입니다. 한 회사에 치우치지 않기 위해서 메이커 쪽은 같은 부품을 여러 서플라이어로부터 조달할 겁니다.

Q : 그것이 ZF 같은 글로벌 서플라이어에게는 무엇을 의미하는 겁니까?

ZF : 먼저 우리는 시장에서 벤치마킹이 되는 제품을 만듦으로서 기술면에서 시장의 우위성을 유지한다는 명확한 목표가 있습니다. 동시에 제품을 다수의 메이커에 공급하는 한편으로 각 메이커마다 차별화를 꾀함으로서 가치를 창출하는 것도 중요합니다. 그 다음에 우리는 전 세계 시장에서 부가가치를 만드는 것이죠. 서플라이어는 지역 시장이나 고객의 요규를 충족시킬 만한 제품을 만들 때만이 의미가 있다고 생각합니다. 그래서 자재조달이나 엔지니어링은 local for local(현지화)하는 것이 중요합니다.

Q : 현재의 자동차 기술개발의 근본은 「CO_2 배출량 저감」에 있다고 생각하는데, 앞으로 거기에 필적할 혹은 대체할 만한 큰 기술적 목표는 뭐가 될까요?

ZF : 저연비와 CO_2 배출량 저감은 ZF의 중요한 개발 주제입니다. 우리의 개발전략은 일관되게 이들 목표를 달성하는 것이 목적이며, 또한 우리는 장래의 모빌리티에 관한 것들을 광범위하게 연구하고 있습니다. 그러나 안전성과 자동운전에 관해서는 두 가지 메가트렌드로 보고 있습니다.

Q : 그런 기술적 목표를 위해 현재 ZF사가 개발 중인 선진기술에 대해 알려 주십시오.

ZF : 반자동화부터 자동운전 같은 신기술 분야에 관해서는 ZF와 TRW가 함께 기술적 노하우를 가지고 있기 때문에 시스템으로 제공할 수 있습니다. 예를 들면, 전기구동 시스템부터 (하이브리드)트랜스미션, 전자제어 유닛이나 파워 일렉트로닉스부터 섀시 컴포넌트 그리고 (카메라나 레이더) 등입니다. 이것들은 어드밴스드 드라이버 어시스턴스 시스템(ADAS)를 통해 제어됩니다.

철저한 현실노선과 실용노선으로 미래를 대비하는 글로벌 서플라이어의 저력

독일과 일본의 메가 서플라이와는 다른 입장이 마그나의 강점

프랭크 오브라이언 마그나 인터내셔널 상급부사장 아시아담당

자동차용 부품의 개발·제조분 아니라 차체제조와 어셈블리까지 만들고 있는 곳이 마그나 인터내셔널이다.
구동시스템을 비롯한 파워트레인 분야에서도 많은 실적을 가지고 있어 그 기술적 잠재력은 자동차 메이커와 어깨를 나란히 한다고 해도 과언이 아니다.
하지만 마그나는 그런 기업력을 어떻게 사용할지를 냉정하게 자기분석하는 현실주의 집단이었다.

본문 : 사와무라 신타로　사진&그림 : 마그나 인터내셔널 / 다임러 / BMW / 닛산 / MFi

마그나 인터내셔널(MAGNA International)은 자동차부품 서플라이어의 거인이다. 매출액 순위에서는 1위 보쉬와 2위 덴소 투톱을 콘티넨탈이나 TRW를 매수한 ZF와 맹렬하게 경쟁하면서 뒤쫓는 3위그룹을 형성하고 있다. 마그나의 강점은 단순히 부품을 공급하는 것뿐만 아니라 차체를 설계해 제조하는 능력까지 가지고 있다는 점이다. 예를 들면 메르세데스 SLS의 모든 알루미늄 차체는 개발부터 생산까지 마그나가 독점으로 인수했다. BMW의 X3 생산도 마찬가지이다. 미니에서는 크로스오버(Crossover)를 비롯해 전고(全高)가 높은 파생 모델을 마그나가 만든다. 반세기만 거슬러 올라가면 마그나의 뿌리가 캐나다여서 북미의 자동차산업과 함께 성장해 온 역사를 알 수 있다. 그러나 1998년에는 슈타이어를 매수하는 등 유럽에도 확고한 거점을 확보하는 한편, 당연히 중국에도 진출해 지금은 세계 29개국 317곳에 생산거점을 가지고 있다. 보쉬나 콘티넨탈의 주요활동 무대가 유럽인데 반해 마그나의 기업활동은 범세계적이다. 문자 그대로 글로벌 비즈니스를 하고 있다.

달리 말하면 마그나는 생각만 있으면 세계 어디에서든 자동차를 통째로 만들 수 있는 능력을 가지고 있다. 그렇다면 단순한 서플라이어 지위에서 벗어나 자동차 메이커가 될 의사를 감추고 있는 것은 아닐까 하는 의문이 자연스럽게 머릿속에 떠오른다. 물론 자동차 메이커에 필요한 것은 개발과 제조뿐만 아니라 마케팅에 기초한 상품기획력과 광범위한 판매 네트워크가 필요한 요소라는 것을 구분한 상태에서의 이야기이다. 몇 년 전에 대형 메이커 매수에 관한 소문이 여러 번 난 것을 보면 더 궁금하다.

"더 스마트하게" "더 깨끗하게" "더 안전하게" "더 가볍게"라고 하는 마그나의 4가지 슬로건. 그냥 내건 슬로건이 아니라 실현가능한 것을 확실하게 제품화해 나간다는 점에서 호소력이 높다고 할 수 있다.

Global Presence

마그나의 글로벌 거점을 나타낸 분포도. 마그나는 캐나다에 뿌리를 둔 기업이지만 오스트리아의 슈타이어를 그룹에 편입시키면서 북미와 유럽뿐 아니라 세계 각국에 거점을 확보한 진짜 글로벌 기업이다.

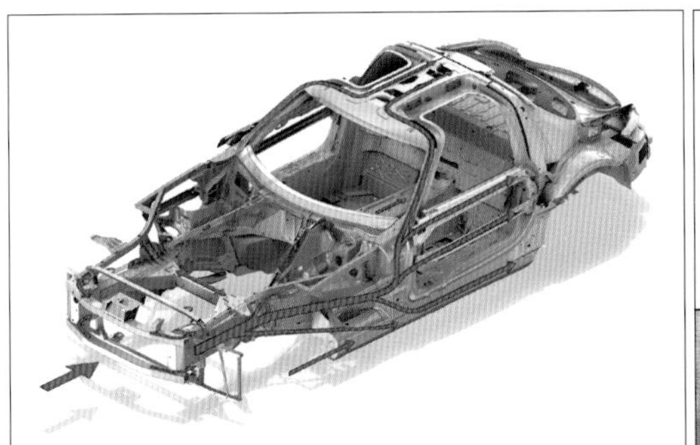

마그나의 최대 특징이라면 자동차 메이커의 성역인 보디제작을 하고 있다는 점이다. 근래에는 메르세데스 SLS의 모든 알루미늄 보디 제작을 맡은 것 외에 푸조 RCZ, 미니의 파생차종, 닛산의 각종 오픈카 지붕부분을 만들고 있다. 구동시스템을 포함해 오프로드차 시대부터 마그나의 대표적 제품인 메르세데스 G클래스는 적어도 2019년까지 계속 생산할 예정.

하지만 프랭크 오브라이언 상급부사장의 인터뷰를 통해 이 의문은 산산이 흩어졌다. 2020년의 자동차를 키워드로 한 질문에서 오브라이언씨의 입에서 나온 대답은 매우 현실적인 것으로 끝났기 때문이다.

마그나는 상품, 즉 차체까지를 포함한 부품과 그 구성기술을 개발할 때 Smarter, Cleaner, Safer, Lighter 4가지를 주제로 삼고 있다고 한다. 이 4가지 주제 모두와 관련된 장치로는 파워트레인이 있다. 알려진 바와 같이 최근 10년 동안 유럽을 중심으로 직접분사 디젤엔진의 약진과 가솔린엔진은 다운사이징 과급이라는 추세가 주류를 이루고 있지만, 오브라이언씨는 2020년에는 보조장치를 포함해 대부분의 파워트레인이 작고 고효율화되는 동시에 공용화 비율도 높아질 것이라고 한다. 그런 한편으로 화석연료가 아니라 전기를 동력원으로 하는 것은 현재상태의 원유가격 동향을 본다면 2020년 무렵까지는 여전히 틈새시장을 형성하는데 머무를 것이며 또한 전지기술 등의 약진을 감안한다 하더라도 그것이 시장에서 확고한 지위를 구축하려면 2030년까지는 봐야 할 것으로 예상했다. 수소연료전지 자동차를 필두로 하는 전기구동 파워트레인의 장래성을 장밋빛으로만 이야기하는 것이 아니라 실로 냉정한 태도를 유지하고 있었다.

이런 냉정함은 소요 비용이나 안전성을 감안한 자세였고, 강조했던 점은 세계 각국 정부의 자세나 법률적 지원과의 균형이었다. 예를 들면 하이테크 안전장치를 통해 발전할 것으로 예상되는 자동운전에 관해 EU에 근거를 두고 있는 보쉬나 콘티넨탈은 명확하게 기술을 선행시키면서 법률이나 행정이 뒷받침해 주기를 기다리는 입장으로 보이지만, 마그나는 어디까지나 기술의 실현가능성은 법규와의 연대로 진행되어야 한다는 입장이다. 그런 양쪽의 기반 위에 시장에 투입하는 엔지니어링이 성립한다는 인식을 가지고 있다고 한다.

또한 그런 조류를 반영해 마그나는 자동차에서 소프트웨어의 중첩은 항공기를 훨씬 능가하는 수준으로 상승할 것으로 예측하고 있는데, 그런 경우에 필요한 해킹 등의 위협으로부터의 보호책은 역시 각국의 행정적 지원 여부에 따라 달라질 것이라고도 말한다.

마그나가 진짜 의미에서 세계규모로 살아가는 기업이라고 생각되는 것은 자동차 사업을 글로벌과 로컬 양쪽에서 생각하고 있다는 점이다. 자동차와 자동차 혹은 자동차와 자택 등, 자동차에 있어서의 통신기능 확충에 관해 오브라이언씨는 먼저 자동차 사용방법을 도시형으로 전제한 상태에서 이야기를 진행했다. 그런 전제 하에서도 2020년은 아직 시기상조이고 2030년까지는 시간이 필요하다고 했다. 물론 마그나가 이들 기술개발에 손을 빼고 있는 것은 아니다. 그들은 적지 않은 위험을 파악하고 있고, 그래서 우선은 몇 %의 작은 점유율부터 시작할 각오를 하고 있다.

그와 동시에 차량탑재 ECU 포트에 스마트폰 등 외부 모바일 단말기를 접속하는 기술은 이미 시장투입이 가능한 수준까지 확보하고 있으며, 그 소요 비용은 100US달러 전후면 될 것이라고 분명하게 밝혔다. 포트에서 운행데이터를 읽어내 정비에 활용하는 것은 물론이고 운전자 정보를 ECU와 연결시킴으로서 그 정보를 토대로 운전자마다 세분화한 보험계약을 구현하는 것도 이 시스템이 있으면 가능하다. 즉 현재상태의 자동차 사용방법을 확바꾸는 것이 아니라 그것은 그대로 유지하면서, 개별 사례로 정보를 파악함으로서 자동차를 만들어 파는 사업의 외곽까지 영역을 확장할 수 있는 기술을 마그나는 모색하고 있었다.

이런 인터뷰 후에 「현재 자동차 메이커들과의 관계는 바뀌지 않겠느냐」는 질문을 던져 보았다. 수소연료전지를 포함한 전기시스템 파워트레인이 2020년은 무리이고 2030년 무렵까지는 시장경쟁력을 갖는다면, 마케팅 리서치나 기획능력을 가진 IT계열 집단이나 광범위한 지역에서 판매력을 가진 네트워크계열 판매업자가 자동차 메이커로서 신규 진입하는 것이 충분히 가능하지 않겠느냐는. 하지만 이 질문에는 바로 고개를 가로 저었다. 파워트레인이 누구나 조달가능한 일종의 범용부품이 되었다 하더라도 충돌안전기준을 만족시키는 차체개발은 하

슈타이어 푸흐 시절부터의 장기였던 구동계통 시스템도 변함없이 계속 공급하고 있다. 신형 BMW X4에는 Actimax라 불리는 4WD 시스템의 트랜스퍼 케이스가 적용되고 있다.

BMW의 야심적 프로젝트인 i3와 i8에도 마그나의 기술제품이 사용되고 있다. i3의 리프트 게이트는 내외장 트림, 글라스, 램프종류, 와이퍼, 래치, 잠금기구 등 구성부품을 전자동 가속결합기술로 일체화했다. i8에는 특수 윙커 내장 미러와 SmartLatch라 불리는 부품수가 매우 적은 전동 사이드 도어 래치 시스템을 공급하고 있다.

EV관련 제품에도 독자적인 기술을 투입. 모터와 감속기, 디스커넥트 기구를 조그맣게 일체화한 eRAD라 불리는 리어 액슬 시스템은 모터제어용 인버터까지 포함해 공급된다.

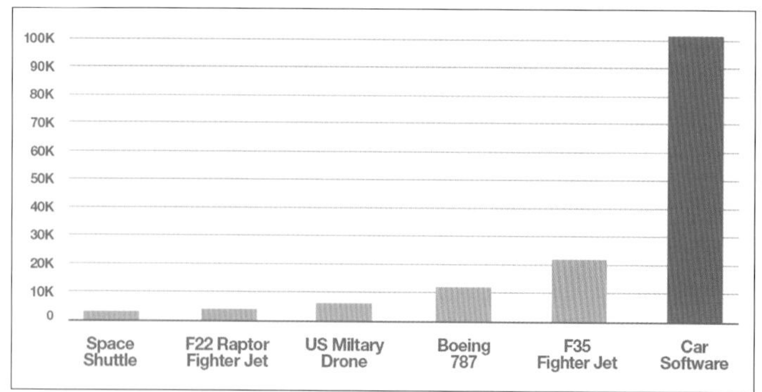

현재의 자동차용 ECU 소프트웨어 코드 수는 놀랍게도 F35 전투기의 10배나 된다고 한다. 이처럼 막대한 제어내용을 어떻게 동조시키느냐도 서플라이어로서의 마그나가 짊어진 임무인 것이다.

위 : 퓨전을 기반으로 한 포드의 경량 보디 콘셉트 카도 마그나가 제안한 것이다. 알루미늄합금을 많이 사용한 보디는 기본 차량 대비 25%가 경량화. CFRP를 많이 사용한 내장, 수지와 하이브리드 글라스를 사용한 윈도우, 다양한 재료로 교체한 서스펜션 등, "Lighter"라는 슬로건을 구현한 기술의 집합체이다.

좌 : 2014년 제네바 쇼에 전시된 마그나의 콘셉트 카 "MILA". CNG를 연료로 하는 A세그먼트 하이브리드 자동차로서, 다양한 소재를 적재적소에 사용해 중량은 670kg. CO_2 배출량을 49g/km 미만으로 억제하는 한편, 바이오가스 연료로 교체하면 36g/km까지 저감할 수 있다고 한다.

루아침에는 불가능할 뿐만 아니라, 또 그런 부분을 오랫동안 키워온 마그나의 흔들림 없는 우위가 유지될 것이라는 설명이다. 예를 들면 테슬라는 리먼쇼크 발생 당시 미국의 빅3가 심한 충격을 받으면서 대량의 실업자를 해고했을 때 방출된 인재들의 대량고용을 통해 개발자원을 크게 늘리긴 했지만, 그래도 엄격해지는 사고안전 측면에서의 즉각 대응은 어려웠을 것이라는 예상이다. 따라서 아무리 파워트레인 쪽 문턱이 낮아졌더라도 쉽사리 자동차 메이커가 될 수는 없을 것이라고 오브라이언씨는 단언했다.

20세기 후반에 우리는 기술적 진보가 온전히 아름다운 미래를 보장하지 않는다는 것을 배웠다. 그려나갈 미래의 그림을 먼저 그리고 나서 그것을 실현할 기술을 키우지 않는다면 물리화학적 이치에 대한 추구는 엉뚱한 방향으로 폭주한다는 것을 알았다. 미래에 대한 그림. 그런 일은 정치가나 관료, 자동차제조에 있어서는 메이커 경영진이 해야 하는 의무이다. 그리고 마그나는 이상적인 미래의 그림을 말하지 않는다. 자동차를 전체적으로 개발하는 능력을 가지고 있으면서도 서플라이어에게 집중하려 한다. 그들은 각국의 정치나 행정을 냉정하게 살펴가며 어느 날 눈앞에 다가왔을 때, 상황과 국면에 맞춰 필요한 기술이나 부품, 디바이스를 주저 없이 속에서 꺼낼 수 있도록 준비함으로서 스스로의 존재를 부각시키려고 한다. 그런 점에 자동차제작 현장을 다투는, 철저히 프로페셔널한 리얼리즘을 느낀다. 매출액뿐만 아니라 자세에 있어서도 냉철하게 먼 곳을 지향하는 리얼리즘으로 무장된 무서운 거대 서플라이어이다.

Illustration Feature FUTURE OF MOBILITY **EPILOGUE**

DRIVING 2020

이때의 자동차 모습은?

Analyst [애널리스트] × **Jornalist** [저널리스트] × **MFi** [모터팬 일러스트레이티드]

본문&사진 : 마키노 시게오

「2020년의 자동차」라는 막연한 주제로 취재에 나서면서 여러 방면의 전문가들에게 물어보았다. 사실 1~2년 전부터 단편적으로나마 「2020년 무렵의 자동차는 조금 재미있어질 것」이라는 이야기를 듣고 있었다. 그럼 전문가들에게 좀 더 깊은 이야기를 들어봐야겠다고 생각하고 있던 참이다. 그런 일환으로 세계적인 조사회사인 IHS오토모티브의 도움을 받았다. 그리고 파워트레인 예측전문가인 하타노 도루씨와 생산전문가인 하마다 사토미씨에 필자(마키노 시게오)까지 포함해 3명이 모인 결과, 취재의 틀을 넘어선 토론이 벌어졌다. 서로의 의견을 나누었던 모습을 지면상에서 재현해 보겠다. 흥미진진한 이종격투기이다.

× × ×

마키노 : 먼저 거시경제학 측면의 이야기부터 들어가겠는데 원유가격이 어떻게 될까요. 지금의 저유가 흐름은 의도적인 공급과잉 같습니다만.

하타노 : 에너지에 대해서는 전문 예측팀이 있기 때문에 이것은 개인적인 견해입니다만, 분명 현재는 사우디아라비아를 중심으로 오펙(OPEC)이 일부러 공급과잉을 일으킨 결과입니다. 결국은 통상적인 수급균형을 이룰 것으로 생각합니다.

하마다 : 원유가격이 내려가면 미국에서는 소비자 동향이 싹 바뀌어 대배기량 자동차가 잘 팔립니다. 당연히 전동화에 대한 요구도 지연되기 때문에 모델마다 생산예측이 바뀌게 되죠.

MFi : 조사회사의 수요예측은 어떤 프로세스로 정해지나요.

하마다 : 개개 모델별로 예측을 합니다. 자동차 메이커에게 듣거나 다양한 루트로 정보를 모아 모델별 예측값을 구한 다음 그것을 시장별로 합계를 냅니다. 모델 교체시기도 예측하기 때문에 그 시기가 어긋나면 다시 예측을 수정하죠.

마키노 : 쉽지 않은 작업이죠. 더구나 교체된 모델이 멋이 없어서 혹평이라도 받으면 예측이 빗나갑니다(웃음). 자동차는 욕망의 상품이지만 그와 관련된 취업인구와 연료 등 관련 산업을 합친 매출규모가 너무 크기 때문에 정확하게 자동차산업을 보지 않으면 안 되죠. 그런데 일반지 기자들은 갑자기 자동차 담당을 맡고는 그날부터 기사를 써야 하는 경우도 많아서 때로는 신문에 엉뚱한 기사가 실리기도 합니다. 내가 자동차담당 기자로 경단련 기계기자 클럽에 드나들었을 때 「뭐야, 이건」할 정도의 기사를 종종 보았던 기억도 있습니다. 그건 그렇다 치고, 보디별 미래예측에서는 SUV가 계속 늘어나는군요.

하마다 : 가까운 미래에 4대 중 1대는 SUV가 될 것이라 보고 있습니다. 더 증가할 것으로 예상되는 것은 B세그먼트의 크로스오버라고 생각합니다. 신흥국 시장에 투입되는 모델도 SUV가 늘어날 것 같습니다.

MFi : 유럽과 미국, 일본에 중국을 추가한, 소위 말하는 최신기술을 투입한 상품이 요구되는 시장에서는 연비규제가 점점 심해집니다. SUV는 차량중량이 약간 무거워질 텐데요.

하마다 : 그렇기 때문에 헤비 듀티(Heavy-duty)가 아니라 크로스오버라고 생각합니다. 엔진은 배기량 다운사이징해서….

마키노 : 지금 세계 공통의 시험모드를 만들자는 목소리가 유럽에서 나왔고 거기에 일본이 동조했습니다. WLTC(Worldwide harmonized Light duty Test Control=세계통일 시험 사이클)이라고 하는 것인데요. 이로 인한 영향은 어떻게 보십니까?

하타노 : 실시가 되면 영향은 있겠죠. 다만 2020년 이전에 도입되지는 않을 것으로 봅니다. EU에서는 환경보호단체를 중심으로 「올해부터 도입해야 한다」는 목소리도 있지만, 실제 CO_2 규제로 사용되는 것은 2021년 이후라고 생각합니다. EU가 도입하지 않는데 일본이 먼저 도입할 이유는 없습니다.

MFi : 그 다음에는 RDE(Real Driving Emission)이라고 하는 완전 새로운 시험방법을 도입하려는 움직임이 있습니다.

하타노 : 정치가 얽히는 것이죠. 엄격한 규제는 자동차 메이커가 반대하지만 산업계 편을 들고 있는 국회의원이 선거에서 낙선하면 상황이 바뀔 겁니다.

MFi : 그렇다 하더라도 EU에서는 최종적으로 메이커 평균 CO_2 배출량을 주행 1km당 95g 이하로 낮추자는 규제가 도입됩니다. 2020년경에는 이 규제에 대한 대답을 내놓지 않으면 안 되구요.

하타노 : 가솔린차의 모드연비를 극적으로 개선하게 된다면 선택지는 HEV(하이브리드 자동차)나 희박연소(린번)밖에 없습니다. DE(디젤 엔진)은 배출가스 규제가 심해질 테니까 약간 어렵죠. 이미 B세그먼트에서는 DE에서 가솔린으로 옮겨가는 현상이 시작되고 있습니다.

마키노 : 만약에 CO_2 배출량 99g/km 이하를 면세로 한다고 정해지면?

하타노 : 1.0ℓ짜리 가솔린 과급 엔진으로 달성할 수 있기 때문에 DE비율이 더 내려갈 것으로 생각합니다. DE 의존도는 낮아지겠죠.

MFi : 타행 정지(Coasting Stop)처럼 운전자가 가속 페달에서 발을 뗀 순간에 엔진이 정지하는 식의 구조도 점점 적용될까요. VW(폭스바겐)은 대대적으로 도입할 계획이던데요.

마키노 : 수동변속기에 익숙해진 사람은 싫어할 겁니다. 때문에 느끼지 못하게 하는 수밖에 없겠죠.

하타노 : 적정한 때 엔진을 멈추고 필요해지면 순식간에 회전속도를 복귀시키는 것인데, 그때의 진동과 소음을 어떻게 억제할 것인가가 문제이겠죠.

마키노 : HEV는 어떨까요. 일본에서 팔리는 스트롱HEV는 주행속도영역이 낮은 일본특유의 사정이 배경에 있다고 생각합니다만.

하타노 : 지역에 따라서라기보다 자동차 메이커에 따라서 다르다고 생각합니다. PHEV와 48V 전원인 마일드 HEV를 선택하는 메이커가 많지 않을까 합니다. 또한 플러그인 HEV는 EU의 수퍼 크레딧을 받을 수 있기 때문에 CO_2 배출량은 제로로 계산됨으로서, 자동차 메이커는 다소의 채산손실을 감수하더라도 준비는 해나갈 겁니다.

마키노 : 규제를 정한 쪽은 무엇을 생각했을까요. 플러그인 HEV는 전지잔량이 제로가 된 시점에서 그냥 「무거운 소형배기량 차」일 뿐입니다. 그런데 모든 영역에서 CO_2 배출을 제로로 한다는 등의 규제는 어이마저 없습니다.

MFi : 예를 들어 중국 자동차 메이커에 유럽의 기술로 플러그인HEV를 만들게 하고 그것을 유럽 브랜드로 OEM공급하는 식의 시나리오도 있지 않을까요?

마키노 : 중국 메이커에는 유럽의 엔지니어링 회사와 메가 서플라이어가 깊이 관여하고 때문에 그런 상황도 있을 수 있죠. 그 중국시장은 어떻게 보나요?

하마다 : 3400만대 정도까지 빠르게 커지다가 그 다음부터는 신장이 둔화되어 3500만대 정도로 떨어질 것으로 보고 있습니다. 세계 전체에서는 아세안(ASEAN)이 커지고 중국의 점유율은 상승했다가 답보상태를 유지할

중국과 이스라엘의 합병사업

이스라엘 정부관련 펀드와 중국독립 계열의 체리기차가 같이 설립한 관치기차(QOROS AUTO)의 양산모델은 마그나 인터내셔널이 개발을 하청 받은 것이다. 실제로 작업을 한 것은 유럽과 미국, 일본의 자동차 메이커나 서플라이어에서 경험을 쌓은 스탭들이다. 「부문 책임자를 뽑으면 그 부하가 따라 온다」는 방식으로 인재를 모았다. 완성된 자동차는 오펠이나 유럽 포드같이 약간 무국적 느낌이다.

내연기관은 10년 후에도 주역

NHK의 뉴스캐스터가 「엔진은 이미 구식이다」라고 섣불리 말한 것이 몇 년 전이었다. 하지만 세계는 아직 내연기관으로 넘쳐나고 있다. 엔진은 「말라버린 기술」이 아니었다. 다운사이징과 기통수 줄이기는 아직도 진행 중이다.

겁니다. 그렇다 하더라도 3500만대라면 1억대 가운데 35%나 되죠.

하타노 : 많네요. 파워트레인도 중국을 보고 결정해 나가겠죠. 이미 중국은 신흥국이 아니라 중국에서 판매하는 모델에는 모든 자동차 메이커가 본국의 최신모델로 채우고 있을 있습니다.

MFi : 그런 가운데 과연 일본세가 무과급가솔린엔진과 CVT를 조합해 상품력을 높일 수 있을까요?

세이지 실제연비를 운운하는 것이 아니니까요. 가지고 있지 않으면 곤란해지죠. 그래서 마쯔다는 비용을 들여 스카이액티브의 매력을 호소했던 겁니다.

MFi : VW의 MQB전략을 어떻게 보십니까? 2014년 제3/4분기 결산발표 때 마틴 빈터콘 CEO는 「사내에 긴급 생산비절감을 지시했다」고 언급했습니다만….

하마다 : 현 시점에서 MQB의 성패는 판단하기 어렵습니다. 아직 도입기이고, 이걸로 정말 MQB의 B세그먼트 다음이 아니면 판단하기 어렵죠. 세그먼트를 횡단하는 설계가 되면 잘 된 부분과 잘못된 부분이 공존한다는 것은 이미 알려진 대로고요.

MFi : 그런 의미에서 자동차 메이커의 생산대수 규모는 클수록 좋을까요?

하마다 : 규모가 작아도 집중과 선택이라는 균형은 취할 수 있죠. 개인적으로 규모는 신경 쓰지 않습니다. 세계적 규모의 풀 라인업으로 뭐든 할 수 있으려면 연간생산 800만대나 1000만대가 좋겠지만 이익이 나오는 세그먼트의 이익을 다른 곳에 투자하게 되고., 또 다시 이익을 내기 위해 생산대수를 확보해야 하는 사업으로 전락하게 되죠. 마쯔다가 좋은 사례입니다. 경쟁 차량보다 고급감이나 스포티한 느낌을 주지만 고급차는 아닌, 너무 큰 자동차나 A세그먼트의 미니카도 생산하지 않는다는 생존방식입니다. 스바루도 연간생산 100만대 규모로 북미와 일본에 집중하고 있죠. 그것도 C/D세그먼트만 가지고서요.

마키노 : 이 2곳은 확실히 이익을 내고 있다는 것이죠.

MFi : 유럽계 메가 서플라이어의 존재감은 어떻게 보십니까? 자동차 메이커보다 두드러진 부분도 있습니다.

하타노 : 운전지원과 인포테인먼트 분야에서 쌓아온 솔루션을 제공할 수 있는 것이 메가 서플라이어이기 때문에 앞으로도 의존도는 계속 높아질 거라 생각합니다. 다만 전부 다 의존하게 되면 시스템의 블랙박스 부분을 서플라이어에게 맡겨야 하기 때문에, 그것이 싫다고 한다면 연간 400만대 정도 규모는 주어야지 「YES」라는 말을 들을 수 있겠죠.

마키노 : 일본계 서플라이어는 전체적인 시스템 제안을 못하는데요. 앞으로도 3~4년은 이 상태가 계속 되겠죠. 다만 그 이후에는 움직일 것이라 생각합니다. 더 핵심적인 사업에 나서야 할 테니까요.

하마다 : 일본은 부품 마다 수비범위가 정해져 있어서, 그것을 자동차 메이커가 오랫동안 컨트롤해 왔기 때문에

장기적으로 보면 원유가격은 확실하게 상승할 것이다. 하지만 얼마동안은 내연기관이 주역으로 자리할 것이다

애널리스트

하타노 토루 | Toru HATANO

IHS오토모티브 주요분석가
일본·한국 파워트레인 예측가

하타노 : 도요타가 2.0ℓ 직접분사 터보는 내놓았지만 저는 중국시장 대응이라는 의미가 클 것이라 생각합니다. 혼다의 가솔린 터보 엔진 3종류도 마찬가지라고 보고요. VW이 파워트레인에 관한 첨단 이미지를 독점하는 것을 보고만 있을 수는 없을테니까요.

마키노 : 지금은 중국에서 다운사이징 과급이 하나의 추차가 나올지 어떨지는 봐야 할 겁니다. 또한 앞으로 2~3년이 지났는데도 품질이 안정되지 않는다든가, 인도에 투입할 거라 했던 저가형 버전이 나오지 않는다든가, 그런 상황이 되면 판단을 내릴 수 있겠죠. 지금 판단하기에는 빠른 것 같습니다.

마키노 : 동감입니다. 차세대 폴로와 파사트가 나오고 난

테슬라 모델S

이런 순수EV 수요가 과거 세상의 주목을 끌었을 때만큼 증가하지 않았다. 2020년 시점에서는 「전 세계 100만대」가 IHS의 전망이다. 하지만 매년의 수요를 누계해 보면 2015년부터 2020년까지 6년 동안이 약 380만대가 된다. 이 정도면 양호한 숫자이다.

보디형식 별 세계수요 예측

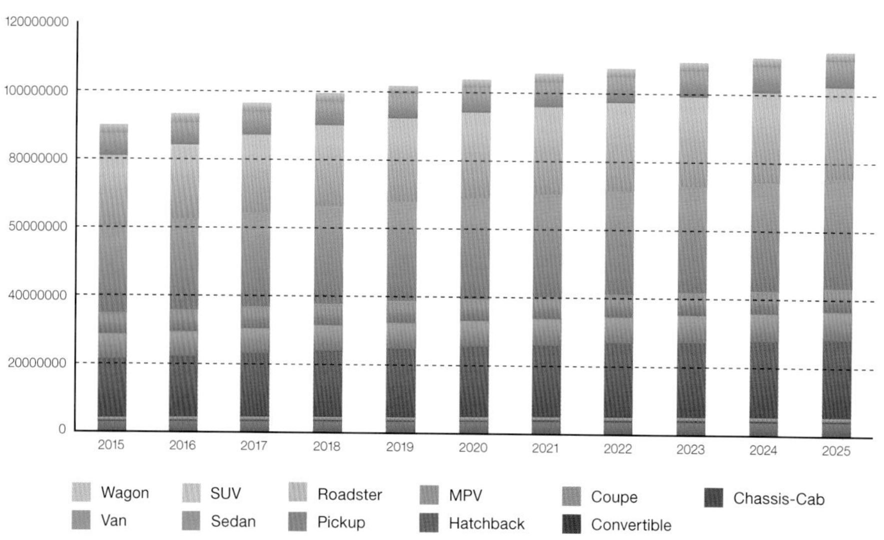

급작스럽게 체제를 바꾸는 것은 무리이죠.

하타노 : 위기감을 있을 것이라 생각합니다. 하지만 예를 들면 산학관의 연대만 하더라도 독일이 압도적으로 앞서 있습니다. 정말로 미래를 우려한다면 초등학생 때부터 「이과선호」가 되도록 키워야 하는 것이죠. 어쨌든 일본은 엔지니어 수가 압도적으로 부족해집니다.

마키노 : 게다가 독일은 엔지니어의 급료가 우대 받고 있습니다. 일본과는 전혀 다르죠.

MFi : 2020년을 맞이하면서 주목 받고 있는 것이나 기술은 뭐가 있을까요?

하타노 : 전동S/C(Super Charger)에 주목하고 있습니다. 지금까지 다른 기술을 보완했던 부분이 바뀔 가능성이 있습니다. 중간 록(Lock)타입 VVT만 하더라도 처음부터 공기를 밀어넣을 필요가 없습니다. 타행정지(Coasting Stop) 엔진에 사용하면 재시동 걸 때 토크 상승이 좋아집니다.

MFi : 발레오는 자신만만하더군요.

하타노 : 일본의 경자동차도 이걸 사용해 600cc 그대로 갈지도 모릅니다. 터보 대신에 전동S/C를 사용하는 것이죠.

마키노 : 토크가 나오고 사용하기 편리한 장치라면 충분하기 때문이죠.

하타노 : 스즈키의 에너차지는 1.2kW 출력의 올터네이터를 사용하고 있는데 전동S/C의 마일드HEV에서도 괜찮다고 생각합니다. 개별적인 기술예측을 해보지는 않았습니다만 잠재력이 큰 기술입니다.

하마다 : 저는 자동운전을 들고 싶습니다. 일본국내에서의 자동차생산이 점점 축소되는 경향 속에서, 사실 그다지 밝은 화제는 없지만 저출산·고령화 사회 속에서 자동차를 버리지 못하는 것은 고령자 쪽이라고 생각합니다. 고도의 운전지원이 이 부분에 도움이 되겠죠. 또한 면허를 가지고 있어도 「운전이 무섭다」는 여성이 사실 많습니다. 그런 층에게 안심감을 주는 장비로는 최적입니다.

마키노 : 하마다씨는 운전하십니까?

하마다 : 자동차는 없지만 차나 운전 다 좋아합니다. 이래배도 수동변속기 자동차운전 면허에요(웃음).

MFi : 대단하신데요!

마키노 : 두 분 모두 주목하는 점이 대단하시네요. 저도 동감입니다. 전동S/C는 일본의 자동차 메이커도 주목하고 있지만 가격이 비싸다는 목소리도 많이 있습니다. 다만 그런 정도의 이유로 손을 내밀지 않는 것은 좀 대범하지 않은 것 같습니다. 자동운전도 일본에서는 「법규가 아직 만들어지지 않았다」는 목소리에 밀려 있습니다. 만들면 되는데요. 진행하면서 규칙 만들기에 참가하면 되지 않을까요.

하타노 : 그럼 점이 유럽은 다른 것 같습니다. 「획득할 것은 해야 한다!」는 의식이 강하죠.

하마다 : 그리고 일본의 경자동차는 대단하다고 생각합니다. 차체는 작아도 실내공간은 놀랄 만큼 넓지 않습니까. 게다가 생산비관련 제약이 있음에도 불구하고 계속 경량화를 진행하고 있습니다.

마키노 : 법규로 묶여 있는 것이 지혜를 짜내는 것일까요. 경자동차에 비하면 일본의 리터 카(Liter Car)는 좀 부족하지 않나 하는 느낌이 있습니다.

MFi : 2020년에 대한 기대는 전동S/C와 자동운전, 경자동차의 진보 3가지 정도로 보면 되겠군요. 모두 다 기대감을 갖게 하는 주제라고 생각합니다. 오늘 감사했습니다.

자동차 메이커에게 규모가 반드시 필수는 아니다. 집중과 선택의 균형을 통해 특징적인 상품군을 생산해 나갈 것이다.

애널리스트

하마다 사토미 | Satomi HAMADA

IHS오토모티브 수석애널리스트
일본 자동차제품 예측가

저널리스트

마키노 시게오 | Satomi HAMADA

미래를 정확하게 예측하는 것은 어렵다. 어느 정도로 데이터를 준비해도 원유가격이 급등하거나 어딘가에서 대형 천재지변이라도 일어나면 예측이 뒤집어지기 일쑤이다. 이번 토론에 참가해 주신 하타노씨는 엔지니어이다. 하마다씨는 순수 애널리스트. 그리고 나는 30년 이상 자동차산업을 취재하다 지금은 여러 곳에 머리를 내밀고 있는 저널리스트. 3명 모두 이론구축 기반이 다르지만 생각하는 바에 큰 차이는 없었다. 「2020년이 기대된다」는 것이 결론이다.

엔진배기량 별 세계수요 예측

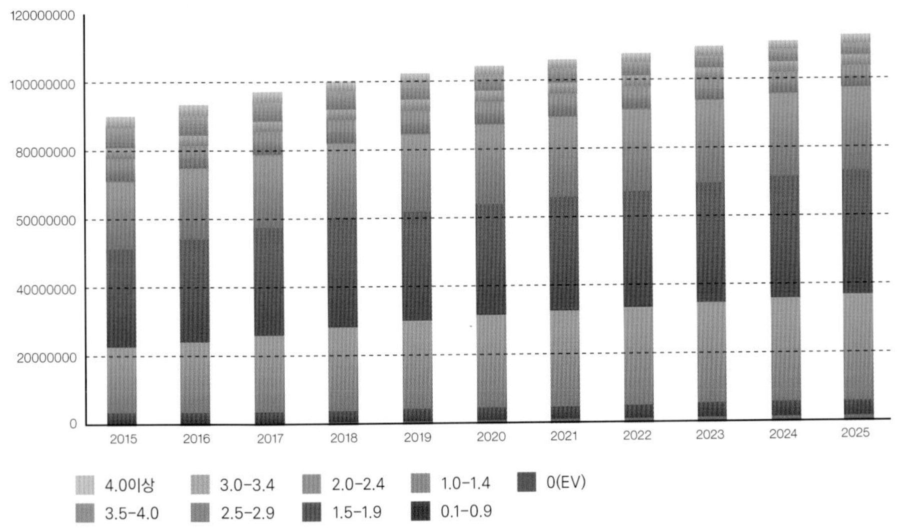